DORN • BADER

W0281460

PHYSIK

Gymnasium SEK II
Lösungen

Schroedel

DORN•BADER

PHYSIK

Gymnasium SEK II
Lösungen

Herausgegeben von
Prof. Dr. Franz Bader

Mitbegründet von
Prof. Friedrich Dorn †

Bearbeitet von
Prof. Dr. Franz Bader
Prof. Dr. Andreas Dölle
Dr. Peter Drehmann
Dietmar Fries
Dr. Erwin-Klaus Haberkant
Dr. Bernd Kretschmer
Heinz-Werner Oberholz
Dr. Thomas Peters
Dr. Wolfgang Philipp
Dr. Wolfgang Salm
Werner Wegner

Titelbild
Wassertropfen (BCI/Jupiterimages, Ottobrunn)

Druck A [2] / Jahr 2011
Alle Drucke der Serie A sind im Unterricht parallel verwendbar.

Redaktion: Dr. Alexander Strauß
Herstellung: Udo Sauter
Satz: topset Computersatz, Nürtingen
Druck und Bindung: pva, Druck und Medien-Dienstleistungen GmbH, Landau

ISBN 978-3-507-**10758**-8

Das elektrische Feld

Seite 11

A 1: Bei der Frequenz 50 Hz ist eine Periode 0,02 s lang. In einer Periode fließt die Ladung 0,005 s · 0,1 C/s. Ein Drehspulinstrument zeigt die mittlere Stromstärke

$\bar{I} = \frac{0{,}005 \text{ s} \cdot 0{,}1 \text{ C} \cdot \text{s}^{-1}}{0{,}02 \text{ s}} = 0{,}025 \text{ A} = 25 \text{ mA}.$

A 2: Wir nähern den Flächeninhalt unter der Kurve mit Rechtecken an. Für die Ladung gilt:

$Q = 2 \text{ s} \cdot 4{,}5 \text{ mA} + 2 \text{ s} \cdot 2{,}2 \text{ mA} + 5 \text{ s} \cdot 0{,}8 \text{ mA}$
$= 17{,}4 \text{ mC}.$

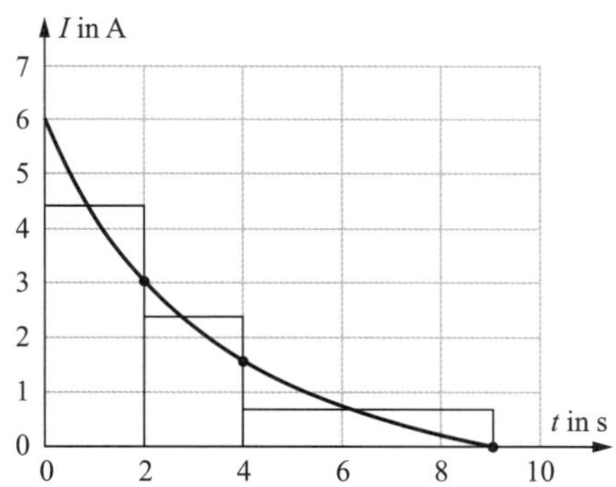

(Das Diagramm hat etwa einen exponentiellen Verlauf, der Messwert für I bei 9 s ist etwas kleiner als danach erwartet.) Mittlere Stromstärke $I = Q/t = 1{,}9$ mA.

A 3: a) In 1 s bewegt sich das Kügelchen 3-mal hin und 3-mal zurück. Für einen Weg braucht es also $\frac{1}{6}$ s. Da wir links und rechts den Radius 1,5 cm von dem Plattenabstand 10 cm abziehen müssen, ist die Strecke, auf der sich die Kugel bewegt, 7 cm und die mittlere Geschwindigkeit

$\bar{v} = \frac{7 \text{ cm}}{\frac{1}{6} \text{ s}} = 42 \text{ cm/s}.$

(Bemerkung: Eigentlich bewegt sich das Kügelchen auf einem Kreisbogen und nicht auf einer Strecke, der Weg und damit die Durchschnittsgeschwindigkeit sind also geringfügig größer.)

b) Bei einem Fadenpendel wird die Rückstellkraft und damit die Beschleunigung durch eine Komponente der Gewichtskraft gebildet. Im Kondensator wirkt zusätzlich noch die elektrische Kraft zur Beschleunigung. So ist die Periodendauer im Kondensator kleiner.

c) Faktoren, die einen Einfluss haben: *Ladung* des Kondensators, *Länge* des Fadenpendels, *Plattenabstand*, *Masse* der Kugel (im Unterschied zum Fadenpendel, da die resultierende Kraft aus elektrischer Kraft und Komponente der Gewichtskraft die Masse beschleunigt), *Luftwiderstand*.

Seite 14

A 1: a) Es ist $F = q \cdot E$, also erfährt die Ladung $q = 10$ nC im Feld mit $E = 10^4$ N/C die Kraft
$F = 10^4 \text{ N/C} \cdot 10 \cdot 10^{-9} \text{ C} = 10^{-4} \text{ N}.$

b) Auf eine Ladung wirkt im Feld mit $E = 10^4$ N/C die Kraft $F = 10$ µN $= q\,E$; also
$q = F/E = 10^{-5} \text{ N}/(10^4 \text{ N/C}) = 10^{-9} \text{ C} = 1 \text{ nC}.$

A 2: Feldlinien enden senkrecht auf einer Metalloberfläche. Man kann so ein (ungefähres) Bild des Feldlinienverlaufs erraten. In dem Programm „Influenz mit Feldlinien erklärt" wird ein Weg zur Berechnung gezeigt.

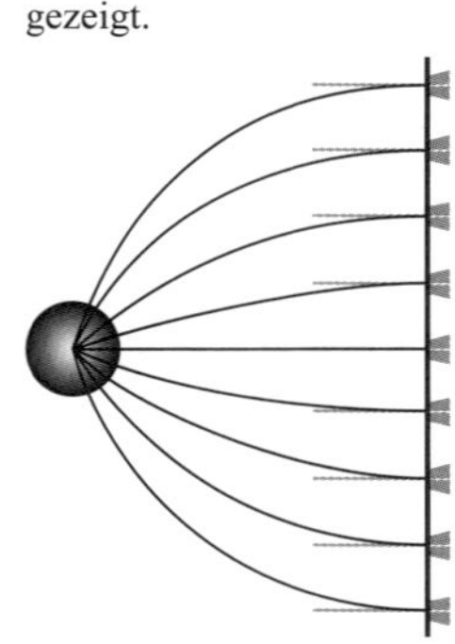

Einen anderen Zugang erhält man, wenn man in Gedanken im gleichen Abstand hinter der Metallplatte eine gleichgroße negative Ladung anbringt. Das Feld vor der Platte ist identisch mit dem Feld, das aus einer positiven und einer negativen Spiegelladung hinter der Ebene entsteht. Auf diese Art kann man sogar die Kraft zwischen Metallplatte und Ladung berechnen (mit dem im Lehrbuch auf S. 17 angegebenen Coulomb-Gesetz).

A 3:

Gravitationsfeld	Elektrisches Feld
Zwischen Massen gibt es nur anziehende Kräfte.	Ungleichnamige Ladungen ziehen sich an. Gleichnamige Ladungen stoßen sich ab.
Die Kräfte nehmen mit der Entfernung von zwei Massen ab.	Die Kräfte nehmen mit der Entfernung von zwei Ladungen ab.
Es gibt keine Abschirmung für das Gravitationsfeld.	Durch einen Faraday-Käfig werden elektrische Kräfte abgeschirmt.

A 4: Da im Feld (2) die dreifache Ladung nur die doppelte Kraft erfährt wie im Feld (1), ist Feld (1) stärker. Oder:
$E_1 = F_1/q_1 = 10^5$ N/C, $E_2 = 0{,}67 \cdot 10^5$ N/C.

A 5: Nein, man kann nicht daraus folgern, dass das Kügelchen negativ geladen ist. Durch Influenz können auf einem neutralen Kügelchen Ladungen getrennt werden und so kann es zu einer resultierenden Kraft kommen.

A 6: $m = 0{,}01$g; $q = -0{,}1$ nC;
Gleichgewicht: $G = m \cdot g = q \cdot E$.

$$E = \frac{m \cdot g}{q} = \frac{1 \cdot 10^{-5}\,\text{kg} \cdot 10\,\frac{\text{N}}{\text{kg}}}{0{,}1 \cdot 10^{-9}\,\text{C}} = 1 \cdot 10^6\,\frac{\text{N}}{\text{C}}.$$

Die elektrische Kraft muss nach oben gerichtet sein. Da die Ladung negativ ist, muss die Richtung der Feldlinien senkrecht nach unten zeigen.

A 7: a) Kügelchen mit $m = 0{,}4$ g, $q = 5{,}0$ nC, Fadenlänge $l = 1{,}0$ m. Es ist $F = G \cdot \frac{s}{l}$ und $F = q \cdot E$, also

$$s = \frac{F \cdot l}{m \cdot g} = \frac{q \cdot E \cdot l}{m \cdot g}$$
$$= \frac{5 \cdot 10^{-9}\,\text{C} \cdot 70 \cdot 10^3\,\text{N/C} \cdot 1\,\text{m}}{0{,}4 \cdot 10^{-3}\,\text{kg} \cdot 10\,\text{N/kg}} = 0{,}088\,\text{m}.$$

b) Bei doppelter Ladung ist die Auslenkung etwa doppelt so groß. Ist die Ladung 1000-mal größer, so ist der Ausschlag s nicht mehr klein gegen l, also die Annahme, welche bei der Herleitung der Formel gemacht wurde, stimmt nicht mehr. Man kann in diesem Fall die Auslenkung nicht mehr so einfach berechnen.

A 8: Gewitterfeld mit $E = 3{,}2 \cdot 10^6$ N/C. Ein Regentröpfchen von 1 mm Radius hat die Masse

$$m = \rho \cdot V = 1\,\frac{\text{g}}{\text{cm}^3} \cdot \frac{4}{3}\pi \cdot 1\,\text{mm}^3 = 4{,}2\,\text{mg}$$

und erfährt die Gewichtskraft $G = 42$ µN. Es muss also die Ladung

$$q = \frac{G}{E} = \frac{42\,\mu\text{NC}}{3{,}2 \cdot 10^6\,\text{N}} = 13 \cdot 10^{-12}\,\text{C}$$

haben, das heißt

$$n = \frac{q}{e} = \frac{13 \cdot 10^{-12}\,\text{C}}{1{,}6 \cdot 10^{-19}\,\text{C}} = 82 \cdot 10^6$$

= 82 Mio. Elektronen an Überschuss tragen. Das Tröpfchen kann in Ruhe sein oder mit konstanter Geschwindigkeit weiter fallen (wenn man von Luftwiderstandskräften absieht).

Seite 17

A 1: Im Internet findet man viele Hinweise zu diesem Thema.

A 2: a) Abstand r zwischen Proton und Elektron: $r = 5 \cdot 10^{-11}$ m, Anziehungskraft:

$$F = k \cdot \frac{q^2}{r^2} = 9 \cdot 10^9\,\frac{\text{Nm}^2}{\text{C}^2} \cdot \frac{(1{,}6 \cdot 10^{-19}\,\text{C})^2}{(5 \cdot 10^{-11}\,\text{m})^2} = 9{,}2 \cdot 10^{-8}\,\text{N}$$

b) Mit $r = 3 \cdot 10^{-15}$ m ergibt sich für die Abstoßungskraft nach obiger Formel $F = 25{,}6$ N. Neben diesen großen Abstoßungskräften muss es noch viel größere Anziehungskräfte im Kern geben.

Seite 19

A 1: Die Feldstärke E errechnet sich zu

$$E = \frac{1}{4\pi\varepsilon_0} \cdot \frac{Q}{r^2} = 9 \cdot 10^9 \cdot \frac{\text{Nm}^2}{\text{C}^2} \cdot \frac{10^{-7}\,\text{C}^2}{(0{,}8\,\text{m})^2} = 1{,}4 \cdot 10^3\,\frac{\text{N}}{\text{C}}.$$

Auf den Testplatten werden die Ladungen

$$q = \varepsilon_0 \cdot E \cdot A$$
$$= 8{,}85 \cdot 10^{-12}\,\frac{\text{C}^2}{\text{Nm}^2} \cdot 1{,}4 \cdot 10^3\,\frac{\text{N}}{\text{C}} \cdot 4 \cdot 10^{-4}\,\text{m}^2$$
$$= 5\,\text{pC}$$

influenziert.

A 2: a) Die Kraft $F = \frac{k \cdot q \cdot q}{r^2}$ wirkt als auslenkende Kraft $F = G \cdot \frac{s}{l}$ mit $s = \frac{1}{2}r$. Also ist

$$q^2 = m\,g\,\frac{r}{2\,l}\,r^2 \cdot \frac{1}{k} = 2{,}2 \cdot 10^{-15}\,\text{C}^2 \text{ und } q = 47\,\text{nC}.$$

b) Beide erfahren trotz verschiedener Ladung die gleiche Auslenkung, da sie die gleiche Masse haben und gegenseitig aufeinander dieselbe Kraft ausüben. Bei 20 cm Mittenabstand gilt:

$$2q \cdot q = m\,g\,\frac{r}{2\,l}\,r^2 \cdot \frac{1}{k} = 2{,}2 \cdot 10^{-15}\,\text{C}^2.$$

Das linke Kügelchen trägt die Ladung 33 nC, das rechte 66 nC.

A 3: a) Es ist $F \sim 1/r^2$. Das $(1/r^2)$-F-Diagramm sollte also innerhalb der Fehlergrenzen eine Gerade darstellen. Unter Berücksichtigung der Messfehler ist dies erfüllt.

r in cm	5,0	8,0	10,0	20,0
$1/r^2$ in $1/\text{cm}^2$	0,0400	0,0156	0,0100	0,0025
F in mN	2,80	1,30	0,85	0,20

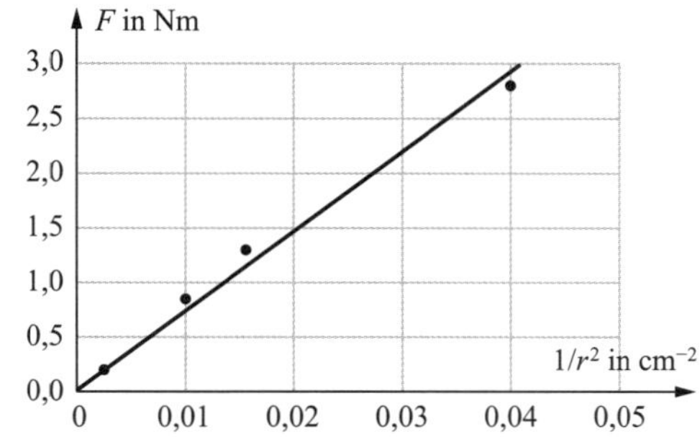

b) Berechnung der Ladung q:

$r = 20$ cm, $F = 0{,}2$ mN; $F = \frac{k \cdot q^2}{r^2}$

$$q^2 = \frac{F \cdot r^2}{k} = \frac{0{,}2 \cdot 10^{-3}\,\text{N} \cdot (0{,}2\,\text{m})^2}{9 \cdot 10^9\,\text{Nm}^2\,\text{C}^{-2}} = 8{,}9 \cdot 10^{-16}\,\text{C}^2$$

$q = 3 \cdot 10^{-8}$ C

Seite 21

A 1: $E = U/d = 5{,}0 \cdot 10^4$ V/m, $F = q \cdot E = 5{,}0 \cdot 10^{-4}$ N, $W = F \cdot d = 10^{-5}$ J, damit $U = W/q = 1{,}0$ kV.

A 2: Holundermarkkügelchen mit $m = 0{,}02$ g, $q = 0{,}10$ nC durchläuft 100 kV.

$\frac{1}{2} m v^2 = q \cdot U$

$$v = \sqrt{\frac{2\,q\,U}{m}} = \sqrt{\frac{2 \cdot 0{,}10 \cdot 10^{-9}\,\text{C} \cdot 10^5\,\text{V}}{0{,}02 \cdot 10^{-3}\,\text{kg}}} = 1\ \text{m/s}.$$

Schweben des Kügelchens in einem Kondensator mit $d = 0{,}20$ m: $m \cdot g = q \cdot E = q \cdot U/d$; $U = m \cdot g \cdot d/q$;
$U = 2 \cdot 10^{-5}$ kg $\cdot$ 10 N/kg $\cdot$ 0,20 m/(0,1 $\cdot 10^{-9}$ C)
= 400 kV

A 3: **a)** Da $F = q \cdot E = q \cdot U/d$ und $F = G \cdot s/l$ ist, folgt: $q \cdot U/d = G \cdot s/l$ oder:

$$q = \frac{m \cdot g \cdot s \cdot d}{l \cdot U}$$

$$= \frac{0{,}4 \cdot 10^{-3}\,\text{kg} \cdot 10\,\text{N} \cdot 0{,}01\,\text{m} \cdot 0{,}04\,\text{m}}{1{,}8\,\text{m} \cdot 1 \cdot 10^3\,\text{V} \cdot 1\,\text{kg}} = 0{,}89\ \text{nC}$$

b) relativer Fehler von q:

$$\frac{\Delta q}{q} = \frac{\Delta m}{m} + \frac{\Delta s}{s} + \frac{\Delta d}{d} + \frac{\Delta l}{l} + \frac{\Delta U}{U}$$

$$= 0{,}03 + \frac{1}{10} + 0{,}01 + 0{,}01 + 0{,}02$$

$$= 0{,}17 = 17\ \%$$

Dabei wurde angenommen, dass der Plattenabstand d auch auf 1 % genau bekannt ist. Der absolute Fehler von q ist $\Delta q = \pm\, 0{,}15$ nC; $q = 0{,}89$ nC $\pm$ 0,15 nC.

Seite 23

A 1: **a)** Es ist $E = \frac{U}{d} = 2{,}0 \cdot 10^5\,\frac{\text{V}}{\text{m}}$,

$\sigma = \varepsilon_0\,E = 8{,}85 \cdot 10^{-12}\,\frac{\text{C}}{\text{Vm}} \cdot 2 \cdot 10^5\,\frac{\text{V}}{\text{m}} = 1{,}8 \cdot 10^{-6}\,\frac{\text{C}}{\text{m}^2}$.

Jede Platte trägt die Ladung $Q = \sigma \cdot A = 80$ nC.

b) E und σ ändern sich nicht, solange das Feld hinreichend homogen bleibt; bei zu großem Abstand wird E kleiner, während σ gleich bleibt.

c) Da U konstant ist und $E = U/d$ ist, halbiert sich die elektrische Feldstärke. Mit $\sigma = \varepsilon_0\,E$ halbiert sich auch die Flächenladungsdichte σ.

A 2: Die Kraft ist so groß, als befände sich eine „Spiegelladung" $-q$ im Abstand $r' = 20$ cm von der Kugel, also ist

F $= k \cdot \frac{q^2}{r'^2} = 2{,}3 \cdot 10^{-5}$ N (siehe Lehrbuch Seite 14, A2)

A 3: Man kann sich das Feld als Feld eines Plattenkondensators denken, bei dem die rechte Platte positiv geladen ist.
Das Potenzial steigt dem Betrage nach linear mit dem Abstand zur linken Seite an. Im Prinzip handelt es sich um ein Bild wie B2 im Lehrbuch auf Seite 22.
$\varphi = E \cdot d = 1000$ V/m $\cdot$ 2 m = 2000 V,
das Potenzial steigt von Null auf 2000 V.

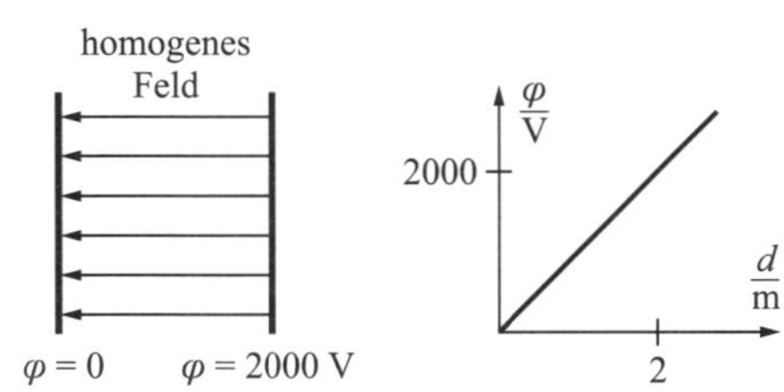

A 4: Die Feldlinien enden nicht senkrecht auf dem Leiter, sondern schräg. Im Inneren des Leiters ist ein Feld vorhanden. Daher kann es nicht ein E-Feld der Elektrostatik sein. Im Leiter besteht Strom.

Seite 25

A 1:

Elektrisches Feld E	**Elektrisches Potenzial φ**
E ist eine vektorielle Größe.	φ ist eine skalare Größe.
Man erhält das resultierende Feld durch vektorielle Addition der Einzelfelder.	Man erhält das resultierende Potenzial durch Addition der Einzelpotenziale (vorausgesetzt, man hat den gleichen Potenzialnullpunkt gewählt.).
Bei einer Punktladung nimmt die Feldstärke mit r^{-2} ab.	Bei einer positiven Punktladung nimmt das Potenzial mit r^{-1} ab (oder steigt bei negativer Ladung mit r^{-1} an).
$\vec{E} = \frac{\vec{F}}{q}$	$\varphi = \frac{W}{q}$
Im Inneren einer leitenden Kugel ist $E = 0$, falls kein Strom fließt.	Im Inneren einer leitenden Hohlkugel ist das Potenzial konstant, falls kein Strom fließt.

A 2: Potenzial einer Punktladung $\varphi = k \cdot \frac{q}{r}$.
Mit $\varphi = 1000$ V und $r = 1$ m ist

$$q = \frac{\varphi}{k} \cdot r = \frac{1000 \text{ VC}^2}{9 \cdot 10^9 \text{ Nm}^2} \cdot 1 \text{ m} = 1{,}1 \cdot 10^{-7} \text{ C}.$$

A 3: Zwei Protonen im Abstand $r = 6 \cdot 10^{-15}$ m haben gegeneinander die potenzielle Energie

$$W = k \cdot \frac{q^2}{r} = 9 \cdot 10^9 \frac{\text{Nm}^2}{\text{C}^2} \cdot \frac{(1{,}6 \cdot 10^{-19} \text{ C})^2}{6 \cdot 10^{-15} \text{ m}}$$
$$= 3{,}84 \cdot 10^{-14} \text{ J} = 2{,}4 \cdot 10^5 \text{ eV}.$$

Dies ist die Energie, die man beim Transport des einen Protons gegen das andere aufgewandt hat, um es aus dem Unendlichen in die Entfernung r zu bringen.

A 4: Proton $m = 1{,}67 \cdot 10^{-27}$ kg, $q = 1{,}6 \cdot 10^{-19}$ C bewegt sich in einem elektrischen Feld mit $E = 10$ V/m. $s = 5$ cm in Richtung der Feldlinien. Zunahme an Energie: $W = F \cdot s$; mit $F = q \cdot E$:

$$W = q \cdot E \cdot s$$
$$= 1{,}6 \cdot 10^{-19} \text{ C} \cdot 10 \text{ V/m} \cdot 0{,}05 \text{ m} = 8 \cdot 10^{-20} \text{ J}.$$

$$W = \frac{1}{2} m v^2, v = \sqrt{\frac{2W}{m}} = \sqrt{\frac{2 \cdot 8 \cdot 10^{-20} \text{ J}}{1{,}67 \cdot 10^{-27} \text{ kg}}} = 9790 \text{ m/s}.$$

A 5: Blitzeinschlag: radialsymmetrisches Feld mit dem Potenzial $\varphi(r) = 380$ kV/(r/m). Bei einem Rind ist der Abstand der Beine etwa 1,5 m, also die „Schrittspannung" $\varphi(40 \text{ m}) - \varphi(41{,}5 \text{ m}) = 380$ kV/(40 m/m) – 380 kV/(41,5 m/m) = 343 V, bei 2 m wären es 450 V. Die „Schrittspannung" für den Bauer ist viel kleiner, daher ist er nur einer viel kleineren Spannung ausgesetzt.

A 6: $E = 6 \cdot 10^5$ V/m, $h = 1000$ m; Das Potenzial steigt vom Boden aus linear an.

a)

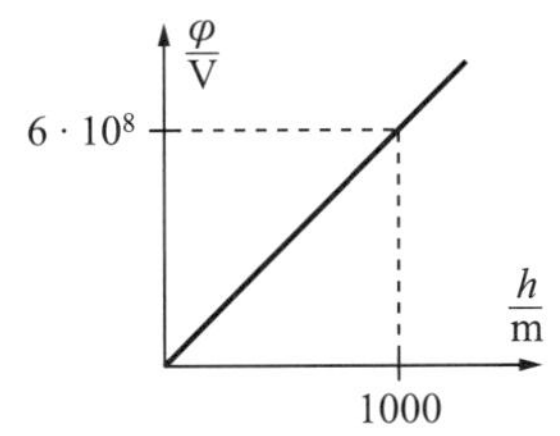

b) Spannung zwischen Wolkenschicht und Erdoberfläche:
$\varphi = E \cdot h = 6 \cdot 10^5 \text{ V/m} \cdot 1000 \text{ m} = 6 \cdot 10^8$ V.
Spannung zwischen 0 m und h = 2 m:
$U = 6 \cdot 10^5 \text{ V/m} \cdot 2 \text{ m} = 12 \cdot 10^5$ V.
(Dieser Wert ist rein theoretisch, da durch den geringeren Widerstand praktisch ein Kurzschluss entsteht.)

Seite 27

A 1: a) Wegen $U_y \sim y$ gilt:
U_y (5 cm) = 45 V · 5 cm/1,5 cm = 150 V.
b) Da $y \sim 1/U_A$ ist, folgt:
y (200 V) = 1,5 cm · 250 V/200 V = 1,875 cm.
Da auch $U_y \sim U_A$ ist, gilt für $U_A = 200$ V und $y = 5$ cm nach a): $U_y = 200$ V/250 V · 150 V = 120 V.

A 2: a), b) Im Kondensator führen die Elektronen in y-Richtung aufgrund der elektrischen Feldkraft $F_y = e\,E_y$ eine gleichmäßig beschleunigte Bewegung aus. Wir erhalten

$$a_y = \frac{F_y}{m} = \frac{e}{m} E_y = \frac{e}{m} \frac{U_y}{d}.$$

Quer zur Feldrichtung fliegen sie mit der konstanten Geschwindigkeit v_x und brauchen dazu die Zeit $t = \ell / v_x$.
Dabei gewinnen sie in y-Richtung die Geschwindigkeit:

$$v_y = a_y\, t = \frac{e\, U_y\, \ell}{m\, d\, v_x}.$$

Sie erfahren dadurch im Kondensator in y-Richtung die Ablenkung:

$$y_1 = \frac{1}{2} a_y\, t^2 = \frac{1}{2} \frac{e\, U_y}{m\, d} \frac{\ell^2}{v_x^2} = \frac{U_y\, \ell^2}{4\, d\, U_A}.$$

Dabei haben wir v_x^2 durch $2\,e/m\,U_A$ ersetzt. Außerhalb des Kondensators brauchen sie die Zeit $t' = s/v_x$, um zum Leuchtschirm zu gelangen. Sie legen die Strecke

$$y_2 = v_y\,t' = \frac{v_y}{v_x}\,s = \frac{e\,U_y\,\ell}{m\,d\,v_x^2}\cdot s = \frac{U_y\,\ell\,s}{2\,d\,U_A}$$

in Richtung des Kondensatorfeldes zurück.

Insgesamt erfahren sie die Ablenkung:

$$y = y_1 + y_2 = \frac{1}{2}\frac{\ell}{d}\left(\frac{\ell}{2} + s\right)\frac{U_y}{U_A}.$$

A 3: (In der ersten Auflage des Lehrbuches ist hier ein Schreibfehler, richtig ist s = 20 cm.)

a) Die elektrische Feldkraft ist gegeben durch

$F_{el} = e\,E = e\,U_y/d$

$= 1{,}6 \cdot 10^{-19}\,\text{C} \cdot 100\,\text{V}/0{,}01\,\text{m}$

$= 1{,}6 \cdot 10^{-15}\,\text{N}.$

Damit folgt

$a = F_{el}/m$

$= 1{,}6 \cdot 10^{-15}\,\text{N}/9{,}11 \cdot 10^{-31}\,\text{kg}$

$= 1{,}76 \cdot 10^{15}\,\text{m/s}^2.$

Die Eintrittsgeschwindigkeit der Elektronen ist

$$v_x = \sqrt{2\,\frac{e}{m}\,U} = \sqrt{2 \cdot 1{,}76 \cdot 10^{11}\,\text{C/kg} \cdot 1000\,\text{V}}$$

$= 1{,}88 \cdot 10^{7}\,\text{m/s}.$

b) Die Zeit zum Durchfliegen des Kondensators ist $t = \ell/v_x = 0{,}04\,\text{m}/1{,}88 \cdot 10^7\,\text{m/s} = 2{,}13\,\text{ns}$.

c) Mit den Formeln für y_1 und y (aus →A2) folgt:

$$y_1 = \frac{100\,\text{V} \cdot (0{,}04\,\text{m})^2}{4 \cdot 0{,}01\,\text{m} \cdot 100\,\text{V}} = 4\,\text{mm} \quad \text{und}$$

$$y = \frac{1}{2} \cdot \frac{0{,}04\,\text{m}}{0{,}01\text{m}} \cdot \left(\frac{0{,}04\,\text{m}}{2} + 0{,}2\,\text{m}\right) \cdot \frac{100\,\text{V}}{1000\,\text{V}} = 4{,}4\,\text{cm}.$$

A 4: a) Im Kondensator erfahren die Elektronen eine bremsende Kraft F und damit die Bremsverzögerung $a = F/m = e\,E/m = (e/m)\,U_1/d = 1{,}23 \cdot 10^{14}\,\text{m/s}^2$.

Für die Bewegung längs d gilt $v_1 = v_0 - a\,t$. Dabei ist v_0 die Geschwindigkeit der in den Kondensator eintretenden und v_1 die der herausfliegenden Elektronen. Man berechnet also v_0 nach $v_0 = \sqrt{2\,e/m \cdot U_0}$ zu $v_0 = 5{,}93 \cdot 10^6$ m/s und v_1 nach $v_1 = \sqrt{2\,e/m \cdot (U_0 - U_1)}$ zu $v_1 = 3{,}25 \cdot 10^6$ m/s und erhält für die Zeit: $t = 2{,}2 \cdot 10^{-8}$ s.

b) Die Elektronen können nur gegen die Spannung U_0 = 100 V anlaufen. Weil E konstant ist, legen sie nur 1/4 von d, das sind 2,5 cm, zurück. Dann kehren sie um und haben beim Austritt aus dem Kondensator wieder die Energie 100 eV, fliegen aber in umgekehrter Richtung.

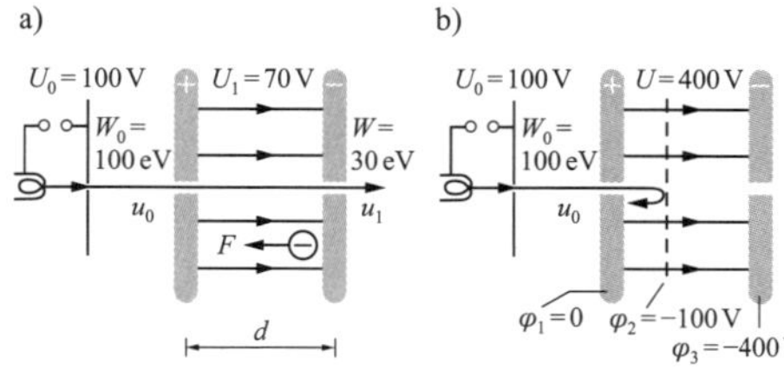

Seite 31

A 1: a) Zu einem Kondensator $C_1 = 10\,\mu\text{F}$ muss ein Kondensator $C_2 = 5\,\mu\text{F}$ parallel geschaltet werden, damit ein Kondensator mit $C_{ges,parallel} = 15\,\mu\text{F}$ entsteht ($C_{ges,parallel} = C_1 + C_2$).

In Reihe: $\frac{1}{5\,\mu\text{F}} = \frac{1}{10\,\mu\text{F}} + \frac{1}{10\,\mu\text{F}}$;

es muss ein Kondensator mit 10 µF in Reihe geschaltet werden um $C_{ges,Reihe} = 5\,\mu\text{F}$ zu erhalten.

b) Bei Parallelschaltung ist $Q_1 = C_1 \cdot U = 100\,\mu\text{C}$, $Q_2 = 50\,\mu\text{C}$.

Bei Reihenschaltung nimmt jede Kondensatorplatte die gleiche Ladung mit dem Betrag $Q = C_{ges,Reihe}\,U = 50\,\mu\text{C}$ auf. Die Gesamtladung eines Kondensators ist Null.

A 2: Reihenschaltung von drei Kondensatoren:

$\frac{1}{C} = \frac{1}{C_1} + \frac{1}{C_2} + \frac{1}{C_3}$, also $C = 2{,}86\,\mu\text{F}$.

Jeder Kondensator hat die Ladung $Q = C \cdot U = 286\,\mu\text{C}$. Die Spannungen betragen nach $U = Q/C$: $U_1 = 57$ V; $U_2 = 29$ V und $U_3 = 14$ V.

A 3: In $\frac{1}{20}$ s fließt die Ladung $Q = 2{,}0 \cdot 10^{-3}\,\text{A} \cdot \frac{1}{20}\,\text{s} = 0{,}1$ mC und somit $C = Q/U = 2{,}5\,\mu\text{F}$.

A 4: $T_H = R_C \cdot \ln 2 = 300\,\text{k}\Omega \cdot 100\,\mu\text{F} \cdot 0{,}69 = 21\,\text{s}$.

Seite 33

A 1: a) In Luft ist gerade noch die Energiedichte

$$\rho_{el} = \frac{1}{2}\,\varepsilon_0\,\varepsilon_r\,E^2$$

$$= \frac{1}{2} \cdot 8{,}85 \cdot 10^{-12}\,\frac{\text{C}}{\text{Vm}} \cdot \left(2{,}5 \cdot 10^{-6}\,\frac{\text{V}}{\text{m}}\right)^2 = 28\,\frac{\text{J}}{\text{m}^3}$$

möglich.

b) Die aus Kohle nutzbare Energiedichte beträgt

$$\rho_{Kohle} = 3 \cdot 10^7\,\frac{\text{J}}{\text{kg}} \cdot 1{,}2 \cdot 10^3\,\frac{\text{kg}}{\text{m}^3} = 3{,}6 \cdot 10^{10}\,\frac{\text{J}}{\text{m}^3}.$$

Die Energiedichte von Kohle ist $1{,}3 \cdot 10^9$-mal so groß wie ρ_{el}.

A 2: Kondensator mit $C = 200$ F, $U = 2{,}5$ V. Energie:

$W = \frac{1}{2}\,C\,U^2 = \frac{1}{2}\,200\text{ F} \cdot (2{,}5\text{ V})^2 = 625\text{ J}$;

Masse $m = 0{,}5$ kg; Höhenenergie $W = m\,g\,h = 625$ J;

Höhe $h = \frac{W}{m \cdot g} = 125$ m.

Beim Entladen des Kondensators über einen Elektromotor fließt ein Strom; im Widerstand des Stromkreises geht Energie in Form von Wärme verloren, nur ein Teil kann zum Heben der Last verwendet werden.

A 3: a) Plattenkondensator mit kreisförmigen Platten

$C = \varepsilon_0 \cdot \varepsilon_r \cdot \frac{A}{d} = 8{,}85 \cdot 10^{-12}\,\frac{\text{C}}{\text{Vm}} \cdot \frac{\pi \cdot (0{,}12\text{ m})^2}{0{,}004\text{ m}} = 0{,}1\text{ nF}.$

Energieinhalt bei 3 kV:

$W_3 = \frac{1}{2} \cdot C \cdot U^2 = \frac{1}{2} \cdot 0{,}1\text{ nF} \cdot (3000\text{ V})^2 = 0{,}45\text{ mJ}$;

bei 6 kV: $W_6 = 4 \cdot W_3 = 1{,}8$ mJ.

Energiedichte

$\rho_3 = \frac{W_3}{\text{V}} = \frac{W_3}{\pi\,r^2\,d} = \frac{0{,}45\text{ mJ}}{\pi \cdot (0{,}12\text{ m})^2 \cdot 0{,}004\text{ m}} = 2{,}5\,\frac{\text{J}}{\text{m}^3},$

$\rho_6 = 10\,\frac{\text{J}}{\text{m}^3}.$

b) Kraft zwischen den Kondensatorplatten $F = W/d$:
$F_3 = 0{,}11$ N; $F_6 = 0{,}45$ N.

c) $F = 5$ mN;

Da $F = \frac{1}{2} \cdot \varepsilon_0\,\frac{U^2}{d^2}\,A$ ist $U = d \cdot \sqrt{\frac{2\,F}{\varepsilon_0 \cdot A}} = 8{,}9$ kV.

A 4: Es ist
$Q_1 = C\,U_1 = 10 \cdot 10^{-6}\text{ F} \cdot 200\text{ V} = 2\text{ mC}$;
$Q_2 = C\,U_2 = 1\text{ mC}$, $Q_{ges} = Q_1 + Q_2 = 3\text{ mC}$.
Da $C_{ges} = C_1 + C_2 = 20\ \mu\text{F}$, nehmen die Kondensatoren die Spannung $U_{ges} = Q_{ges}/C_{ges} = 150$ V an.
Die Energie ist vorher
$W_1 = \frac{1}{2}\,C\,U_1^2 = 0{,}2$ J und $W_2 = \frac{1}{2}\,C\,U_2^2 = 0{,}05$ J,
insgesamt $W_{ges1} = 0{,}25$ J.
Nachher $W_{ges2} = \frac{1}{2}\,C_{ges} \cdot U_{ges2} = 0{,}225$ J. Es gehen also 0,025 J in Form von Wärme verloren, da Strom fließt.

A 5: Erdradius $r = 6370 \cdot 10^3$ m, $h = 1000$ m, Volumen
$V = 4\,\pi\,r^2 \cdot h = 4\,\pi \cdot (6370 \cdot 10^3\text{ m})^2 \cdot 1000\text{ m}$
$= 5{,}1 \cdot 10^{17}\text{ m}^3$;
$W = V \cdot \frac{1}{2}\,\varepsilon_0 \cdot E^2 = 5{,}1 \cdot 10^{10}$ J.

A 6: $C = 0{,}1$ F, $U = 50$ kV;
$W = \frac{1}{2}\,C \cdot U_2 = \frac{1}{2} \cdot 0{,}1\text{ F} \cdot (50 \cdot 10^3\text{ V})^2 = 125\text{ MJ}.$

Mittlere Leistung $\overline{P} = \frac{W}{\Delta t} = \frac{125\text{ MJ}}{0{,}001\text{ s}} = 125$ GW,

also mehr als das 126-fache des Pumpspeicherwerks.

A 7: a) $C = 1$ F, $U = 4$ V, $I = 70$ mA.
$R = 3{,}8\text{ V}/70\text{ mA} = 54\ \Omega$. Wir nehmen an, dass R konstant bleibt und dass das Lämpchen leuchtet, bis die Spannung auf die Hälfte abgesunken ist, gemäß $T_H = R\,C \ln 2 = 37$ s.
b) Die mittlere Leistung der Diode ist $P = 20$ mW; Energieabgabe des Kondensators zwischen 4 V und 2 V ist: $\frac{1}{2} \cdot 1\text{ F} \cdot ((4\text{V})^2 - (2\text{V})^2) = P \cdot t$, so ergibt sich t = 300 s.

Seite 35

A 1: Kondensator mit Plattenabstand $d = 0{,}5$ cm, $U = 250$ V, $E = U/d = 50\,000$ V/m. Beim Schweben ist Gewichtskraft = elektrische Feldkraft: $m \cdot g = q \cdot U/d$ und

$q = \frac{m \cdot g \cdot d}{U}$

$= \frac{2{,}4 \cdot 10^{-12} \cdot 10\text{ N/kg} \cdot 0{,}005\text{m}}{250\text{ V}} = 4{,}8 \cdot 10^{-19}\text{ C} = 3\,e.$

Das Tröpfchen ist positiv geladen und trägt drei positive Elementarladungen. Da $G = 24 \cdot 10^{-15}$ N sinkt es in Luft mit $v = 9{,}3 \cdot 10^{-5}\text{ m s}^{-1}$.

A 2: Höhenenergie
$W = m \cdot g \cdot h = 2{,}4 \cdot 10^{-15}\text{ kg} \cdot 10\text{ N/kg} \cdot 0{,}001\text{ m}$
$= 2{,}4 \cdot 10^{-17}$ J.
Das Tröpfchen durchläuft die Spannung

$\Delta U = \frac{U}{d} \cdot \Delta s = 50$ V.

Die Änderung der elektrischen Energie ist
$q \cdot \Delta U = 150$ eV.
Da 1 eV $= 1{,}6 \cdot 10^{-19}$ J, sind dies $2{,}4 \cdot 10^{-17}$ J. Die Änderung der elektrischen Energie ist gleich der Abnahme an Höhenenergie.

A 3 a) Öltröpfchen mit der Fallgeschwindigkeit $v = 5 \cdot 10^{-5}\text{ m s}^{-1}$. Nach Diagramm B3 im Lehrbuch auf Seite 35 ist $G = 9 \cdot 10^{-15}$ N. Die Geschwindigkeit ist konstant, da die Luftreibungskraft gleich der Gewichtskraft ist. y, nach unten positiv gerechnet, nimmt linear zu.

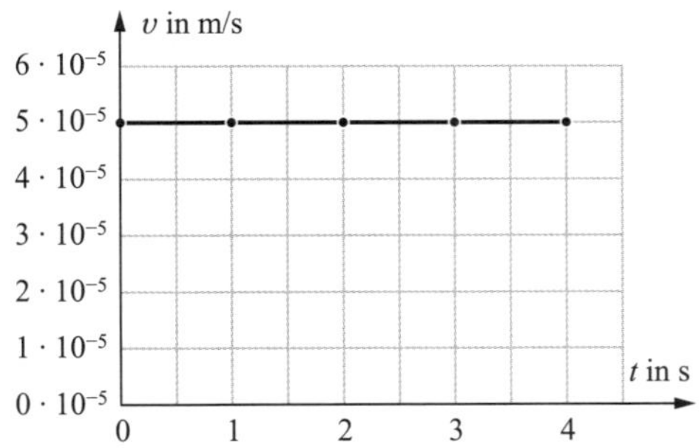

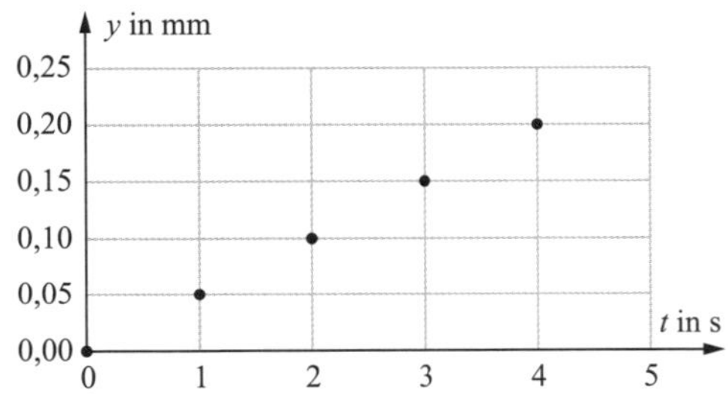

b) Bei $U = 156$ V schwebt das Tröpfchen. Es ist dann
$G = q \cdot E = q \cdot U/d$,
$q = G \cdot d/U = 9 \cdot 10^{-15}\,\text{N} \cdot 5 \cdot 10^{-3}\,\text{m}/156\,\text{V}$
$= 2{,}9 \cdot 10^{-19}\,\text{C} = 1{,}8 \cdot e$.
Bemerkung: Die Abweichung von dem ganzzahligen Wert 2 beträgt 10 %, kann aber in Anbetracht der dabei eingehenden Messgrößen (Geschwindigkeitsmessung, Zähigkeit der Luft, Dichte des Öls) toleriert werden.

A 4: $F_R = 6\,\pi\,\eta\,r\,v$ mit $\eta = 18 \cdot 10^{-6}\,\text{N s/m}^2$ (in der ersten Auflage des Lehrbuches ist hier ein Schreibfehler, richtig ist $\eta = 18 \cdot 10^{-6}\,\text{N s/m}^2$), Dichte $\rho = 983\,\text{kg/m}^3$, Tröpfchen mit $r = 10 \cdot 10^{-6}$ m.

$F_R = G,\ G = \frac{4}{3} \cdot \pi \cdot r^3 \cdot \rho \cdot g = 4{,}04 \cdot 10^{-11}$ N;

Sinkgeschwindigkeit:

$$v = \frac{m \cdot g}{6\,\pi \cdot \eta \cdot r} = \frac{2\,\rho \cdot r^2 \cdot g}{9\,\eta}$$

$$= \frac{2 \cdot 983\,\text{kg/m}^3 \cdot 1 \cdot 10^{-10}\,\text{m}^2 \cdot 10\,\text{N/kg}}{9 \cdot 18 \cdot 10^{-6}\,\text{N s/m}^2} = 0{,}012\,\text{m s}^{-1}$$

A 5: Öltröpfchen mit den Ladungen $6{,}4 \cdot 10^{-19}$ C; $9{,}6 \cdot 10^{-19}$ C; $16 \cdot 10^{-19}$ C. Daraus ergibt sich als größtmögliche Ladung $3{,}2 \cdot 10^{-19}$ C. Andere mögliche Werte wären $3{,}2 \cdot 10^{-19}$ C/n, mit n natürliche Zahl.

A 6: a) Elektron $m = 9{,}1 \cdot 10^{-31}$ kg durchläuft 100 V.

$$v = \sqrt{\frac{2\,q\,U}{m}} = \sqrt{\frac{2 \cdot 1{,}6 \cdot 10^{-19}\,\text{C} \cdot 100\,\text{V}}{9{,}1 \cdot 10^{-31}\,\text{kg}}} = 5{,}9 \cdot 10^6\,\text{m s}^{-1}$$

b) $v_0 = 1 \cdot 10^7$ m/s; $\frac{1}{2} \cdot m\,v^2 = \frac{1}{2} \cdot m\,v_0^2 + e \cdot U$;

$$v = \sqrt{v_0^2 + \frac{2 \cdot e \cdot U}{m}}$$

$$= \sqrt{1 \cdot 10^{14}\,\frac{\text{m}^2}{\text{s}^2} + \frac{2 \cdot 1{,}6 \cdot 10^{-19}\,\text{C} \cdot 100\,\text{V}}{9{,}1 \cdot 10^{-31}\,\text{kg}}}$$

$= 1{,}16 \cdot 10^7\,\text{m s}^{-1}$.

c) $\frac{1}{2} \cdot m\,v^2 = \frac{1}{2} \cdot m\,v_0^2 - e \cdot U$;

$$v = \sqrt{v_0^2 - \frac{2 \cdot e \cdot U}{m}}$$

$$= \sqrt{1 \cdot 10^{14}\,\frac{\text{m}^2}{\text{s}^2} - \frac{2 \cdot 1{,}6 \cdot 10^{-19}\,\text{C} \cdot 100\,\text{V}}{9{,}1 \cdot 10^{-31}\,\text{kg}}}$$

$= 0{,}805 \cdot 10^7\,\text{m s}^{-1}$.

Seite 42

A 1: a) Es ist $E = \frac{U}{d} = 2{,}0 \cdot 10^{-5}\,\frac{\text{V}}{\text{m}}$,

$\sigma = \varepsilon_0 \cdot E = 8{,}85 \cdot 10^{-12}\,\frac{\text{C}}{\text{Vm}} \cdot 2{,}0 \cdot 10^5\,\frac{\text{V}}{\text{m}}$

$= 1{,}8 \cdot 10^{-6}\,\frac{\text{C}}{\text{m}^2}$

Und jede Platte trägt die Ladung $Q = \sigma \cdot A = 80$ nC.

b) Werden bei angeschlossener Spannungsquelle die Platten auseinadergezogen, bleibt die Spannung unverändert, E, σ und Q nehmen ab.

Bei abgetrennter Spannungsquelle bleiben Q, σ und E gleich, die Spannung nimmt zu.

c) Auseinanderziehen bei angeschlossener Quelle: Es wird Energie an die Quelle zurück gegeben, die Energie des Kondensators wird kleiner. $W = \frac{1}{2}\,C \cdot U^2$; U ist konstant, C wird kleiner.

Auseinanderziehen bei abgetrennter Quelle: Die Energie des Feldes im Kondensator wird größer, da ein größeres Volumen vom Feld durchsetzt wird, die beim Ziehen aufgewandte mechanische Energie wird im Feld gespeichert. $W = \frac{1}{2}\,Q \cdot U$, Q ist konstant, U wird größer.

A 2: Öltröpfchen mit $m = 2{,}4 \cdot 10^{-12}$ g; $G = q \cdot E = q \cdot U/d$ oder

$$q = \frac{G \cdot d}{U}$$

$$= \frac{2{,}4 \cdot 10^{-15}\,\text{kg} \cdot 10\,\frac{\text{N}}{\text{kg}} \cdot 0{,}005\,\text{m}}{250\,\text{V}} = 4{,}8 \cdot 10^{-19}\,\text{C} = 3\,e$$

Die Ladung des Tröpfchens ist positiv, es trägt drei Elementarladungen.

A 3: $C = 100\ \text{F}$, $U = 50\ \text{V}$; gespeicherte Energie

$$W = \frac{1}{2}\,C \cdot U^2 = \frac{1}{2} \cdot 100\ \text{F} \cdot 2500\ \text{V}^2 = 125\,000\ \text{J}.$$

$$m = 500\ \text{kg};\ \frac{1}{2}\,m\,v^2 = W = 125\,000\ \text{J},$$

$$v = \sqrt{\frac{2 \cdot W}{m}} = \sqrt{\frac{2 \cdot 125\,000\ \text{J}}{500\ \text{kg}}} = 22{,}4\ \text{m/s} = 80{,}5\ \text{km/h}$$

A 4: Vergleich von Gravitationskraft und elektrischer Kraft:

Gravitationskraft G	**Elektrische Kraft/ Coulombkraft F_E**
G nimmt mit $1/r^2$ ab	F_E nimmt mit $1/r^2$ ab
G ist proportional dem Produkt der beiden Massen. $G \sim m_1 \cdot m_2$	F_E ist proportional dem Produkt der beiden Ladungen. $F_E \sim q_1 \cdot q_2$
$G = \gamma \frac{m_1 \cdot m_2}{r^2}$ mit $\gamma = 6{,}67 \cdot 10^{-11}\ \frac{\text{m}^3}{\text{kg} \cdot \text{s}^2}$	$F_E = k \frac{q_1 \cdot q_2}{r^2}$ mit $k = 9 \cdot 10^9\ \frac{\text{N m}^2}{\text{C}^2}$
Es gibt nur eine „Sorte" von Massen. Die Kräfte sind immer anziehend.	Es gibt positive und negative Ladungen. Bei gleichnamigen Ladungen findet Abstoßung statt, bei ungleichnamigen Ladungen Anziehung.

MAGNETFELD UND TEILCHEN IN FELDERN

Seite 45

A 1: a) Man führt einen Pol des Eisenstücks so an den Nordpol des bekannten Magneten heran, dass Abstoßung auftritt. Dann weiß man, dass man den Nordpol herangeführt hat. Der andere Pol ist dann der Südpol.
b) Man hängt das Eisenstück um eine vertikale Achse drehbar auf. Es stellt sich in Nord-Süd-Richtung ein. Der Richtung Norden zeigende Pol ist der Nordpol des Eisenstücks.

A 2: Eisenfeilspäne sind magnetische und Grießkörnchen elektrische Dipole. Durch die Feldlinien werden die Dipole in Feldrichtung gedreht. Zudem ist die Anziehung an den Enden der Dipole besonders stark wegen der Magnetpole bzw. der elektrischen Ladungen. Daher verketten sich die Dipole mit ihren Magnetpolen bzw. Ladungen und zeigen so den Verlauf der Feldlinien an.

A 3: a) In der Nähe der Pole sind die Felder besonders stark. Dort sind besonders viele Feldlinien zu sehen.
b) (1) bewegt sich nach rechts zum Südpol des rechten Magneten. (2) läuft entlang einer Feldlinie nach links zum Südpol des rechten Magneten. (3) bewegt sich nach links, zum Südpol des linken Magneten. (4) wandert im Bild nach unten, von den beiden Nordpolen fort.

A 4: a) Die Bilder 1 und 2 können auch zu magnetischen Feldern gehören (Bild 1 Nord- und Südpol, Bild 2 gleichnamige Pole).
b) Die Bilder 3 und 4 können nur zu elektrischen Feldern gehören. Nur elektrische Feldlinien stehen immer senkrecht auf leitenden Oberflächen, Magnetfeldlinien dagegen stehen nicht immer senkrecht auf magnetischen Oberflächen. Zudem ist das Innere und die Umgebung von Magneten nicht frei von Feldlinien.

A 5: In den Bildern 1, 3 und 4 wird die Tendenz zur Verkürzung deutlich. Die Felder werden von ungleichnamigen Polen hervorgerufen, die einander anziehen. Zwischen den Magnetpolen bzw. elektrischen Ladungen verlaufen die Feldlinien (fast) geradlinig. Die gerade Feldlinie ist die kürzeste Verbindung zwischen ungleichnamigen Polen.
Die Bilder 1, 2, 4 zeigen die Tendenz der Abstoßung. Die Dichte der Feldlinien ist in größerem Abstand von den Polen geringer, die Feldlinien drängen scheinbar in den Bereich, in dem sie nicht so dicht liegen.

A 6: a) Nach der Linke-Faust-Regel sind die Magnetfelder bei parallelen Stromrichtungen zwischen den Leitern einander entgegen gerichtet, sodass sich dort die Magnetfelder aufheben. Es gibt dort also keine abstoßende Kraft. Die Feldlinien bilden eine Umhüllende um beide Leiter. Da Feldlinien die Tendenz zur Verkürzung haben, werden die beiden Leiter zusammengedrängt.

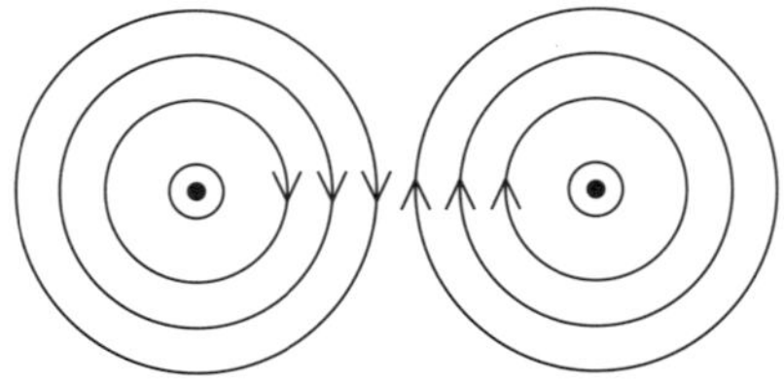

b) Bei entgegen gerichteten Stromrichtungen haben die Magnetfelder der beiden Ströme zwischen den Leitern die gleiche Richtung. Die Feldlinien stoßen einander ab und reißen die Leiter mit.

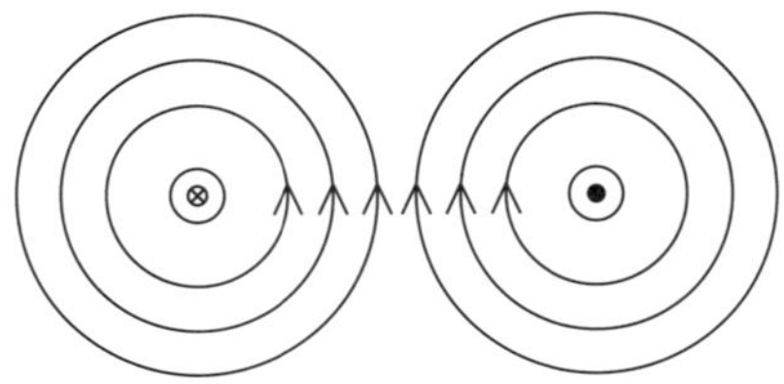

A 7: Nach der Linke-Faust-Regel sind die Magnetfeldlinien überall im Innern der Leiterschleife in die Papierebene (schräg nach links hinten) gerichtet. Also liegen der Nordpol vorn rechts über der Papierebene und der Südpol hinten links unter der Papierebene.

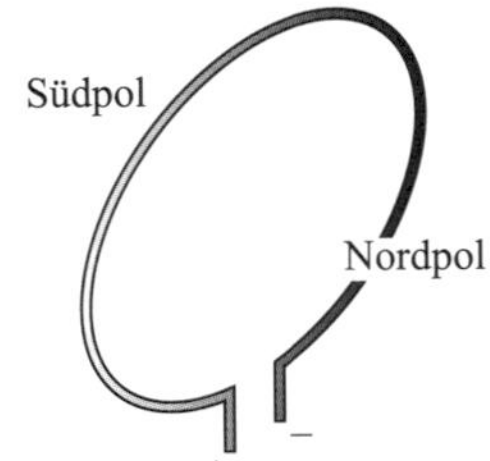

A 8: Die Stromrichtungen sind in allen Windungen der Spiralfeder parallel. Nach der Linke-Faust-Regel → A 6 a) wirkt zwischen den Windungen eine anziehende Kraft. Folglich werden die Windungen der Spiralfeder enger beieinander liegen. Der Körper wird also angehoben.

A 9: Die Magnetfeldlinien verlaufen fast nur im Innern der Spule. In der Nähe des äußeren Radius r_a liegen die Feldlinien nicht so nahe beieinander wie in der Nähe des inneren Radius r_i.

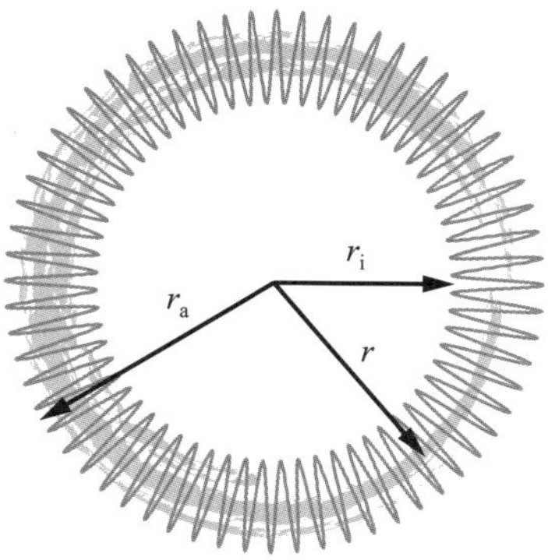

Seite 47

A 1: $B = \frac{F}{I s} = \frac{0{,}2\ \text{N}}{10\ \text{A} \cdot 0{,}04\ \text{m}} = 0{,}5\ \text{T}$

A 2: $F = B\,I\,s = 14{,}2 \cdot 10^{-6}\ \text{T} \cdot 4400\ \text{A} \cdot 65\ \text{m} = 4{,}06\ \text{N}$
Nach der Drei-Finger-Regel der linken Hand ist die Kraft nach oben gerichtet.

A 3: a) $F = B\,I\,s = 0{,}4\ \text{T} \cdot 5\ \text{A} \cdot 0{,}05\ \text{m} = 0{,}1\ \text{N}$

b) $I = \frac{F+G}{B\,s} = \frac{0{,}1\ \text{N} + 0{,}01\ \text{N}}{0{,}4\ \text{T} \cdot 0{,}05\ \text{m}} = 5{,}5\ \text{A}$

$(I = \frac{F+G}{B\,s} = \frac{0{,}1\ \text{N} + 0{,}05\ \text{N}}{0{,}4\ \text{T} \cdot 0{,}05\ \text{m}} = 7{,}5\ \text{A})$

$s = \frac{F+G}{B\,I} = \frac{0{,}1\ \text{N} + 0{,}01\ \text{N}}{0{,}4\ \text{T} \cdot 5\ \text{A}} = 5{,}5\ \text{cm}$

$(s = \frac{F+G}{B\,I} = \frac{0{,}1\ \text{N} + 0{,}05\ \text{N}}{0{,}4\ \text{T} \cdot 5\ \text{A}} = 7{,}5\ \text{cm})$

Seite 49

A 1: a) Wenn man B oder I verdoppelt, verdoppelt sich auch U_H, wenn man d verdoppelt, halbiert sich U_H.
b) Wenn man B, I und d verdoppelt, verdoppelt sich auch U_H. Dies folgt unmittelbar aus der Gleichung

$U_H = R_H \cdot \frac{I B}{d}$.

A 2: a) Aus $U_H = B\,v\,h$ folgt:
$v = \frac{U_H}{B\,h} = \frac{5{,}1 \cdot 10^{-7}\ \text{V}}{0{,}3\ \text{T} \cdot 0{,}01\ \text{m}} = 1{,}7 \cdot 10^{-4}\ \text{m/s}.$

b) Aus $U_H = R_H \cdot \frac{I B}{d}$ folgt:

$R_H = \frac{U_H\,d}{I B} = \frac{5{,}1 \cdot 10^{-7}\ \text{V} \cdot 10^{-4}\ \text{m}}{1{,}9\ \text{A} \cdot 0{,}3\ \text{T}} = 8{,}9 \cdot 10^{-11}\ \text{m}^3/\text{C}.$

Mit $R_H = \frac{1}{n\,e}$ ergibt sich $n = \frac{1}{R_H\,e} = 7{,}0 \cdot 10^{28}\ \text{m}^{-3}$.

A 3: Aus $U_H = R_H \cdot \frac{I B}{d}$ folgt:

$B = \frac{U_H\,d}{I\,R_H} = \frac{7{,}1 \cdot 10^{-3}\ \text{V} \cdot 10^{-3}\ \text{m}}{2{,}5 \cdot 10^{-2}\ \text{A} \cdot 0{,}014\ \text{m}^3/\text{C}} = 0{,}02\ \text{T}.$

Seite 51

A 1: *Negative* Ladungsträger: Nach der Drei-Finger-Regel der *linken Hand* entsteht unten ein Minuspol, oben ein Pluspol.
Positive Ladungsträger: Nach der Drei-Finger-Regel der *rechten Hand* entsteht oben ein Minuspol, unten ein Pluspol.

A 2: Man denke sich eine schlanke Spule in der Mitte durchgesägt. Beide Hälften zusammen erzeugen ein genauso starkes Magnetfeld, wie es vor dem Durchsägen bestand. Also ist das Magnetfeld einer schlanken Spule am Ende halb so stark wie in der Mitte.

A 3: a) Aus $B = \mu_0 \cdot (n/l)\,I$ folgt:
$I = \frac{B\,l}{\mu_0\,n} = \frac{2 \cdot 10^{-5}\ \text{T} \cdot 0{,}3\ \text{m}}{1{,}257 \cdot 10^{-6}\ \text{Vs/(Am)} \cdot 40} = 0{,}12\ \text{A}.$

b) $B = \mu_0 \cdot (n/l) \cdot I$
$= 1{,}257 \cdot 10^{-6} \frac{\text{Vs}}{(\text{Am})} \cdot 40/0{,}2\ \text{m} \cdot 0{,}12\ \text{A}$
$= 3 \cdot 10^{-5}\ \text{T} = 0{,}03\ \text{mT}.$

A 4: Es ist:

a) $I = \frac{B\,l}{\mu_0\,n} = \frac{0{,}1\ \text{T} \cdot 0{,}3\ \text{m}}{1{,}257 \cdot 10^{-6}\ \text{Vs/(Am)} \cdot 1200} = 19{,}9\ \text{A}.$

b) $I = \frac{B\,l}{\mu_0\,n} = \frac{1\ \text{T} \cdot 0{,}3\ \text{m}}{1{,}257 \cdot 10^{-6}\ \text{Vs/(Am)} \cdot 1200} = 199\ \text{A}.$

Eine so hohe Stromstärke wie in b) ist in Schulen im Allgemeinen nicht zu erzeugen.

Seite 55

A 1:

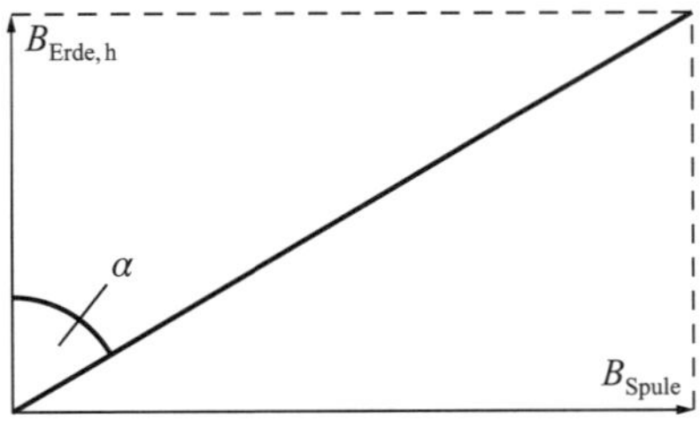

Aus der Skizze entnimmt man $\tan\alpha = B_{Spule}/B_{Erde,h}$. Damit gilt:

$B_{Erde,h} = B_{Spule}/\tan\alpha = \mu_0 \cdot (n/l) \cdot I/\tan\alpha$
$= 1{,}257 \cdot 10^{-6}$ Vs/(Am) · 100/0,5 m · 0,13 A/tan 60°
= 19 µT.

A 2: a) $F_L = e\, v_s\, B_{Erde} \cdot \sin\delta$
$= 1{,}6 \cdot 10^{-19}$ C · 140/3,6 m/s · $4{,}9 \cdot 10^{-5}$ T · sin 70°
$= 2{,}87 \cdot 10^{-22}$ N.

b) Nach der Drei-Finger-Regel der linken Hand ist die südliche Schiene negativ, die nördliche positiv geladen.

c) Die Spannung zwischen den isolierten Schienen beträgt:

$U = B_{Erde} \cdot \sin\delta \cdot v_s \cdot l$
$= 4{,}9 \cdot 10^{-5}$ T · sin 70° · 140/3,6 m/s · 1,435 m
= 2,57 mV.

Seite 57

A 1: a) Beim Durchlaufen eines Spannungsgefälles wird elektrische Energie in kinetische Energie verwandelt: $W_{el} = W_{kin}$. Durch Einsetzen folgt $e\,U = \frac{1}{2} m\, v^2$ und damit:

$$U = \frac{m\,v^2}{2\,e} = \frac{9{,}11 \cdot 10^{-31}\ \text{kg} \cdot (252/3{,}6\ \text{m/s})^2}{2 \cdot 1{,}6 \cdot 10^{-19}\ \text{C}} = 1{,}39 \cdot 10^{-8}\ \text{V}.$$

b) $W_{kin} = W_{el} = e\,U = 1{,}6 \cdot 10^{-19}\ \text{C} \cdot 1{,}39 \cdot 10^{-8}\ \text{V}$
$= 1{,}39 \cdot 10^{-8}\ \text{eV} = 2{,}22 \cdot 10^{-27}\ \text{J}$

A 2: Aus $e\,U = \frac{1}{2} m\, v^2$ (→ A 1) folgt:

$$v = \sqrt{2\,\frac{e}{m}\,U} = \sqrt{2 \cdot 1{,}76 \cdot 10^{11}\ \text{C/kg} \cdot 150\ \text{V}}$$
$$= 7{,}27 \cdot 10^6\ \text{m/s}.$$

Für den Radius gilt:

$$r = \frac{v}{e/m \cdot B} = \frac{7{,}27 \cdot 10^6\ \text{m/s}}{1{,}76 \cdot 10^{11}\ \text{C/kg} \cdot 0{,}85 \cdot 10^{-3}\ \text{T}} = 4{,}86\ \text{cm}.$$

Die Umlaufzeit ist:

$$T = \frac{2\,\pi\,r}{v} = \frac{2\,\pi \cdot 0{,}0486\ \text{m}}{7{,}27 \cdot 10^6\ \text{m/s}} = 4{,}20 \cdot 10^{-8}\ \text{s}.$$

A 3: a) Aus $r = \frac{m\,v_s}{q\,B}$ folgt:

$$v_s = \frac{q}{m}\,B\,r$$
$$= \frac{1{,}6 \cdot 10^{-19}\ \text{C}}{1{,}67 \cdot 10^{-27}\ \text{kg}} \cdot 0{,}035\ \text{T} \cdot 6{,}8\ \text{m} = 22{,}8 \cdot 10^6\ \text{m/s}.$$

Aus $v_s = v \cdot \sin\varphi$ folgt für die Einschussgeschwindigkeit:

$$v = \frac{v_s}{\sin\varphi} = \frac{22{,}8 \cdot 10^6\ \text{m/s}}{\sin 67°} = 24{,}8 \cdot 10^6\ \text{m/s}.$$

$v_p = v \cos\varphi = 24{,}8 \cdot 10^6\ \text{m/s} \cdot \cos 67° = 9{,}68 \cdot 10^6\ \text{m/s}$

b) Für die Umlaufzeit T gilt:

$$T = \frac{2\,\pi\,r}{v_s} = \frac{2\,\pi \cdot 6{,}8\ \text{m}}{22{,}8 \cdot 10^6\ \text{m/s}} = 1{,}87\ \mu\text{s}.$$

Die Ganghöhe h ergibt sich hieraus durch:
$h = T\,v_p = 1{,}87 \cdot 10^{-6}\ \text{s} \cdot 9{,}68 \cdot 10^6\ \text{m/s} = 18{,}1\ \text{m}.$

c) Die Beschleunigungsspannung U erhält man wie in → A 1 a):

$$U = \frac{m\,v^2}{2\,q} = \frac{1{,}67 \cdot 10^{-27}\ \text{kg} \cdot (24{,}8 \cdot 10^6\ \text{m/s})^2}{2 \cdot 1{,}6 \cdot 10^{-19}\ \text{C}} = 3{,}21\ \text{MV}.$$

A 4: In einem B-Feld durchlaufen geladene Teilchen Kreisbahnen, in einem E-Feld niemals. (Im homogenen E-Feld sind es Parabelbahnen.)
Man könnte an mehreren Bahnpunkten Normalen (senkrecht zu den Tangenten) zeichnen. Liegt eine Kreisbahn vor, schneiden sich alle Bahnnormalen in einem Punkt, und es handelt sich um ein B-Feld. Bei einem E-Feld schneiden sich die Bahnnormalen nicht in einem Punkt.

A 5: Aus der konstanten Ganghöhe lässt sich schließen, dass das Elektron sich in einem B-Feld bewegt, dessen Feldlinien parallel sind. Aus $r = m\,v_s/(q\,B)$ folgt, dass bei kleiner werdendem Radius das B-Feld stärker wird. Das Elektron bewegt sich also in einen Bereich mit stärker werdendem Magnetfeld hinein. Dennoch sind die Feldlinien parallel.

Seite 61

A 1: a) Nur Ionen mit $v = E/B$ können den Geschwindigkeitsfilter unabgelenkt durchqueren. Man erhält:
$v = 4{,}66 \cdot 10^4\ \text{V/m}/0{,}311\ \text{T} = 1{,}498 \cdot 10^5\ \text{m/s}.$

b) Aus $r = \frac{m\,v}{q\,B}$ folgt $m_1 = \frac{q\,B\,r}{v}$

$$= \frac{1{,}6 \cdot 10^{-19}\ \text{C} \cdot 0{,}311\ \text{T} \cdot 0{,}06\ \text{m}}{1{,}498 \cdot 10^5\ \text{m/s}} = 2{,}0 \cdot 10^{-26}\ \text{kg}.$$

$$m_2 = \frac{1{,}6 \cdot 10^{-19}\ \text{C} \cdot 0{,}311\ \text{T} \cdot 0{,}10\ \text{m}}{1{,}498 \cdot 10^5\ \text{m/s}} = 3{,}33 \cdot 10^{-26}\ \text{kg}.$$

A 2: Die Geschwindigkeit der Ionen, die den Geschwindigkeitsfilter unabgelenkt durchfliegen, ist $v = E/B = 10^5$ V/m/0,5 T = $2{,}0 \cdot 10^5$ m/s.

Mit $r = \frac{m\,v}{q\,B}$ erhält man

$$r_1 = \frac{2{,}656 \cdot 10^{-26}\,\text{kg} \cdot 2 \cdot 10^5\,\text{m/s}}{1{,}6 \cdot 10^{-19}\,\text{C} \cdot 0{,}3\,\text{T}} = 11{,}1\,\text{cm} \quad \text{sowie}$$

$$r_2 = \frac{2{,}989 \cdot 10^{-26}\,\text{kg} \cdot 2 \cdot 10^5\,\text{m/s}}{1{,}6 \cdot 10^{-19}\,\text{C} \cdot 0{,}3\,\text{T}} = 12{,}5\,\text{cm}.$$

A 3: **a)** Umstellen der Gleichung $f = \frac{1}{2\,\pi}\,\frac{q}{m}\,B$ ergibt

$$B = \frac{2\,\pi\,f\,m}{q} = \frac{2\,\pi \cdot 1{,}2 \cdot 10^7\,\text{Hz} \cdot 1{,}67 \cdot 10^{-27}\,\text{kg}}{1{,}6 \cdot 10^{-19}\,\text{C}} = 0{,}787\,\text{T}$$

b) $W_{kin} = \frac{1}{2}\,m\,v^2 = \frac{1}{2}\,m\,(2\,\pi\,r\,f)^2$

$= \frac{1}{2} \cdot 1{,}67 \cdot 10^{-27}\,\text{kg} \cdot (2\,\pi \cdot 0{,}53\,\text{m} \cdot 1{,}2 \cdot 10^7\,\text{Hz})^2$

$= 1{,}33 \cdot 10^{-12}\,\text{J} = 8{,}33\,\text{MeV}.$

Seite 64

A 1: **a)** Es gibt mehrere Möglichkeiten. Zum Beispiel kann man grafische Darstellungen von U_H gegen B sowie U_H gegen $1/d$ anfertigen und jeweils Ausgleichsgeraden zeichnen, die durch den Ursprung gehen.

Hallspannung gegen *B*

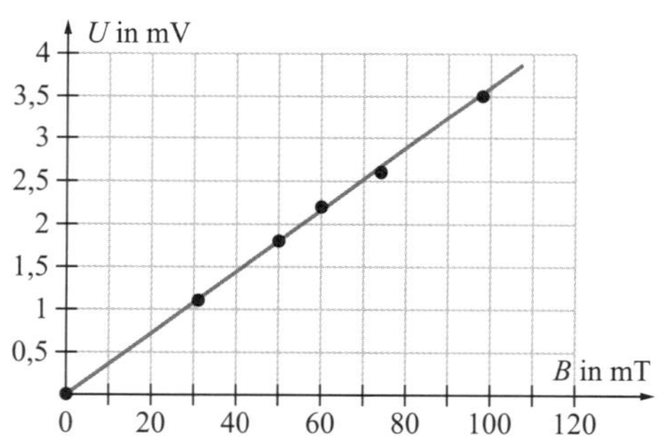

Hallspannung gegen 1/*d*

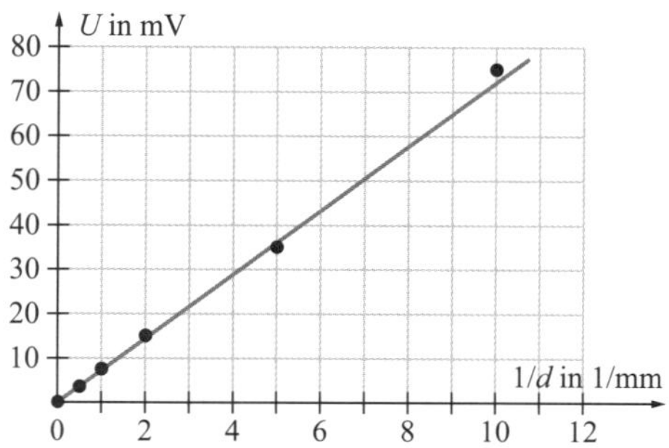

Eine andere Möglichkeit ist, die Quotienten von U_H/B zu bilden und die Standardabweichung zu berechnen. Sie beträgt nur etwas mehr als 1 %. Aus der Quotientengleichheit schließt man auf die Proportionalität $U_H \sim B$. Desgleichen kann man die Produkte $U_H \cdot d$ bilden und auch hier die Standardabweichung berechnen. Sie beträgt hier etwas mehr als 3 %.

b) Aus der Gleichung

$U_H = R_H \cdot \frac{I \cdot B}{d}$ folgt $R_H = \frac{U_H \cdot d}{I \cdot B}$.

Der Mittelwert der ersten Messreihe ist:
$U_H/B = 0{,}0358$ Am/s.
Man setzt diesen Wert in die Gleichung ein und erhält

$$R_H = \frac{U_H \cdot d}{I \cdot B} = \frac{0{,}0358\,\text{m}^2\text{/s} \cdot 10^{-3}\,\text{m}}{0{,}03\,\text{A}} = 1{,}19 \cdot 10^{-3}\,\text{m}^3\text{/C}.$$

Der Mittelwert der Produkte $U_H \cdot d$ ist $7{,}3 \cdot 10^{-6}$ Vm. Setzt man diesen Wert für $U_H \cdot d$ ein, bekommt man

$$R_H = \frac{U_H \cdot d}{I \cdot B} = \frac{7{,}3 \cdot 10^{-6}\,\text{Vm}}{0{,}03\,\text{A} \cdot 0{,}2\,\text{T}} = 1{,}22 \cdot 10^{-3}\,\text{m}^3\text{/C}.$$

Der Mittelwert ist $R_H = 1{,}205$ m³/C.

c) Die Gleichung $R_H = \frac{1}{n\,e}$ liefert die Ladungsträgerdichte:

$$n = \frac{1}{R_H\,e}$$

$$= \frac{1}{1{,}205 \cdot 10^{-3}\,\text{m}^3\text{/C} \cdot 1{,}6 \cdot 10^{-19}\,\text{C}} = 5{,}19 \cdot 10^{21}\,\text{m}^{-3}.$$

Die Masse eines Germaniumatoms ist
$m_{Ge\text{-}Atom} = 72{,}61\,\text{u} = 1{,}2 \cdot 10^{-25}$ kg.
Damit ist das Volumen
$V_{Ge\text{-}Atom} = m_{Ge\text{-}Atom}/\rho_{Ge} = 2{,}26 \cdot 10^{-29}\,\text{m}^3$.
Die Anzahl der Ladungsträger pro Atom ist:
$Z = n\,V_{Ge\text{-}Atom} = 5{,}19 \cdot 10^{21}\,\text{m}^{-3} \cdot 2{,}26 \cdot 10^{-29}\,\text{m}^3$
$= 1{,}17 \cdot 10^{-7}$, d. h. nur jedes 8,5-millionste Germaniumatom liefert einen freien Ladungsträger (Elektron oder Loch).

A 2: **a)** Freie Elektronen im Aluminiumzylinder bewegen sich mit der Geschwindigkeit $v = 2\,\pi \cdot r \cdot f$ senkrecht durch das *B*-Feld des Hufeisenmagneten. Durch die Lorentzkraft werden die Elektronen nach unten in Richtung B abgelenkt, es entsteht ein elektrisches Feld, dessen Pluspol oben bei A und dessen Minuspol unten bei B liegt. Wenn man von Strömen im Aluminiumzylinder und deren Teilspannungen absehen würde, dann wäre dieses elektrische Feld so stark, dass die elektrische Kraft $F_{el} = e\,E$ gerade die Lorentzkraft ausgleichen würde: $F_{el} = e\,E$ oder $E = v\,B$. Zwischen A und B entstünde daher die Spannung $U = E\,h = B\,v\,h$ (falls das *E*-Feld hinreichend homogen wäre). Man erkennt die Ähnlichkeit zu Überlegungen bei der Hallspannung und zu deren Gleichung.

b) Durch Einsetzen von $v = 2\,\pi \cdot r \cdot f$ in $U = B\,v\,h$ erhält man $U = B \cdot 2\,\pi\,r \cdot f \cdot h$, mithin $U \sim f$. Die Frequenz wäre unter diesen Voraussetzungen:
$f = U/(B \cdot 2\,\pi \cdot r \cdot h) \approx 33{,}5$ Hz.

A 3: a)

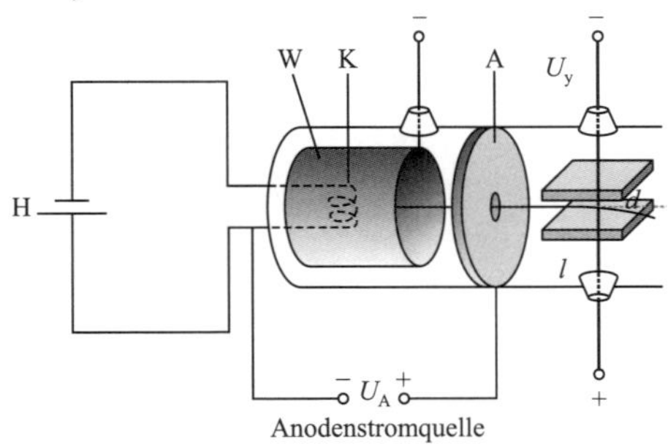

In der **Elektronenkanone** wird elektrische Feldenergie in kinetische Energie umgewandelt. Da die Elektronen mit $U_A = 1000$ V beschleunigt werden, gewinnen sie die kinetische Energie $W_{kin} = 1000$ eV $= 1{,}6 \cdot 10^{-16}$ J. Wir betrachten jetzt ein Elektron, das in das Kondensatorfeld senkrecht zur Richtung der E-Feldlinien in den Kondensator eindringt. Aus $W_{kin} = \frac{1}{2}\,m\,v_x^2$ folgt für die Eintrittsgeschwindigkeit des Elektrons:

$$v_x = \sqrt{\frac{2\,W_{kin}}{m}} = \sqrt{\frac{2 \cdot 1{,}6 \cdot 10^{-16}\ \text{J}}{9{,}11 \cdot 10^{-31}\ \text{kg}}} = 18{,}8 \cdot 10^6\ \text{m/s}.$$

Für das Durchfliegen des Kondensators benötigt das Elektron die Zeit

$$t = \frac{l}{v_x} = \frac{0{,}04\ \text{m}}{18{,}8 \cdot 10^6\ \text{m/s}} = 2{,}13\ \text{ns}.$$

Während dieser Zeit wird das Elektron von der elektrischen Kraft im Feld des Plattenkondensators in vertikaler Richtung nach unten (→ Skizze) beschleunigt. Es gilt:

$$a = \frac{F_{el}}{m} = \frac{e\,E}{m} = \frac{e\,U_y}{m\,d}$$
$$= 1{,}76 \cdot 10^{11}\ \frac{\text{C}}{\text{kg}} \cdot \frac{250\ \text{V}}{0{,}01\ \text{m}} = 4{,}4 \cdot 10^{15}\ \text{m/s}^2.$$

Das Elektron erhält somit beim Durchfliegen des Kondensators in y-Richtung die Geschwindigkeit

$$v_y = a \cdot t = 4{,}4 \cdot 10^{15}\ \frac{\text{m}}{\text{s}^2} \cdot 2{,}13 \cdot 10^{-9}\ \text{s} = 9{,}37 \cdot 10^6\ \text{m/s}.$$

Der Betrag der Geschwindigkeit des Elektrons beim Austritt aus dem Kondensator ist

$$v = \sqrt{v_x^2 + v_y^2} = 21{,}0 \cdot 10^6\ \text{m/s}.$$

Die kinetische Energie des Elektrons ist dann

$$W_{kin} = \frac{1}{2}\,m\,v^2 = \frac{1}{2} \cdot 9{,}11 \cdot 10^{-31}\ \text{kg} \cdot (21{,}0 \cdot 10^6\ \text{m/s})^2$$
$$= 2{,}01 \cdot 10^{-16}\ \text{J} = 1256\ \text{eV}.$$

Der Energiezuwachs im Kondensator beträgt somit 256 eV.
Bemerkung: Beim Austritt aus dem Kondensatorfeld wird diese Energie dem Elektron wieder entzogen, vorwiegend weil das E-Feldes dort inhomogen ist.
b) Im B-Feld steht der Vektor der Lorentzkraft stets senkrecht auf dem Vektor der Geschwindigkeit der Elektronen. Der Betrag der Geschwindigkeit ändert sich nicht und damit ändert sich auch die kinetische Energie der Elektronen nicht.

A 4: **a)** Die Elektronen können 3 cm weit fliegen, denn pro cm werden 200 eV an kinetischer Energie in elektrische Feldenergie umgewandelt.
b) Die Strecke s, welche die Elektronen im elektrischen Feld zurücklegen können, ist proportional zu ihrer kinetischen Energie, die ja in elektrische Feldenergie verwandelt wird, also zum Quadrat ihrer Geschwindigkeit: $s \sim v^2$. Für die halbe Geschwindigkeit nimmt s also $\frac{1}{4}$ des ursprünglichen Wertes an, d. h. 0,75 cm. Hätten die Elektronen anfänglich die Hälfte der Geschwindigkeit von a), könnten sie 0,75 cm weit in den Kondensator fliegen. Da sie insgesamt 3 cm weit hineinfliegen, haben sie nach 2,25 cm die Hälfte ihrer Geschwindigkeit verloren.
c) Die Eintrittsgeschwindigkeit der Elektronen ist

$$v = \sqrt{2\,\frac{e}{m}\,U}$$
$$= \sqrt{2 \cdot 1{,}76^{11}\ \text{C/kg} \cdot 600\ \text{V}} = 14{,}5 \cdot 10^6\ \text{m/s}.$$

Aus $r = \frac{v}{e/m \cdot B}$ folgt

$$B = \frac{v}{e/m \cdot r} = \frac{14{,}5 \cdot 10^6\ \text{m/s}}{1{,}76 \cdot 10^{11}\ \text{C/kg} \cdot 0{,}03\ \text{m}} = 2{,}75\ \text{mT}.$$

A 5: **a)** Aus $r = \frac{v}{e/m \cdot B}$ folgt $v = e/m \cdot B \cdot r$.
Da alle Elektronen die gleiche Masse und die gleiche Ladung haben, hängt ihre Geschwindigkeit nur von B und r ab. Es gilt:
$v = 1{,}76 \cdot 10^{11}$ C/kg $\cdot\ 1{,}8 \cdot 10^{-3}$ T $\cdot\ 0{,}048$ m
$= 1{,}52 \cdot 10^7$ m/s.
b) Im Kondensator ist $x\,(t) = v\,t$ und $y = \frac{1}{2}\,a\,t^2$. Durch Einsetzen folgt die Bahngleichung

$$y\,(x) = \frac{1}{2}\,a\,\frac{x^2}{v^2} = \frac{1}{2}\,\frac{F_{el}}{m}\,\frac{x^2}{v^2} = \frac{1}{2}\,\frac{e\,E}{m}\,\frac{x^2}{v^2} = \frac{1}{2}\,\frac{e\,U_y}{m\,d}\,\frac{x^2}{v^2}.$$

Differenzieren nach x liefert

$y'(x) = \frac{e\,U_y}{m\,d\,v^2}\,x$ und damit

$$y'(l) = \tan\alpha = \frac{e\,U_y\,l}{m\,d\,v^2}.$$

Alternative Lösung ohne Differenzialrechnung:

Es gilt $\tan\alpha = \frac{v_y}{v}$.

Innerhalb des Kondensators ist die Geschwindigkeit v in x-Richtung konstant. Daher berechnet man die zum Durchfliegen des Kondensators benötigte Zeit nach $t = l/v$. In y-Richtung ist die Bewegung gleichmäßig beschleunigt. Es gilt:

$$v_y = a \cdot t = a \cdot \frac{l}{v} = \frac{F}{m} \cdot \frac{l}{v} = \frac{e\,E}{m} \cdot \frac{l}{v} = \frac{e \cdot U_y}{m \cdot d} \cdot \frac{l}{v}.$$

Setzt man diesen Term in $\tan \alpha = v_y/v$ ein, so erhält man die zu beweisende Gleichung.

c) Einsetzen von $v = e/m \cdot B \cdot r$ und Auflösen der vorigen Gleichung nach e/m ergibt

$$\frac{e}{m} = \frac{U_y\, l}{\tan \alpha \cdot d \cdot B^2 \cdot r^2}$$
$$= \frac{153\ \text{V} \cdot 0{,}15\ \text{m}}{\tan 27° \cdot 0{,}034\ \text{m} \cdot (1{,}8 \cdot 10^{-3}\ \text{T} \cdot 0{,}048\ \text{m})^2}$$
$$= 1{,}77 \cdot 10^{11}\ \text{C/kg}.$$

A 6: a) Aus $r = \frac{v}{q/m \cdot B}$ folgt:

$$v = \frac{q}{m} \cdot B \cdot r$$
$$= 1{,}6 \cdot 10^{-19}\ \text{C}/1{,}67 \cdot 10^{-27}\ \text{kg} \cdot 0{,}04\ \text{T} \cdot 0{,}5\ \text{m}$$
$$= 1{,}92 \cdot 10^6\ \text{m/s}.$$

b) Für die Eintrittsgeschwindigkeit der Protonen gilt $v_x = v \cdot \cos 45° = 1{,}35 \cdot 10^6$ m/s.

Die Beschleunigungsspannung der Protonen ergibt sich aus $W_{el} = W_{kin}$ zu

$$U = \frac{m\,v_x^2}{2\,q} = \frac{1{,}67 \cdot 10^{-27}\ \text{kg} \cdot (1{,}35 \cdot 10^6\ \text{m/s})^2}{2 \cdot 1{,}6 \cdot 10^{-19}\ \text{C}} = 9{,}58\ \text{kV}.$$

c) Zum Durchfliegen des Kondensators benötigen die Protonen die Zeit

$t = l/v = 0{,}1\ \text{m}/1{,}35 \cdot 10^6\ \text{m/s} = 7{,}38 \cdot 10^{-8}$ s.

Da die Protonen im Kondensator gleichmäßig in y-Richtung beschleunigt werden, gilt:

$a_y = v_y/t = v_x/t = 1{,}84 \cdot 10^{13}\ \text{m/s}^2$.

($v_x = v_y$ wegen des Winkels von 45°.)

Die Beschleunigung der Protonen im Kondensatorfeld hat seine Ursache in der elektrischen Kraft. Es gilt:

$$a_y = \frac{F_{el}}{m} = \frac{q\,E}{m} = \frac{q\,U_y}{m\,d}.$$

Damit folgt für die Kondensatorspannung:

$$U_y = m\,d\,a_y/q$$
$$= \frac{1{,}67 \cdot 10^{-27}\ \text{kg} \cdot 0{,}2\ \text{m} \cdot 1{,}84 \cdot 10^{13}\ \text{m/s}^2}{1{,}6 \cdot 10^{-19}\ \text{C}} = 38\ \text{kV}.$$

d) Weil die Protonen im Kondensator um 45° abgelenkt werden, gilt $v_x = v_y$ und mit $t = l/v_x$ erhalten wir

$$v_x = v_y = a_y\, t = \frac{q\,U_y}{m\,d} \cdot \frac{l}{v_x}.$$

Auflösen nach v_x^2 ergibt:

$$v_x^2 = \frac{q\,U_y\,l}{m\,d}.$$

Wurzelziehen liefert die geforderte Gleichung.

INDUKTION

Seite 69

A1: a) *Lösungsstrategie:* Eine Spannung wird in der (Induktions-)Spule nach dem Induktionsgesetz induziert, wenn sich der magnetische Fluss Φ in der Spule zeitlich ändert. Entweder ändert sich die Flussdichte B in dieser Spule zeitlich und/oder die vom Magnetfeld durchsetzte Fläche A_s dieser Spule ändert sich.
Lösung: In der Induktionsspule steigt der magnetische Fluss an ($\Delta\Phi/\Delta t > 0$), weil die magnetische Flussdichte B ansteigt ($\Delta B/\Delta t > 0$, die felddurchsetzte Fläche A_s ist konstant). Dies kommt daher, weil die Erregerstromstärke I_{err} in der langen Spule ansteigt. Deren Magnetfeld durchsetzt auch die Induktionsspule. Damit wird in der Induktionsspule die Spannung $U_{ind} = n \cdot \Delta\Phi/\Delta t = n \cdot A_s \cdot \Delta B/\Delta t$ induziert.
b) Die Änderungsrate der magnetischen Flussdichte der langen Spule ergibt aus folgender Gleichung
$\Delta B/\Delta t = \mu_0 \cdot \mu_r \cdot n/\ell \cdot \Delta I_{err}/\Delta t$
$= 1{,}257 \cdot 10^{-6}$ T m/A $\cdot$ 5000/0,535 m
$\cdot$ (6,0 A – 1,0 A)/10 s
$= 5{,}87 \cdot 10^{-3}$ T/s $\approx$ 5,9 mT/s.
c) Induktionsspannung
$U_{ind} = n \cdot \Delta\Phi/\Delta t = n \cdot A_s \cdot \Delta B/\Delta t$
$= n \cdot (A \cos\varphi) \cdot \Delta B/\Delta t$
$= 100 \cdot 0{,}0020$ m² $\cdot 5{,}87 \cdot 10^{-3}$ T/s $\cdot \cos\varphi$
$= 1{,}17$ mV $\cdot \cos\varphi$

Winkel φ zwischen den Spulenachsen	**$\cos\varphi$**	**Induktionsspannung**
0°	1	1,17 mV
45°	0,707	1,17 mV · 0,707 ≈ 0,83 mV
90°	0	0 mV

d) Die Induktion kommt hier durch elektrische Wirbelfelder zustande. Wir haben eine ruhende Induktionsspule mit zeitlich ansteigender magnetischer Flussdichte. Die ansteigende Flussdichte ($\Delta B/\Delta t > 0$) erzeugt ein elektrisches Wirbelfeld (Lehrbuch Seite 69, Abschnitt 5), das die Elektronen in der Induktionsspule antreibt. Durch diese Ladungstrennung kommt es zur Induktionsspannung.
Die Lorentzkraft kommt für die Erklärung nicht in Frage, weil die ruhende Induktionsspule nicht relativ zum Magnetfeld der felderzeugenden Spule bewegt wird bzw. sich die felddurchsetzte Fläche der Induktionsspule nicht ändert (Lehrbuch Seite 69, Abschnitt 6).

A2: a) In der Leiterschleife sinkt der magnetische Fluss Φ ab, weil die felddurchsetzte Fläche A_s der Leiterschleife verkleinert wird (bei konstanter magnetischer Flussdichte B). Deshalb wird nach dem Induktionsgesetz in der Leiterschleife eine Spannung induziert.
b) Induzierte Spannung in der Leiterschleife
$U_{ind} = n \cdot \Delta\Phi/\Delta t = n \cdot \Delta A_s/\Delta t \cdot B$
$= 1 \cdot (5{,}0 \cdot 10^{-4} - 50 \cdot 10^{-4})$ m²/0,10 s $\cdot$ 0,20 T
$= -9{,}0$ mV.
c) Durch Drehen der Leiterschleife kann der Flächenanteil A_s senkrecht zu den Feldlinien verringert werden. Zu Beginn ist der Flächeninhalt $A = 50$ cm², anschließend $A_s = 5{,}0$ cm². Der Flächenanteil senkrecht zu den magnetischen Feldlinien ist $A_s = A \cdot \cos\varphi$, hieraus folgt $\cos\varphi = A_s/A = 5{,}0/50 = 0{,}10$. Damit beträgt der Winkel φ, um den die Schleife gedreht werden müsste, $\varphi = 84{,}2° \approx 84°$.

Seite 71

A1: a) Das Magnetfeld des „Nordpols" muss inhomogen sein, weil nur dann bei Annäherung des Nordpols an den Aluminiumring eine Änderung des magnetischen Flusses im Ring stattfindet ($\Delta\Phi/\Delta t > 0$), wegen des Anstieges der magnetischen Flussdichte. Dadurch kann dann eine Spannung im Ring induziert werden. Die Richtung der Feldlinien des elektrischen Wirbelfeldes im Ring ist so, dass der hierdurch im Ring hervorgerufene Elektronenstrom ein Magnetfeld zur Folge hat, dessen Feldlinien entgegengesetzt zu denen des Magnetfelds des Nordpols gerichtet sind (Lenz'sche Regel).
b) Der Nordpol des Magneten befindet sich oberhalb der Zeichenebene. Das Magnetfeld des sich nähernden Nordpols geht in die Zeichenebene hinein. Am Ort des Aluminiumringes ist $\dot{B} > 0$.
Vom Nordpol aus gesehen verläuft das elektrische Wirbelfeld im Ring gegen den Uhrzeigersinn.

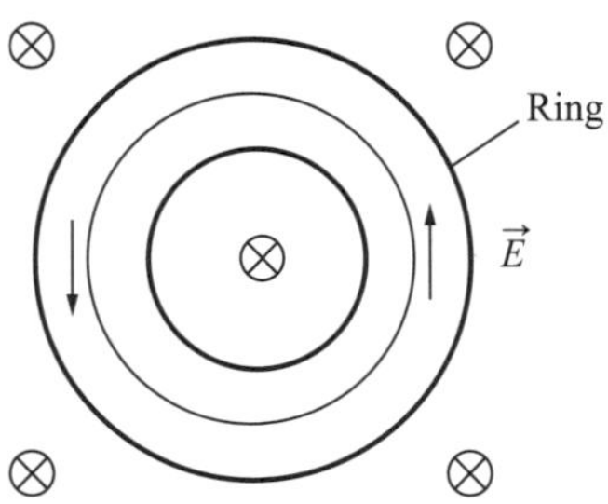

c) Der Ring wird abgestoßen. Hierfür gibt es verschiedene Erklärungsmöglichkeiten:

Der Ring „versucht", sich dem wachsenden magnetischen Fluss des sich nähernden Nordpols zu entziehen, indem er sich von ihm weg bewegt.
Die im Ring bewegten Elektronen (angetrieben von der Kraft des elektrischen Wirbelfeldes) erfahren im Magnetfeld des Nordpols eine Lorentzkraft nach „links" vom Magnet weg (wie im Lehrbuch Seite 70 →V1 entsprechend erkennbar).
Die entgegen gerichteten Magnetfelder von Magnet und Wirbelstrom stoßen sich ab (siehe Lehrbuch Seite 70 →V1).
Die Energie für den Induktionsstrom kommt von der mechanischen Energie (Arbeit), die dem Nordpol bei Annäherung an den Ring gegen die Abstoßungskraft zugeführt werden muss (Nordpol und Ring stoßen sich dabei ja wechselseitig ab).
d) Ist der Aluminiumring unterbrochen, so kann im Ring kein Elektronenstrom entstehen. Dadurch entsteht auch kein Magnetfeld. Der Ring wird dann nicht abgestoßen.

A2: a) Es wird in denjenigen Zeitspannen, in denen sich der magnetische Fluss in der Spule ändert, eine Spannung in der Spule induziert. Da die Querschnittsfläche der Spule unverändert bleibt, kann eine Änderung des Flusses nur von der Änderung der magnetischen Flussdichte in der Spule herrühren. Auf Grund des inhomogenen Magnetfeldes des Stabmagneten ändert sich die Flussdichte in der Spule beim Eintauchen und beim Heraustreten des Stabmagneten aus der Spule.
b) Am zutreffendsten stellt das t-U-Diagramm rechts den Spannungsverlauf dar.
Begründung: Beim Eintauchen des Stabmagneten in die Spule nimmt die Änderungsrate des magnetischen Flusses in der Spule zu ($\Delta \Phi / \Delta t > 0$), beim Heraustreten aus der Spule nimmt die Änderungsrate ab. Damit hat die induzierte Spannung beim Eintauchen und beim Heraustreten des Stabmagneten ein entgegengesetztes Vorzeichen. Also kommt nur der Spannungsverlauf des t-U-Diagramms rechts in Frage.
c) Fällt der Stabmagnet aus einer größeren Höhe, so hat er beim Eintauchen und beim Heraustreten aus der Spule eine größere Geschwindigkeit als bei geringerer Höhe. Dadurch ändert sich der magnetische Fluss in kürzerer Zeit, der Betrag der Änderungsrate $\Delta \Phi / \Delta t$ wird größer. Damit wird die induzierte Spannung größer. Die Spannungs-Peaks werden höher und schmaler. Der Abstand der Peaks wird kleiner, weil der Stabmagnet weniger Zeit vom Eintauchen bis zum Heraustreten aus der Spule benötigt.

Fall aus kleinerer Höhe:

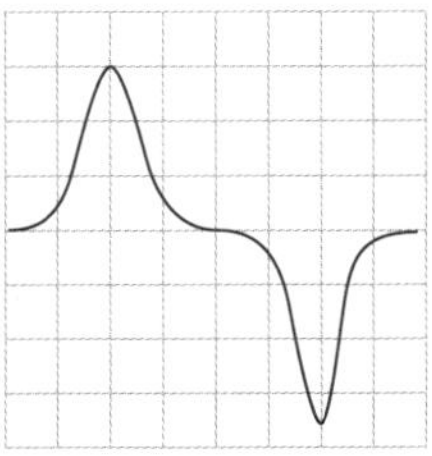

Fall aus größerer Höhe:

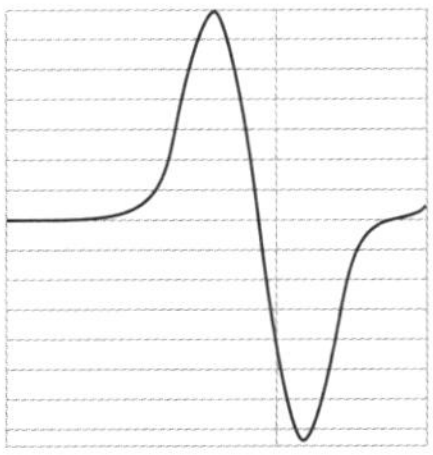

d) Die nachfolgenden Aussagen sind formuliert in Bezug auf das Fallen eines einzelnen Stabmagneten.

Räumliche Anordnung der beiden Stabmagnete	Stabmagnete hintereinander, in der Mitte ungleichnamige Pole	Stabmagnete nebeneinander, ungleichnamige Pole nebeneinander	Stabmagnete nebeneinander, gleichnamige Pole nebeneinander
Magnetfeld, magnetische Flussdichte	Der Verlauf des Magnetfelds ist ähnlich, nur sind die Pole doppelt so weit voneinander entfernt. Die Flussdichte an den beiden Polen bleibt gleich.	Die Wirkung der ungleichnamigen Pole hebt sich im Außenraum (weitgehend) auf.	Der Verlauf des Magnetfelds ist ähnlich, nur ist die Flussdichte an den beiden Polen doppelt so groß.
Geschwindigkeit	Die Geschwindigkeit am gleichen Ort ist gleich groß. Der Fall ist unabhängig von der Masse.	Die Geschwindigkeit am gleichen Ort ist gleich groß.	Die Geschwindigkeit am gleichen Ort ist gleich groß (der freie Fall ist massenunabhängig).
t-U-Diagramm	Die Spannungs-Peaks sind gleich hoch. Ihr Abstand ist aber größer, weil der Abstand der beiden Pole des neuen „Stabmagneten" doppelt so groß ist.	Es wird praktisch keine Spannung induziert.	Die Änderungsrate des magnetischen Flusses ist doppelt so groß. Die Spannungs-Peaks sind doppelt so hoch, ihr Abstand ist unverändert.
	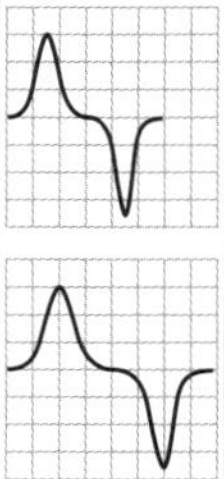		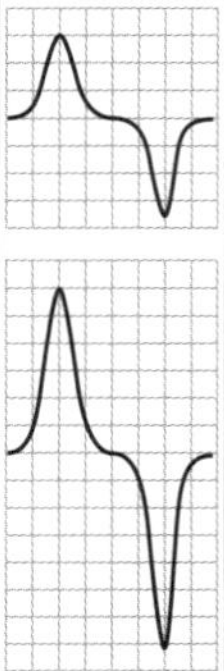

A3: a) Durch die Rotation des Stabmagneten ändert sich der magnetische Fluss im Speichenrad. Dadurch wird in ihm eine Spannung induziert. Die dadurch bewirkte Elektronenbewegung ist so gerichtet, dass sie ihrer Ursache entgegen wirkt. Also versucht sich das Speichenrad dem Stabmagnet mit zu drehen.
Blick von oben auf das Speichenrad (Die Elektronen bewegen sich im Speichenrad von rechts nach links auf Grund der Lorentzkraft). Als Bezugsystem wird der Stabmagnet gewählt: in ihm ruht der Stabmagnet und das Speichenrad dreht sich im Uhrzeigersinn (siehe Lehrbuch Seite 71 Bild zu → A3). Die Kraft auf den Elektronenstrom wirkt entgegen der „Drehrichtung" des Speichenrades, also in Richtung der Drehung des Stabmagneten im Gegenuhrzeigersinn.

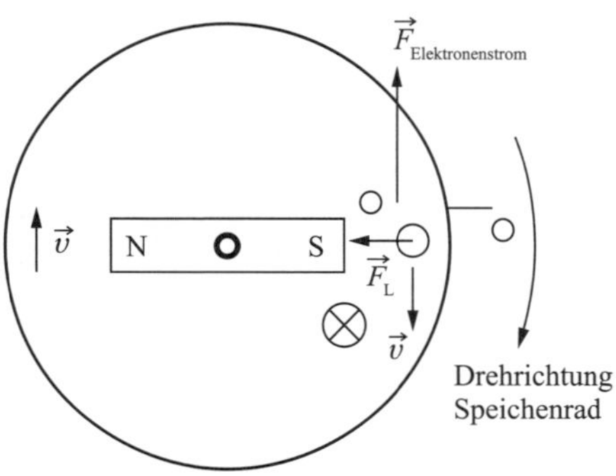

b) Auch in einem massiven Rad würde eine Spannung induziert werden. Es würden sich dann Wirbelströme ausbilden können.
c) Die induzierte Spannung ist proportional zur Geschwindigkeit $U \sim v$. Da die Stromstärke proportional zur Spannung ist $I \sim U$, ist auch $I \sim v$. Da für die Kraft auf die Elektronen und damit für die Kraft auf das Speichenrad $F \sim I$ gilt, ist auch $F \sim v$. Nach Definition ist $v = \omega \cdot r$, gilt damit $F \sim \omega$. Mit größerer Kraft nimmt der Ausschlag des Zeigers zu, gegen das Drehmoment der Spiralfeder.

Seite 73

A1: a) *Lösungsstrategie:* Der Spannungsmesser zeigt eine induzierte Spannung an, wenn sich der magnetische Fluss ändert. Da das Erdmagnetfeld in der betrachteten Näherung als homogen und zeitlich konstant angenommen wird, kann die Flussänderung nur von der Änderung der felddurchsetzten Fläche herrühren. Der Spannungsmesser liegt an einem festen Ort zwischen den Schienen. Die Flächenänderung kommt dadurch zustande, dass sich der Zug relativ zum ortsfesten Spannungsmesser bewegt (vom Spannungsmesser weg oder auf ihn zu).
Lösung: Induzierte Spannung
$U_{\text{ind}} = B \cdot \Delta A_s/\Delta t = B \cdot d \cdot v_s$
$= 0{,}43 \cdot 10^{-4}\,\text{T} \cdot 1{,}435\,\text{m} \cdot 40\,\text{m/s}$
$= 2{,}47\,\text{mV} \approx 2{,}5\,\text{mV}.$
Die Zahl der Achsen spielt für die induzierte Spannung keine Rolle, weil diese parallel geschaltet sind.
b) Ein mitfahrender Spannungsmesser zeigt 0 V an, weil keine Änderung des magnetischen Flusses auftritt (die felddurchsetzte Fläche ändert sich nicht, $\Delta A_s/\Delta t = 0$).
c) Man könnte die Wagen nicht beleuchten, weil $\Delta A_s/\Delta t = 0$ wäre und damit keine Spannung induziert würde.

A2: Der horizontale, untere Teil des Drahträhmchens hat eine Geschwindigkeit nach oben, senkrecht zu den in die Zeichenebene hineinlaufenden magnetischen Feldlinien. Die in diesem Teil des Drahtrahmens mitbewegten Elektronen erfahren damit eine Lorentzkraft (Drei-Finger-Regel der linken Hand, Lehrbuch Seite 63) nach rechts (von A nach B). Damit wird A positiv und B negativ.
Sobald das Drahträhmchen beginnt das Magnetfeld nach oben zu verlassen, ändert sich der magnetische Fluss durch das Rähmchen. Diese Flussänderung resultiert von der konstanten Änderungsrate der felddurchsetzten Fläche $\Delta A_s/\Delta t < 0$:
$U_{AB} = U_{\text{ind}} = n \cdot \Delta \Phi/\Delta t$
$= n \cdot B \cdot \Delta A_s/\Delta t = n \cdot B \cdot d \cdot v_s$
$U_{AB} = 500 \cdot 2{,}1 \cdot 10^{-3}\,\text{T} \cdot 0{,}06\,\text{m} \cdot (-1{,}0 \cdot 10^{-3}\,\text{m/s})$
$= 6{,}3 \cdot 10^{-5}\,\text{V} = -63\,\mu\text{V}$

A3: a) Das offene Rähmchen führt einen freien Fall aus der Ruhe aus; für den dabei zurückgelegten Weg gilt

$s = \frac{1}{2} \cdot g \cdot t^2.$

Für die Zeit bis zum völligen Eintauchen gilt bei einer Kantenlänge des Rähmchens von 6 cm:

$t = \sqrt{2\,s/g} = \sqrt{2 \cdot 0{,}06\,\text{m}/9{,}81\,\text{m/s}^2} \approx 0{,}11\,\text{s}.$

b) Zeitpunkt, zu dem das Rähmchen das Magnetfeld zu verlassen beginnt (Freier Fall für die Strecke $s = 6\,\text{cm} + 4\,\text{cm} = 10\,\text{cm}$):

$t = \sqrt{2\,s/g}$
$= \sqrt{2 \cdot 0{,}10\,\text{m}/9{,}81\,\text{m/s}^2} \approx 0{,}143\,\text{s} \approx 0{,}14\,\text{s}.$

Zeitpunkt, zu dem das Rähmchen das Magnetfeld gerade ganz verlassen hat (Freier Fall für die Strecke $s = 6\,\text{cm} + 10\,\text{cm} = 16\,\text{cm}$):

$t = \sqrt{2\,s/g}$
$= \sqrt{2 \cdot 0{,}16\ \text{m}/9{,}81\ \text{m/s}^2} \approx 0{,}181\ \text{s} \approx 0{,}18\ \text{s}.$

c) Für die Spannung U_{AB} gilt (siehe →A2):

$U_{AB} = U_{ind} = n \cdot \Delta\Phi/\Delta t = n \cdot B \cdot \Delta A_s/\Delta t$
$= n \cdot B \cdot d \cdot v_s.$

Für den Zeitraum des Eintauchens $0 < t < 0{,}11$ s folgt für die Spannung $U_{AB}(t)$ mit der Geschwindigkeit $v_s = g \cdot t$ für den freien Fall aus der Ruhe:

$U_{AB}(t) = n \cdot B \cdot d \cdot g \cdot t$
$= 500 \cdot 0{,}0021\ \text{T} \cdot 0{,}06\ \text{m} \cdot 9{,}81\ \text{m/s}^2 \cdot t$
$\approx 0{,}618\ \text{T m}^2/\text{s}^2 \cdot t = 0{,}618\ \text{V/s} \cdot t.$

$U_{AB}(0\ \text{s}) = 0\ \text{V}$

$U_{AB}(0{,}11\ \text{s}) \approx 0{,}618\ \text{V/s} \cdot 0{,}11\ \text{s} \approx 0{,}068\ \text{V} = 68\ \text{mV}.$

Von diesem Zeitpunkt bis zum Beginn des Verlassens des Magnetfeldes bei $t = 0{,}143$ s ist die Spannung $U_{AB} = 0$ V (keine Flussänderung).

Ab dem Beginn des Verlassens des Magnetfeldes nimmt der magnetische Fluss ab, weil die felddurchsetzte Fläche abnimmt ($\Delta A_s/\Delta t < 0$). Es tritt wieder eine Spannung $U_{AB}(t)$ auf (entgegengesetzt gepolt zum Eintauchen):

$U_{AB}(t) = U_{ind} = n \cdot \Delta\Phi/\Delta t = n \cdot B \cdot \Delta A_s/\Delta t$
$= n \cdot B \cdot d \cdot v_s = -n \cdot B \cdot d \cdot g \cdot t$
$\approx -0{,}618\ \text{V/s} \cdot t.$

$U_{AB}(0{,}143\ \text{s}) \approx -0{,}618\ \text{V/s} \cdot t \cdot 0{,}143\ \text{s} \approx -88{,}4\ \text{mV}$
$\approx -88\ \text{mV}$

$U_{AB}(0{,}181\ \text{s}) \approx -0{,}618\ \text{V/s} \cdot t \cdot 0{,}181\ \text{s} \approx -112\ \text{mV}$

Ab der Zeit $t > 0{,}181$ s hat das Rähmchen das Magnetfeld ganz verlassen, $U_{AB} = 0$ V (keine Flussänderung).

t-U_{AB}-Schaubild:

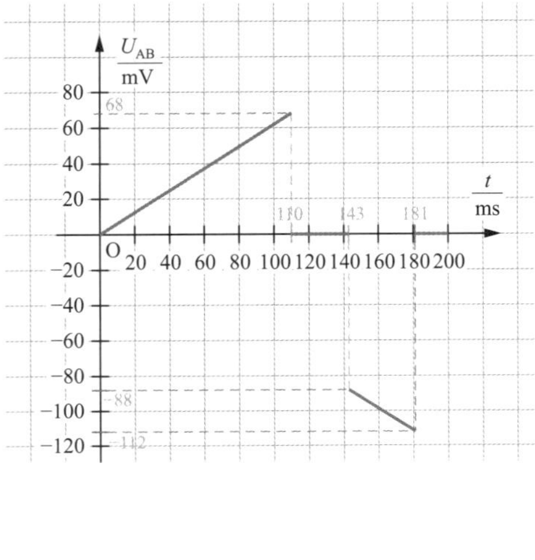

A4: Gegeben: $d = 50\ \text{cm} = 0{,}50\ \text{m}$, $\Delta t = 0{,}50\ \text{s}$, $\ell = 4 \cdot d = 4 \cdot 0{,}50\ \text{m} = 2{,}0\ \text{m}$, $A = 50\ \text{mm}^2$.

a) Berechnen von U_{ind} direkt über die Änderung des magnetischen Flusses (Die magnetische Flussdichte B ist konstant, die felddurchsetzte Fläche A_s ändert sich):

$U_{ind} = n \cdot \Delta\Phi/\Delta t = \ell \cdot B \cdot \Delta A_s/\Delta t = B \cdot \Delta A_s/\Delta t$
$= 2{,}0\ \text{T} \cdot (0{,}50\ \text{m} \cdot 0{,}50\ \text{m} - 0\ \text{m}^2)/0{,}50\ \text{s}$
$= 1{,}0\ \text{V}.$

Berechnen von U_{ind} beim Einschieben ins Magnetfeld über die Geschwindigkeit v_s des Kupferrahmens senkrecht zu den Magnetfeldlinien:

$U_{ind} = B \cdot d \cdot v_s = B \cdot d \cdot \Delta d/\Delta t$
$= 2\ \text{T} \cdot 0{,}50\ \text{m} \cdot 0{,}50\ \text{m}/0{,}50\ \text{s} = 1{,}0\ \text{V}.$

b) Der elektrische Widerstand des Kupferdrahtes des Rahmens beträgt:

$R = \rho \cdot \ell/A = 0{,}017\ \Omega\ \text{mm}^2/\text{m} \cdot 2{,}0\ \text{m}/50\ \text{mm}^2$
$= 6{,}8 \cdot 10^{-4}\ \Omega.$

Damit ergibt sich die Stromstärke beim Einschieben:
$I = U_{ind}/R = 1{,}0\ \text{V}/6{,}8 \cdot 10^{-4}\ \Omega = 1{,}47 \cdot 10^3\ \text{A}.$

Während des Einschiebens fließt durch den Querschnitt des Rahmens die Ladung:
$Q = I \cdot \Delta t = 1{,}47 \cdot 10^3\ \text{A} \cdot 0{,}50\ \text{s} = 735\ \text{C}.$

Die Kraft auf den stromführenden Rahmen beim Einschieben ins Magnetfeld beträgt:
$F = B \cdot I \cdot d$
$= 2{,}0\ \text{T} \cdot 1{,}47 \cdot 10^3\ \text{A} \cdot 0{,}50\ \text{m}$
$= 1{,}47 \cdot 10^3\ \text{N}.$

Aufzuwendende mechanische Energie (Arbeit) beim Einschieben mit konstanter Kraft:
$W_{mech} = F \cdot s = F \cdot d = 1{,}47 \cdot 10^3\ \text{N} \cdot 0{,}50\ \text{m} = 735\ \text{J}.$

Leistung beim Einschieben des Rahmens:
$P = W_{mech}/\Delta t = 735\ \text{J}/0{,}50\ \text{s} = 1{,}47 \cdot 10^3\ \text{W}.$

Frei werdende elektrische Energie:
$W_{el} = Q \cdot U = 735\ \text{C} \cdot 1{,}0\ \text{V} = 735\ \text{J}.$

c) Schiebt man den Rahmen in der halben Zeit $\Delta t = 0{,}25$ s ins Magnetfeld ein, so werden die induzierte Spannung doppelt so groß $U_{ind} = B \cdot \Delta A_s/\Delta t = 2{,}0$ V, die elektrische Stromstärke doppelt so groß $I = U_{ind}/R = 2{,}94 \cdot 10^3$ A (Widerstand R bleibt konstant), die Ladung bleibt gleich groß $Q = I \cdot \Delta t = 735$ C (I verdoppelt, Δt halbiert), die Kraft doppelt so groß $F = B \cdot I \cdot d = 2{,}94 \cdot 10^3$ N, die mechanische Energie doppelt so groß $W_{mech} = F \cdot d = 1{,}47 \cdot 10^3$ J, die Leistung viermal so groß $P = W_{mech}/\Delta t = 5{,}88 \cdot 10^3$ W (W_{mech} verdoppelt, Δt halbiert), die elektrische Energie doppelt so groß $W_{el} = Q \cdot U = 1{,}47 \cdot 10^3$ J (Q gleich groß, U verdoppelt).

d) Wird der Rahmen im homogenen Magnetfeld parallel, so ändert sich der magnetische Fluss durch den Rahmen nicht, also wird keine Spannung induziert (die felddurchsetzte Fläche ändert sich nicht). Man kann auch argumentieren, dass die Geschwindigkeit senkrecht zu den magnetischen Feldlinien $v_s = 0$ ist.

A5: a) Der Rahmen fällt senkrecht zu den Magnetfeldlinien. Es wird wie in →A4 eine Spannung induziert. Während in →A4 die Geschwindigkeit, mit der geschoben wird, konstant ist ($v_s = d/\Delta t = 0{,}50\ \text{m}/0{,}50\ \text{s} = 1{,}0\ \text{m/s}$), steigt beim Fallen die Geschwindigkeit v_s des Rahmens zunächst an.
Bei $v_s = 0{,}50\ \text{cm/s}$ ergibt sich als induzierte Spannung
$U_{ind} = B \cdot d \cdot v_s = 2\ \text{T} \cdot 0{,}50\ \text{m} \cdot 0{,}0050\ \text{m/s} = 5{,}0\ \text{mV}$.
Damit ergibt sich für die Stromstärke im Rahmen
$I = U_{ind}/R = 5{,}0 \cdot 10^{-3}\ \text{V}/6{,}8 \cdot 10^{-4}\ \Omega = 7{,}35\ \text{A}$.
Für die Bremskraft gilt
$F_{brems} = B \cdot I \cdot d = 2{,}0\ \text{T} \cdot 7{,}35\ \text{A} \cdot 0{,}50\ \text{m} = 7{,}35\ \text{N}$.
b) Die Masse des Rahmens ist
$m = \rho \cdot V = \rho \cdot A \cdot 4 \cdot d$
$= 8{,}9 \cdot 10^{-3}\ \text{kg/cm}^3 \cdot 50 \cdot 10^{-2}\ \text{cm}^2 \cdot 4 \cdot 50\ \text{cm}$
$= 0{,}89\ \text{kg}$.
Damit beträgt die Gewichtskraft, die der Rahmen erfährt, $G = m \cdot g = 9{,}81\ \text{N/kg} \cdot 0{,}89\ \text{kg} = 8{,}73\ \text{N}$.
Es herrscht Kräftegleichgewicht von Gewichtskraft und bremsender Kraft, wenn für die Kraftbeträge gilt:

$$F_{brems} = G$$
$$B \cdot I \cdot d = G$$
$$B \cdot (U_{ind}/R) \cdot d = G$$
$$B \cdot ((B \cdot d \cdot v_s)/R) \cdot d = G$$
$$(B \cdot d)^2 \cdot v_s/R = G.$$

Hieraus ergibt sich die Geschwindigkeit v_s, bei der Kräftegleichgewicht herrscht:
$v_s = G \cdot R/(B \cdot d)^2$
$= 8{,}73\ \text{N} \cdot 6{,}8 \cdot 10^{-4}\ \Omega/(2{,}0\ \text{T} \cdot 0{,}5\ \text{m})^2$
$= 5{,}94 \cdot 10^{-3}\ \text{m/s} \approx 0{,}59\ \text{cm/s}$.
Der Rahmen führt anschließend eine Bewegung mit konstanter Geschwindigkeit durch, weil die auf ihn wirkende, resultierende Kraft null ist (Satz vom Beharrungsvermögen). Für die Bremskraft gilt (siehe oben), solange eine Flussänderung auftritt:
$F_{brems} = B \cdot I \cdot d = B \cdot (U_{ind}/R) \cdot d$
$= B \cdot ((B \cdot d \cdot v_s)/R) \cdot d = (B \cdot d)^2/R \cdot v_s$.
Also ist $F_{brems} \sim v_s$ (B, d, R sind unabhängig von v_s).
c) Wenn der Rahmen sich ganz im homogenen Magnetfeld befindet, ist die magnetische Flussänderung null. Es treten dann keine Induktionsspannung und kein Induktionsstrom auf. Die Bremskraft ist ebenfalls null. Es wirkt nur die Gewichtskraft auf den Rahmen. Die Beschleunigung ist die Fallbeschleunigung $g = 9{,}81\ \text{m/s}^2$.
d) Verlässt der Rahmen das Magnetfeld nach unten, so nimmt der magnetische Fluss im Rahmen ab ($\Delta\Phi/\Delta t < 0$). Im Rahmen wird eine Spannung induziert (entgegengesetzt gepolt zum Eintauchen).

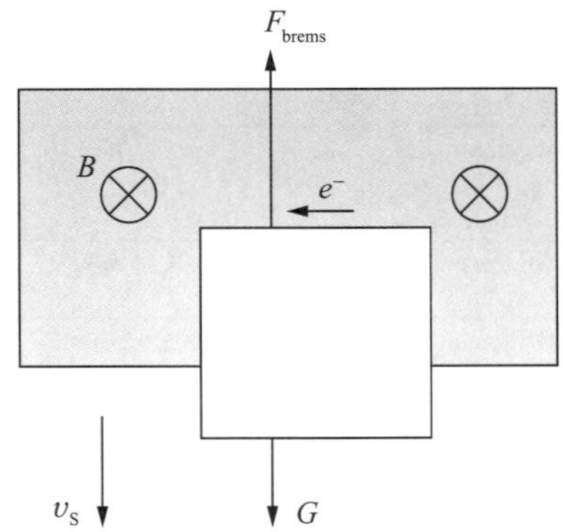

Die Elektronen bewegen sich auf Grund der induzierten Spannung im oberen waagerechten Teil des Rahmens von links nach rechts. Sie erfahren eine Lorentzkraft nach oben, die bremsend wirkt (Dreifingerregel linke Hand).
Induzierte Spannung:
$U_{ind} = \Delta\Phi/\Delta t = B \cdot \Delta A_s/\Delta t = B \cdot d \cdot \Delta d/\Delta t$
$= B \cdot d \cdot v_s = 2{,}0\ \text{T} \cdot 0{,}5\ \text{m}\ (-1{,}0\ \text{m/s})$
$= -1{,}0\ \text{V}$.
Induzierte Stromstärke:
$I = U_{ind}/R = 1{,}0\ \text{V}/6{,}8 \cdot 10^{-4}\ \Omega = 1{,}47 \cdot 10^3\ \text{A}$.
Bremskraft:
$F_{brems} = B \cdot I \cdot d = 2{,}0\ \text{T} \cdot 1{,}47 \cdot 10^3\ \text{A} \cdot 0{,}5\ \text{m}$
$= 1{,}47 \cdot 10^3\ \text{N}$.
Der Rahmen wird solange (stark) abgebremst, bis Kräftegleichgewicht herrscht: $F_{brems} = G$.

A6: Die Spule steht senkrecht zu den Magnetfeldlinien mit dem Flächeninhalt
$A_s = (0{,}30\ \text{m})^2 = 0{,}090\ \text{m}^2$.
a) Einige Zeit nach dem Start beginnt die Spule in den Feldbereich mit der Flussdichte B_1 einzudringen, dabei nimmt die felddurchsetzte Fläche der Spule zu ($\Delta A_s/\Delta t > 0$). Dadurch steigt der magnetische Fluss in der Spule an ($\Delta\Phi/\Delta t > 0$). Es wird nach dem Induktionsgesetz eine Spannung induziert:
$U_{ind} = -n \cdot \Delta\Phi/\Delta t$.
Um das t-U-Diagramm zeichnen zu können, müssen zunächst die Zeitpunkte berechnet werden, an denen sich der magnetische Fluss zu ändern beginnt. Da $v = 0{,}20\ \text{m/s}$ konstant, gilt $t = s/v$.

Ort der Spule	Zeitpunkt
Rechter Spulenrand bei 0,30 m; B_1 erreicht	$t_1 = 0{,}30\ \text{m}/0{,}20\ \text{m/s} = 1{,}5\ \text{s}$
Linker Spulenrand bei 0,30 m; Spule gerade ganz in B_1 eingetaucht	$t_2 = (0{,}30\ \text{m} + 0{,}30\ \text{m})/0{,}20\ \text{m/s} = 3{,}0\ \text{s}$
Rechter Spulenrand bei 0,90 m; B_2 erreicht	$t_3 = 0{,}90\ \text{m}/0{,}20\ \text{m/s} = 4{,}5\ \text{s}$
Linker Spulenrand bei 0,90 m; Spule gerade ganz in B_2 eingetaucht	$t_4 = (0{,}90\ \text{m} + 0{,}30\ \text{m})/0{,}20\ \text{m/s} = 6{,}0\ \text{s}$
Rechter Spulenrand bei 1,5 m; Spule beginnt B_2 zu verlassen	$t_5 = 1{,}5\ \text{m}/0{,}20\ \text{m/s} = 7{,}5\ \text{s}$
Linker Spulenrand bei 1,5 m; Spule hat gerade B_2 ganz verlassen	$t_6 = (1{,}5\ \text{m} + 0{,}30\ \text{m})/0{,}20\ \text{m/s} = 9{,}0\ \text{s}$
Rechter Spulenrand erreicht 2,1 m	$t_7 = 2{,}1\ \text{m}/0{,}20\ \text{m/s} = 10{,}5\ \text{s}$

Zeitraum	Induzierte Spannung
$0 < t < t_1$	0 V, keine Flussänderung
$t_1 < t < t_2$	$U_{ind} = -n \cdot ((\Phi(t_2) - \Phi(t_1))/(t_2 - t_1)$ $= -n \cdot B_1 \cdot ((A_s(t_2) - A_s(t_1))/(t_2 - t_1)$ $U_{ind} = -100 \cdot 0{,}60\ \text{T} \cdot (0{,}090\ \text{m}^2 - 0\ \text{m}^2)/(3{,}0\ \text{s} - 1{,}5\ \text{s})$ $= -3{,}6\ \text{V}$
$t_2 < t < t_3$	0 V, keine Flussänderung
$t_3 < t < t_4$	$U_{ind} = -n \cdot ((\Phi(t_4) - \Phi(t_3))/(t_4 - t_3)$ $= -n \cdot (B_2 A_s - B_1 A_s)/(t_4 - t_3)$ $U_{ind} = -n \cdot A_s \cdot (B_2 - B_1)/(t_4 - t_3)$ $= -100 \cdot 0{,}090\ \text{m}^2 \cdot (0{,}30\ \text{T} - 0{,}60\ \text{T}))/(6{,}0\ \text{s} - 4{,}5\ \text{s})$ $= +1{,}8\ \text{V}$
$t_4 < t < t_5$	0 V, keine Flussänderung
$t_5 < t < t_6$	$U_{ind} = -n \cdot ((\Phi(t_6) - \Phi(t_5))/(t_6 - t_5)$ $= -n \cdot B_2 \cdot (A_s(t_6) - A_s(t_5))/(t_6 - t_5)$ $U_{ind} = -100 \cdot 0{,}30\ \text{T} \cdot (0\ \text{m}^2 - 0{,}090\ \text{m}^2)/(9{,}0\ \text{s} - 7{,}5\ \text{s})$ $= +1{,}8\ \text{V}$
$t_6 < t < t_7$	0 V, keine Flussänderung

t-*U*-Diagramm:

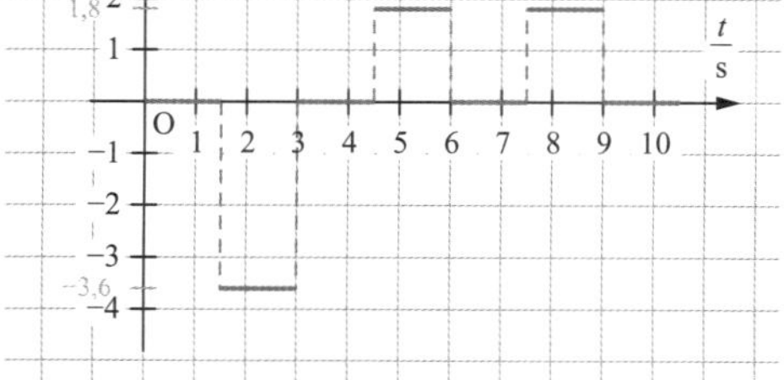

b) Wenn die Spule im Magnetfeld ruht und damit die felddurchsetzte Fläche A_s konstant ist, so kann die für die Induktion nötige Flussänderung nur von einer Änderung der magnetischen Flussdichte B_1 hervorgerufen werden. Dann gilt für die induzierte Spannung:

$U_{ind} = -n \cdot \Delta\Phi/\Delta t = -n \cdot A_s \cdot \Delta B/\Delta t.$

Man lässt die magnetische Flussdichte B_1 linear mit der Zeit ansteigen, wobei sich die Änderungsrate der Flussdichte wie folgt ergibt:

$\Delta B/\Delta t = -U_{ind}/(n \cdot A_s)$
$= -3{,}6\ \text{V}/(100 \cdot 0{,}090\ \text{m}^2) = -0{,}4\ \text{T/s}.$

A7: a) Der maximale Fluss Φ, der die Induktionsspule durchsetzt, wird erreicht, wenn die Stromstärke I_{err} der Feldspule maximal ist:

$\Phi = B_{max} \cdot A_s = \mu_0 \cdot n/\ell \cdot I_{err,max} \cdot A_s$
$\Phi = 1{,}256 \cdot 10^{-6}\ \text{T m/A} \cdot (16\,000/0{,}48\ \text{m}) \cdot 0{,}10\ \text{A} \cdot 28 \cdot 10^{-4}\ \text{m}^2$
$= 1{,}17 \cdot 10^{-5}\ \text{T m}^2 \approx 1{,}2 \cdot 10^{-5}\ \text{T m}^2.$

b) Eine Spannung U_i wird in denjenigen Zeitabschnitten induziert, in denen sich der magnetische Fluss ändert. Findet solch eine Änderung statt, so rührt sie von der Änderung der magnetischen Flussdichte B und damit von der Änderung der Stromstärke I_{err} der Feldspule her (Die felddurchsetzte Fläche A_s der Induktionsspule ist konstant). Dem *t*-*I*-Diagramm kann man die Zeitabschnitte entnehmen, in denen $\Delta I/\Delta t = 0$ ($U_i = 0$) und in denen $\Delta I/\Delta t \neq 0$ ($U_i \neq 0$) ist.

c) Berechnung der Induktionsspannungen U_i für $0 < t < 8$ s:

$U_{ind} = -n_i \cdot \Delta\Phi/\Delta t = -n_i \cdot A_s \cdot \Delta B/\Delta t$
$= -n_i \cdot A_s \cdot \mu_0 \cdot n/\ell \cdot \Delta I_{err}/\Delta t$
$U_{ind} = -1{,}256 \cdot 10^{-6}\ \text{T m/A} \cdot 1000 \cdot 28 \cdot 10^{-4}\ \text{m}^2 \cdot (16\,000/0{,}48\ \text{m}) \cdot \Delta I_{err}/\Delta t$
$= -0{,}117\ \text{T m}^2/\text{A} \cdot \Delta I_{err}/\Delta t.$

Zeitabschnitte:

$0\ \text{s} < t < 1\ \text{s}$: $\Delta I_{err}/\Delta t = 0$, $U_{ind} = 0$,

$1\ \text{s} < t < 2\ \text{s}$: $\Delta I_{err}/\Delta t = -0{,}100\ \text{A}/1\ \text{s}$,
$U_{ind} = -0{,}117\ \text{T m}^2/\text{A} \cdot (-0{,}100\ \text{A}/1\ \text{s})$
$= 0{,}0117\ \text{T m}^2/\text{s} \approx 12\ \text{mV}$

$2\ \text{s} < t < 4\ \text{s}$: $\Delta I_{err}/\Delta t = 0{,}100\ \text{A}/2\ \text{s}$,
$U_{ind} = -0{,}117\ \text{T m}^2/\text{A} \cdot (0{,}100\ \text{A}/2\ \text{s})$
$= -0{,}005\,86\ \text{T m}^2/\text{s} \approx -5{,}9\ \text{mV}$

$4\ \text{s} < t < 7\ \text{s}$: $\Delta I_{err}/\Delta t = 0$, $U_{ind} = 0$,

$7\ \text{s} < t < 8\ \text{s}$: $\Delta I_{err}/\Delta t = -0{,}100\ \text{A}/1\ \text{s}$,
$U_{ind} = -0{,}117\ \text{T m}^2/\text{A} \cdot (-0{,}100\ \text{A}/1\ \text{s})$
$= 0{,}0117\ \text{T m}^2/\text{s} \approx 12\ \text{mV}.$

t-U_i-Diagramm:

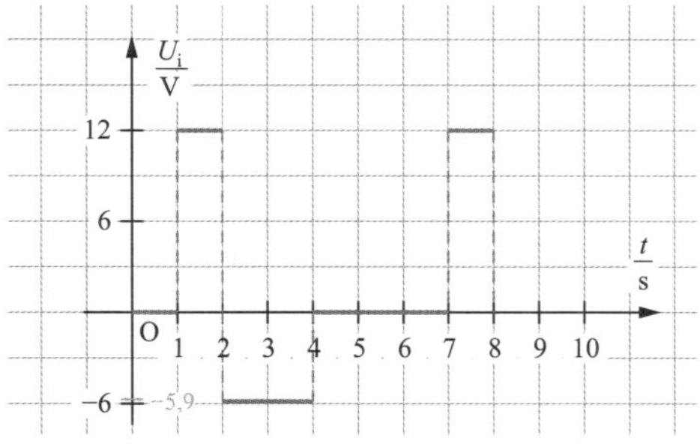

A8: Wird der Stabmagnet ruckartig, d. h. mit großer Geschwindigkeit, von der Spule wegbewegt, so sinkt der magnetische Fluss in der Spule schnell ab, d. h. $\Delta \Phi/\Delta t < 0$ und $|\Delta \Phi/\Delta t|$ groß. Dadurch wird in der Spule eine Spannung $U_{ind} = -n \cdot \Delta \Phi/\Delta t$ induziert. Der zugehörige Induktionsstrom in der Spule ist nach der Lenz'schen Regel so gerichtet, dass er seiner Ursache, dem abnehmenden Fluss, entgegenwirkt. Erst durch den Induktionsstrom wird ein Magnetfeld aufgebaut, das dazu führt, dass sich die Spule in Richtung des sich entfernenden Magneten nach rechts bewegt wird. Man kann auch so argumentieren: Die Spule bewegt sich so, dass die Abnahme des Flusses in der Spule möglichst verringert wird, d. h. in Richtung des sich weg bewegenden Stabmagneten.
Der Vorgang kann auch mithilfe der Lorentzkraft erklärt werden.

Seite 77

A1: a) Definition der Induktivität $L = -U_{ind}/\dot{I}$. Es gibt dann Selbstinduktion, wenn sich die Stromstärke in der Leiteranordnung selbst (z. B. in einer Spule) zeitlich ändert.
b) In beiden Fällen liegt kein Selbstinduktionsvorgang vor, weil die Spule an keine Spannungsquelle angeschlossen ist und damit keinen Strom führt. Damit gibt es auch keine zeitliche Änderung der Stromstärke der Spule.

A2: Für die Eigeninduktivität einer (langen) Spule gilt $L = \mu_0 \, \mu_r \, n^2 \, A/\ell$ (Lehrbuch Seite 74). Verdoppelt man bei einer Spule ihre Windungszahl n und ihre Querschnittsfläche A, so wird die Eigeninduktivität L achtmal so groß. Die Eigeninduktivität L hängt nicht vom ohmschen Widerstand R der Spule ab. (Man sollte beachten, dass mit A nicht die Querschnittsfläche und mit ℓ nicht die Länge des Spulendrahts gemeint sind).

A3: a) Wird eine Spannungsquelle an die Spule angeschlossen, so werden Elektronen im Stromkreis bewegt; die Spule führt einen Strom.
Die dadurch ansteigende magnetische Flussdichte B hat einen ansteigenden magnetischen Fluss Φ in der Spule zur Folge: $\Delta \Phi/\Delta t > 0$. In der Spule wird eine (Selbstinduktions-) Spannung U_{ind} induziert. Diese Spannung ist nach Lenz'schem Gesetz so gepolt, dass sie durch ihren Strom ihrer Ursache entgegenwirken kann. Für diese Selbstinduktionsspannung gilt:

$$U_{ind}(t) = -L\,\dot{I}(t) = -L\,\frac{\Delta I}{\Delta t}.$$

Da die Stromstärke ansteigt, also $\Delta I/\Delta t > 0$, ist $U_{ind} < 0$ bezogen auf die von außen angelegte Spannung U_0.
Für die Stromstärke ergibt sich damit:
$I(t) = (U_0 + U_{ind}(t))/R = (U_0 - L\,\dot{I}(t))/R$.
Für $t = 0$ ist der Betrag der Selbstinduktionsspannung so groß, wie die von außen angelegte Spannung:
$U_0 + U_{ind}(0) = 0$, also $I(0) = 0$.
Für kleine Zeiten t ist die Änderungsrate der Stromstärke $\Delta I/\Delta t$ groß und damit $|U_{ind}(t)|$ groß. Für größere Zeiten t wird $\Delta I/\Delta t$ immer kleiner und geht für sehr große Zeiten gegen null (das t-I-Diagramm hat eine horizontale Asymptote).
b) Zum Zeitpunkt des Einschaltens ist $I(t) = 0$, also $U_{ind}(0) = -U_0 = -6{,}0$ V.
c) Bestimmung des ohmschen Widerstandes R der Spule:
Für sehr große Zeiten ist $I_{max} = U_0/R$, damit ist der ohmsche Widerstand $R = U_0/I_{max}$. Aus dem Diagramm entnimmt man $I_{max} = 0{,}12$ A (horizontale Asymptote im Diagramm). Damit ergibt sich als ohmscher Widerstand der Spule $R = 6{,}0$ V/0,12 A = 50 Ω.
Bestimmung der Induktivität L der Spule:
Für $t = 0$ gilt $U_0 = -L\,\dot{I}(0)$.
Daraus folgt $L = -U_0/\dot{I}(0)$.
Im t-I-Diagramm entnimmt man die Steigung $\dot{I}(0)$ der Tangente zu der Zeit $t = 0$ aus einem Steigungsdreieck, z. B. $\Delta I/\Delta t \approx 0{,}12$ A/2 s = 0,06 A/s.
Damit $L \approx 6{,}0$ V/(0,06 A/s) = 100 V s/A = 100 H.

A4: Wir können den zeitlichen Verlauf der Stromstärke beim Öffnen eines Spulenstromkreises mit einem Tabellenkalkulationsprogramm modellieren.
Für die Stromstärke beim Ausschaltvorgang gilt $I(t) = -L\,\dot{I}(t)/R$ mit $I(0) = U_1/R$.
Umformen dieser Gleichung ergibt für die Änderungsrate der Stromstärke: $\dot{I}(t) = -R \cdot I(t)/L$.
Die Stromstärkeänderung in den kurzen Zeitspannen Δt ist also $\Delta I \approx (-R \cdot I(t)/L) \cdot \Delta t$.
Und so könnte die zugehörige *Programmschleife* aussehen:

Konstanten (Eingabewert)
$\Delta t = 0{,}1$ s
$U_1 = 5$ V (Batteriespannung);
$R = 100\ \Omega$ (Widerstand);
$L = 10$ H (Induktivität)
Startwerte: $t = 0$ s; $I = U_1/R = 0{,}05$ A
Rechenschleife
Wiederhole bis $t = 5$ s
$t_{neu} = t_{alt} + \Delta t$ (Spalte A Tabellenkalk.)
$\Delta I = (-R \cdot I_{alt})/L \cdot \Delta t$ (Spalte B)
$I_{neu} = I_{alt} + \Delta I$ (Spalte C)
Es werden die konstanten Werte U1 $\hat{=}\ U_1$, L $\hat{=}\ L$, R = R, Dt $\hat{=}\ \Delta t$ und die Startwerte $t = 0$, $I = 0$ in die entsprechenden Felder des Tabellenkalkulationsblattes eingegeben. Die Tabellenkalkulation enthält folgende Spalten und Anfangszeilen:
In Zeile 11 stehen die Anfangswerte: $t = 0$, $I = 0$.
In Zeile 12 stecken die physikalischen Gleichungen, teilweise mit Zellenzahlen der Tabellenkalkulation kodiert.

	A	B	C
10	Zeit t	Stromstärkeänderung ΔI	Stromstärke I
11	0	–	U_1/R
12	A11 + Dt	(−R*C11)/L*Dt	C11 + B12

Nun markiert man die Spalten für t und I ab Zeile 11 und wählt als Diagrammtyp „*Punkt(X, Y)*". Man erhält so nachfolgendes t-I-Diagramm für die Stromstärke einer Spule beim Ausschaltvorgang:

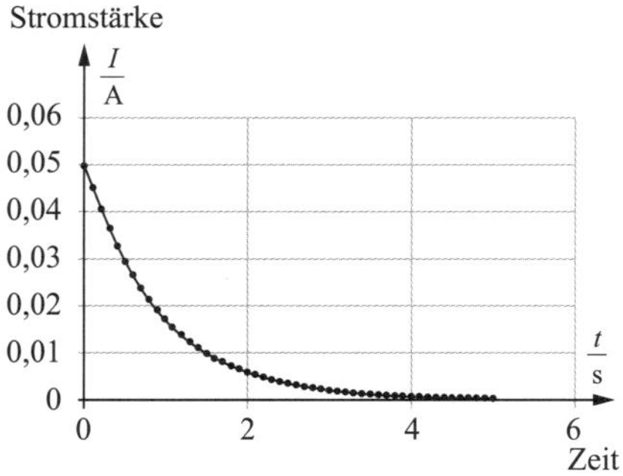

A5: a) Der Stromanstieg von $I(t)$ wird dargestellt durch die Änderungsrate der Stromstärke $\dot{I}(t)$, im t-I-Diagramm durch die Steigung der Tangente.
Beim Einschalten zu der Zeit $t = 0$ gilt für die Stromstärke in einer Spule:
$I(0) = (U + U_{ind}(0))/R = (U - L\,\dot{I}(0))/R = 0.$
Hieraus folgt: $\dot{I}(0) = U/L$. Die Änderungsrate $\dot{I}(0)$ hat also einen endlichen Wert, damit kann die Tangente bei $t = 0$ nicht senkrecht verlaufen.

b) Für die Änderungsrate der Stromstärke $\dot{I}(t)$ bei $I = U/(2 \cdot R)$ gilt:
$\dot{I}(t) = (U - R \cdot I(t))/L = (U - R \cdot U/(2 \cdot R))/L$
$= (U - U/2)/L = \frac{1}{2} \cdot U/L = \frac{1}{2} \cdot \dot{I}(0).$

A6: Die Aufgabe bezieht sich auf die Schaltskizze von →V3a (Lehrbuch Seite 75). Dabei ist R_1 der Spulenwiderstand, R_2 der Überbrückungswiderstand beim Öffnen des Schalters.
a) Bei Selbstinduktionsvorgängen gilt für die Stromstärke $I(t) = (U_1 + U_{ind}(t))/R_1 = (U_1 - L\,\dot{I}(t))/R_1$.
Die maximale Stromstärke ergibt sich zu $I_{max} = U_1/R$.
Beim Ausschalten ist $U_1 = 0$. Die induzierte Spannung U_{ind} versucht im Moment des Öffnens I_{max} aufrecht zu erhalten (Lenz'sches Gesetz), also ist
$U_{ind} = I_{max} \cdot (R_1 + R_2) > I_{max} \cdot R_1 = U_1$.
Ist $R_2 \gg R_1$ (z. B. bei der Glimmlampe →V3b, Lehrbuch Seite 75), so wird $U_{ind} \gg U_1$.
b) Für die Stromstärke in einer Spule beim Einschalten gilt: $I(t) = (U_1 + U_{ind}(t))/R = (U_1 - L\,\dot{I}(t))/R$.
Da immer $I(t) \geq 0$, ist $U_{ind}(t) \leq U_1$. $U_{ind}(t)$ wird also maximal für $I(t) = 0$, also im Moment des Einschaltens bei $t = 0$. Damit ist der größte Wert der Selbstinduktionsspannung beim Einschalten $U_{ind}(0) = -U_1$.
c) Bei einer Klingel wird der Stromkreis ständig geschlossen und unterbrochen (elektromagnetischer Selbstunterbrecher). Im Moment des Öffnens des Stromkreises (R_2 ist sehr groß) ist die induzierte Spannung größer als die angelegte Spannung von 8 V. Man kann deshalb einen leichten elektrischen Schlag erhalten.

A7: a) Für die maximale Stromstärke beim Einschalten gilt: $I_{max} = U_1/R = 5\ \text{V}/10\ \Omega = 0{,}5$ A (Siehe Lösung →A6).
b) Beim Ausschalten ist $U_1 = 0$. Die induzierte Spannung U_{ind} versucht im Moment des Öffnens I_{max} aufrecht zu erhalten (Lenz'sches Gesetz), also ist
$U_{ind} = I_{max} \cdot (R_1 + R_2)$
(R_1 und R_2 sind in Reihe geschaltet). In →V3b (Lehrbuch, Seite 75) ist der Widerstand R_2 der noch ungezündeten Glimmlampe sehr groß, also $R_2 \gg R_1$. Damit ist: $U_{ind} = I_{max} \cdot (R_1 + R_2) \gg I_{max} \cdot R_1 = U_1$.

Seite 79

A1: a) Für die Energie des Magnetfeldes einer Spule gilt:

$$W = \frac{1}{2} L\, I^2 = \frac{1}{2} \cdot 4{,}0\ \text{H} \cdot (3{,}0\ \text{A})^2 = 18\ \text{J}.$$

b) Sinkt die Stromstärke auf die Hälfte ab, so wird die Energie

$$\Delta W = \frac{1}{2} L\, I^2 - \frac{1}{2} L\, (I/2)^2 = \frac{1}{2} L \cdot \frac{3}{4} I^2$$
$$= \frac{1}{2} \cdot 4{,}0\ \text{H} \cdot \frac{3}{4} \cdot (3{,}0\ \text{A})^2 = 13{,}5\ \text{J frei.}$$

Sinkt die Stromstärke auf null ab, so wird die gesamte Energie $W = 18$ J frei.

c) Für die Höhenenergie gilt: $W = m\, g\, h$.
Soll die magnetische Feldenergie ganz in Höhenenergie umgewandelt werden, so folgt nach dem Energieerhaltungssatz $\frac{1}{2} L\, I^2 = m\, g\, h$.

Hieraus ergibt sich als maximale Höhe:

$$\text{h} = \left(\frac{1}{2} L\, I^2\right)/(m\, g) = 18\ \text{J}/(0{,}050\ \text{kg} \cdot 9{,}81\ \text{N/kg})$$
$$= 36{,}7\ \text{m.}$$

d) Benötigte Energie, um die Temperatur von Wasser der Masse 1,0 kg um 1,0 K zu erhöhen:

$$W = m\, c_\text{w}\, \Delta\theta = 1\ \text{kg} \cdot 4{,}2\ \text{J/(g} \cdot \text{K)} \cdot 1\ \text{K} = 4{,}2\ \text{kJ.}$$

Energiebilanz: $c_\text{w}\, m\, \Delta\theta = n \cdot \frac{1}{2} \cdot L\, I^2$.
Damit benötige Zahl n, wie oft das Magnetfeld abgebaut werden müsste:

$$n = (c_\text{w}\, m\, \Delta\theta)/\left(\frac{1}{2} L\, I^2\right) = 4200\ \text{J}/18\ \text{J} \approx 233.$$

A2: a) Induktivität einer langen, eisenfreien Spule

$$L = \mu_0\, n^2\, A/\ell$$
$$= 1{,}257 \cdot 10^{-6}\ \text{T m/A} \cdot 10\,002 \cdot 50 \cdot 10^{-4}\ \text{m}^2/1{,}0\ \text{m}$$
$$= 0{,}006\,285\ \text{H} \approx 6{,}3\ \text{mH.}$$

Energie des magnetischen Spulenfeldes bei 10 A:

$$W = \frac{1}{2} L\, I^2 = 0{,}5 \cdot 6{,}29 \cdot 10^{-3}\ \text{H} \cdot (10\ \text{A})^2 \approx 0{,}31\ \text{J.}$$

b) Energie des elektrischen Kondensatorfeldes:

$$W = \frac{1}{2} C\, U^2.$$

Energiebilanz beim Aufladen des Kondensators:

$$\frac{1}{2} L\, I^2 = \frac{1}{2} C\, U^2$$

Damit Spannung nach dem Aufladen

$$U = I \cdot \sqrt{\frac{\ell}{C}} = 10\ \text{A} \cdot \sqrt{\frac{6{,}3\ \text{mH}}{0{,}1\ \mu\text{F}}} \approx 2{,}5\ \text{kV.}$$

c) Energiedichte im homogenen Magnetfeld der langen Spule:

$$W/V = 1/(2\, \mu_0\, \mu_\text{r}) \cdot B^2 = 1/(2\, \mu_0\, \mu_\text{r}) \cdot (\mu_0\, \mu_\text{r}\, n/\ell\, I)^2$$
$$= \frac{1}{2} \mu_0\, \mu_\text{r}\, (n/\ell \cdot I)^2$$

$$W/V = 0{,}5 \cdot 1{,}257 \cdot 10^{-6}\ \text{T m/A} \cdot (1000/1{,}0\ \text{m} \cdot 10\ \text{A})^2$$
$$= 62{,}85\ \text{J/m}^3 \approx 63\ \text{J/m}^3.$$

A3: Führt man in eine stromführende, luftgefüllte Spule einen Eisenkern ein, so ändert sich die Stromstärke I nicht. Damit ändert sich die kinetische Energie der Elektronen nicht. Andererseits steigt dabei aber die Energie des magnetischen Feldes der Spule $W = \frac{1}{2} L\, I^2$ an, weil die Induktivität der Spule größer wird. Für eine lange Spule gilt $L = \mu_0\, \mu_\text{r}\, n^2\, A/\ell$. In Luft ist $\mu_\text{r} = \ell$, beim Einführen eines Eisenkernes wächst μ_r stark an.

Möglicher Versuch →V1 (Lehrbuch Seite 78): Dabei wird in den Spulenstromkreis zusätzlich ein Strommesser eingebaut. Zunächst wird der Versuch mit luftgefüllter Spule durchgeführt. Dabei werden die Stromstärke I bei angeschlossener Spannungsquelle und nach dem Öffnen des Schalters der Weg Δh gemessen, um die das Wägestück hochgezogen wird. Anschließend wird der Versuch mit Eisenkern durchgeführt. Dabei ist die sich einstellende Stromstärke I so groß wie ohne Eisenkern. Das Wägestück wird aber um einen deutlich größeren Weg Δh hochgezogen, d. h. dem Wägestück wird also mehr Energie zugeführt.

A4: Für die elektrische Leistung gilt

$$P(t) = I(t) \cdot U(t) = I(t) \cdot (-L\, \dot{I}(t))$$
$$= -L \cdot I(t) \cdot \dot{I}(t) \qquad (1)$$

Für die Stromstärke gilt $I(t) = (U_1 - L \cdot \dot{I}(t))/R$, aufgelöst nach $\dot{I}(t)$ ergibt sich:

$$\dot{I}(t) = (U_1 - R \cdot I(t))/L \qquad (2)$$

(2) in (1) eingesetzt:

$$P(t) = -L \cdot I(t)\, (U_1 - R \cdot I(t))/L = -I(t) \cdot U_1 + R \cdot I^2(t).$$

Dabei ist $P_\text{th} = R \cdot I^2(t)$ der Anteil, der in innere Energie umgesetzt wird (Temperaturerhöhung).
$P_1 = U_1 \cdot I(t)$ ist die Leistung der Spannungsquelle, $P_\text{magn} = L \cdot I(t) \cdot \dot{I}(t)$ ist die Leistung, die beim Abbau des Magnetfeldes frei wird (dort mit negativem Vorzeichen). Mit Differenzen formuliert:

$$\Delta I = (U_1 - R \cdot I(t))/L \cdot \Delta t.$$

$$P(t) = -L \cdot I \cdot \Delta I/\Delta t = -L \cdot I \cdot ((U_1 - R \cdot I(t)).$$

Rechenschleife für das **Einschalten** der Spannung (siehe auch Lehrbuch Seite 77 → Vertiefung):
Wiederhole bis $t = 0,3$ s

$t_{neu} = t_{alt} + \Delta t$ (Spalte A Tabellenkalk.)
$\Delta I = (U_1 - R \cdot I_{alt})/L \cdot \Delta t$ (Spalte B Tabellenkalk.)
$I_{neu} = I_{alt} + \Delta I$ (Spalte C Tabellenkalk.)
$P = U_1 \cdot I_{alt}$ (Spalte D Tabellenkalk.)

	A	B	C	D
10	Zeit *t*	Stromstärkeänderung ΔI	Stromstärke *I*	Leistung *P*
11	0	–	*U*/*R*	*P* = *U**C11
12	A11 + d*t*	(*U*–C11**R*)/ *L**d*t*	C11 + B12	*P* = *U**C12

Leistung Spule Einschalten			
Zeit	**Stromstärkeänderung**	**Stromstärke**	**Leistung**
t	ΔI	***I***	***P***
0,00		0,0000	0,0000
0,01	0,0100	0,0100	0,1000
0,02	0,0090	0,0190	0,1900
0,03	0,0081	0,0271	0,2710
0,04	0,0073	0,0344	0,3439
0,05	0,0066	0,0410	0,4095

Konstanten:
dt = 0,01, U = 10, L = 10, R = 100

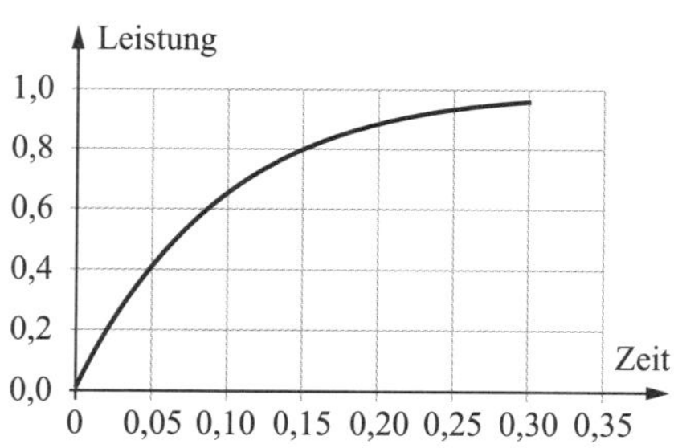

Rechenschleife für das **Ausschalten** der Spannung (siehe auch Lehrbuch Seite 77 →Vertiefung):
Wiederhole bis $t = 0,3$ s

$t_{neu} = t_{alt} + \Delta t$ (Spalte A Tabellenkalk.)
$\Delta I = R \cdot I_{alt}/L \cdot \Delta t$ (Spalte B Tabellenkalk.)
$I_{neu} = I_{alt} + \Delta I$ (Spalte C Tabellenkalk.)
$P = I_{alt} \cdot I_{alt} \cdot R$ (Spalte D Tabellenkalk.)

	A	B	C	D
10	Zeit *t*	Stromstärkeänderung ΔI	Stromstärke *I*	Leistung *P*
11	0	–	*U*/*R*	*P* = C11*C11*R
12	A11 + d*t*	–C11**R*/ *L**d*t*	C11 + B12	*P* = C12*C12*R

Leistung Spule Ausschalten			
Zeit	**Stromstärkeänderung**	**Stromstärke**	**Leistung**
t	ΔI	***I***	***P***
0,00		0,1000	0,1000
0,01	–0,0100	0,0900	0,8100
0,02	–0,0090	0,0810	0,6561
0,03	–0,0081	0,0729	0,5314
0,04	–0,0073	0,0656	0,4305
0,05	–0,0066	0,0590	0,3487

Konstanten:
dt = 0,01, U = 10, L = 10, R = 100

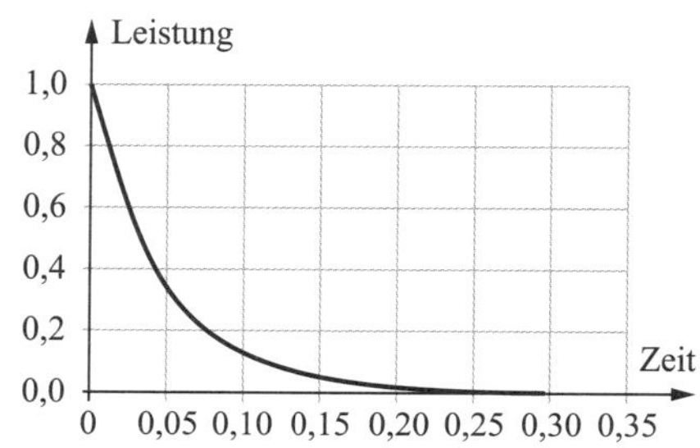

Seite 81

A1: Für die induzierte Wechselspannung gilt:
$U_{ind}(t) = n\,B\,A\,\omega \cdot \sin(\omega t)$
mit der Scheitelspannung: $\hat{U} = n\,B\,A\,\omega$.

a) Wird die Flussdichte B verdoppelt, so wird auch die Scheitelspannung $\hat{U}$ verdoppelt, weil $\hat{U} \sim B$.

b) Wird die Winkelgeschwindigkeit ω halbiert, so werden die Scheitelspannung $\hat{U}$ (weil $\hat{U} \sim B$) und die Periodendauer ($T = 2\,\pi/\omega$) halbiert.

c) Werden zugleich B verdoppelt und ω halbiert, so bleibt die Scheitelspannung $\hat{U}$ konstant und die Periodendauer T wird halbiert.

d) Die Leiterteile, die in →B2 (Lehrbuch Seite 80) parallel zur Zeichenebene liegen, tragen nichts zur Spannung bei, weil in ihnen die Lorentzkraft die Ladungsträger quer zum Spulendraht trennt und nicht in Längsrichtung.

A2: Hinweis: Hier sind die Magnetfeldlinien von rechts nach links gerichtet (in →V1 von links nach rechts!)

Richtung der magnetischen Feldlinien (die Flussdichte B ist konstant)	**Stellung der Leiterschleife beim Erreichen des Wertes 0 der induzierten Spannung**	**Erläuterung**
	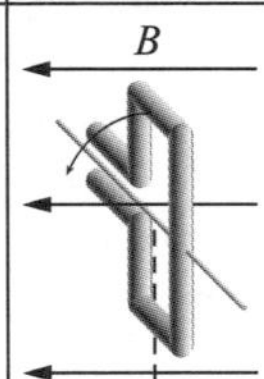 ebenfalls, wenn die Leiterschleife um 180° gedreht ist	Die Änderungsrate $\Delta \Phi / \Delta t$ des Flusses ist 0, weil beim Drehen der Leiterschleife in einer sehr kleinen Zeitspanne Δt die Änderung ΔA_s der felddurchsetzten Fläche praktisch null ist (die felddurchsetzte Fläche A_s bleibt praktisch unverändert maximal).

Richtung der magnetischen Feldlinien (die Flussdichte B ist konstant)	**Stellung der Leiterschleife beim Erreichen des Scheitelwertes der induzierten Spannung**	**Erläuterung**
	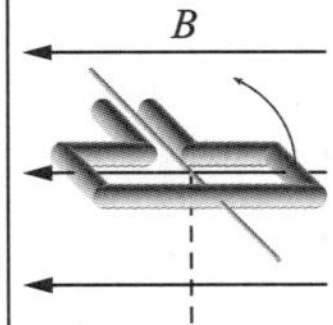 ebenfalls, wenn die Leiterschleife um 180° gedreht ist	Die Änderungsrate $\Delta \Phi / \Delta t$ des Flusses ist maximal, weil beim Drehen der Leiterschleife in einer sehr kleinen Zeitspanne Δt die Änderung ΔA_s der felddurchsetzten Fläche sehr groß ist (die felddurchsetzte Fläche A_s ändert sich von null auf einen von null verschiedenen Wert).

A3: Für die Spannung gilt $U_{ind}(t) = \hat{U} \sin(\omega t)$ mit $U_{ind}(0) = 0$, $\hat{U} = 10$ V und $\omega = 2\pi f = 2\pi \cdot 50$ 1/s. Dabei wird beim Sinus im Bogenmaß gerechnet.

a) Für $t = 1/600$ s: $U_{ind}(1/600\text{ s})$
$= 10\text{ V} \sin(2\pi \cdot 50 \cdot 1/\text{s} \cdot 1/600\text{ s})$
$= 10\text{ V} \sin(\pi/6) = 5{,}0\text{ V}$

Für $t = 1/200$ s: $U_{ind}(1/200\text{ s})$
$= 10\text{ V} \sin(2\pi \cdot 50 \cdot 1/\text{s} \cdot 1/200\text{ s})$
$= 10\text{ V} \sin(\pi/2) = 10\text{ V}$

Für $t = 1/4$ s: $U_{ind}(1/4\text{ s})$
$= 10\text{ V} \sin(2\pi \cdot 50 \cdot 1/\text{s} \cdot 1/4\text{ s})$
$= 10\text{ V} \sin(25 \cdot \pi) = 10\text{ V} \sin(\pi) = 0\text{ V}$

Für $t = 2$ s: $U_{ind}(2\text{ s})$
$= 10\text{ V} \sin(2\pi \cdot 50 \cdot 1/\text{s} \cdot 2\text{ s})$
$= 10\text{ V} \sin(200\pi) = 10\text{ V} \sin(2\pi) = 0\text{ V}$.

b) $U = +8$ V wird erreicht zu der Zeit t_1:
$U_{ind}(t_1) = 10\text{ V} \cdot \sin(2\pi \cdot 50 \cdot 1/\text{s} \cdot t_1) = 8\text{ V}$, also
$\sin(100\pi \cdot 1/\text{s} \cdot t_1) = 0{,}8$.
Damit $100\pi \cdot 1/\text{s} \cdot t_1 \approx 0{,}9273$.
Hieraus
$t_1 \approx 0{,}9273/(100\pi) \cdot \text{s} \approx 2{,}95 \cdot 10^{-3}\text{ s} = 2{,}95\text{ ms}$.
Die Spannung $U = -8$ V wird erreicht zu der Zeit t_2 für die gilt: $U_{ind}(t_2) = 10\text{ V} \cdot \sin(2\pi \cdot 50 \cdot 1/\text{s} \cdot t) = -8\text{ V}$.
Der erste Zeitpunkt t_2, zu dem diese Sinusfunktion den Wert -8 V erreicht, ist

$t_2 = T/2 + t_1 \approx \frac{1}{2} \cdot 1/50\text{ s} + 2{,}95 \cdot 10^{-3}\text{ s}$
$\approx 12{,}95\text{ ms} \approx 13\text{ ms}$.

A4: Eine Wechselspannung ist durch folgende Daten bestimmt: für $t = 0$ sei $\varphi(0) = \pi/2$, $\hat{U} = 5$ V, $f = 50$ Hz. Zeichnen Sie mithilfe eines Zeigerdiagramms durch Projektion auf die U-Achse den zeitlichen Verlauf der Wechselspannung für zwei Perioden (→B3). Wählen Sie einen geeigneten Maßstab.

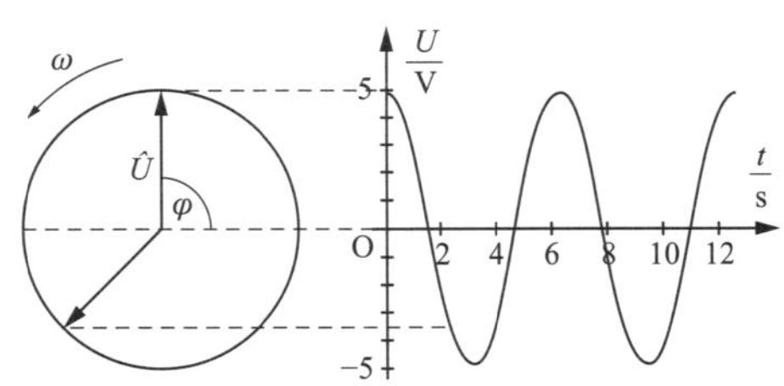

A5: a) Für die induzierte Wechselspannung gilt $U_{ind}(t) = n\,B\,A\,\omega \sin(\omega t)$ mit der Scheitelspannung:
$\hat{U} = n\,B\,A\,\omega = n\,B\,A \cdot 2\pi f$.
Mit den Normwerten $\hat{U} = 325{,}3$ V und $f = 50$ Hz kann man den Faktor $n\,B\,A$ berechnen:
$n\,B\,A = \hat{U}/(2\pi f)$
$= 325{,}3\text{ V}/(2\pi \cdot 50\text{ 1/s}) \approx 1{,}0355\text{ V s}$.
Um die Mittagszeit betrage $\hat{U} = 325$ V, damit erhält man die veränderte Frequenz zu
$f = \hat{U}/(n\,B\,A \cdot 2\pi)$
$\approx 325\text{ V}/(1{,}0355\text{ V s} \cdot 2\pi) \approx 49{,}95\text{ Hz}$.
Alternative Lösung:
Da n, B, A konstant sind, ist $\hat{U} \sim f$. Damit gilt
$f_{neu}/f_{norm} = \hat{U}_{neu}/\hat{U}_{norm}$, also
$f_{neu} = \hat{U}_{neu}/\hat{U}_{norm} \cdot f_{norm}$
$= 325\text{ V}/325{,}3\text{ V} \cdot 50\text{ Hz} \approx 49{,}95\text{ Hz}$.

b) Bei üblichen Haushaltsgeräten wie z. B. Staubsauger, Bügeleisen, Kühlschrank usw. würde man diese niedrigere Frequenz nicht bemerken. Würde diese Frequenzerniedrigung über einen längeren Zeitraum andauern, so könnte man bei Uhren beobachten, die mit Netzspannung von 50 Hz betrieben werden, dass diese etwas nachgehen würden.

A6: *Lösungsstrategie:* Man überlegt sich, für welche physikalische Situation die herzuleitende Gleichung gilt: Magnetfeld mit konstanter Flussdichte B, rotierende Leiterschleife mit n Windungen und veränderlicher felddurchsetzter Fläche $A_s(t)$.
Dann geht man von der allgemeinen Gleichung für die Induktionsspannung $U_{ind}(t) = n \cdot \dot{\Phi}(t)$ aus. Die Änderungsrate $\dot{\Phi}(t)$ des Flusses kommt von der Änderungsrate $\dot{A}_s(t)$ der felddurchsetzten Fläche $A_s(t)$ her. Jetzt muss man den physikalischen Fluss Φ durch B und A_s ausdrücken, dann die Fläche $A_s(t)$ durch die Seitenlängen d, $s(t)$ und dann nach der Zeit differenzieren.
Lösung:

$$U_{ind}(t) = -n\ \dot{\Phi}(t) = -n\ [B\ A_s(t)]^{\cdot}$$
$$= -n\ [B\ A \cos(\omega t)]^{\cdot}$$
$$= -n\ B\ A\ [\cos(\omega t)]^{\cdot}$$
$$= n\ B\ A\ \omega \cdot \sin(\omega t).$$

Für den Spezialfall einer rechteckigen Spule mit Breite s und Länge d folgt

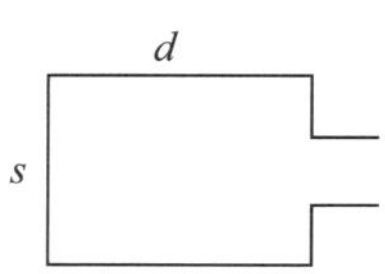

$$A \cdot \omega = A \cdot (2\ \pi/T) = 2\ d \cdot \pi\ s/T = 2\ d\ v,$$

weil jede Windung zwei Drahtstücke der Länge d hat, die zur Induktionsspannung beitragen, und $\pi\ s/T$ die Umlaufgeschwindigkeit v ist. Damit folgt für die Induktionsspannung $U_{ind}(t) = 2\ n\ B\ d\ v \cdot \sin(\omega t)$, wie zu zeigen war.

Seite 90

A1: Die Flussdichte der langen Spule beträgt

$$B = \mu_0\ n/\ell \cdot I_{err}$$
$$= 1{,}257 \cdot 10^{-6}\ \text{T m/A} \cdot 10^4/0{,}50\ \text{m} \cdot 2{,}0\ \text{A}$$
$$\approx 0{,}0503\ \text{T}.$$

a) Nach dem Induktionsgesetz gilt für die induzierte Spannung $U(t)$ bei konstanter Flussdichte B:
$U(t) = -n\ \dot{\Phi}(t) = -n\ [B\ A_s(t)]^{\cdot} = -n\ B \cdot \dot{A}_s(t)$.
Mit $A_s(t) = A \cdot \sin(\omega t)$ folgt $\dot{A}_s(t) = A\ \omega \cdot \cos(\omega t)$ (für ω konstant), damit:
$U(t) = -n\ B\ A\ \omega \cdot \cos(\omega t) = -\hat{U} \cos(\omega t)$
mit der Scheitelspannung

$$\hat{U} = n\ B\ A\ \omega$$
$$= 10^3 \cdot 0{,}0503\ \text{T} \cdot 0{,}010\ \text{m}^2 \cdot 2\ \pi \cdot 20\ \text{1/s}$$
$$\approx 63{,}2\ \text{V} \approx 63\ \text{V}$$

und $\omega = 2\ \pi f = 2\ \pi \cdot 20\ \text{1/s} \approx 125{,}7\ \text{Hz} \approx 126\ \text{Hz}$.
Insgesamt ergibt sich $U(t) = -63\ \text{V} \cdot \cos(126 \cdot t/\text{s})$.

b) Nach dem Induktionsgesetz gilt für die induzierte Spannung $U(t)$ bei konstanter Fläche A_s:
$U(t) = -n\ \dot{\Phi}(t) = -n\ [B\ A_s(t)]^{\cdot} = -n\ A_s \cdot \dot{B}(t)$.
Für die Änderungsrate der Flussdichte der langen Spule gilt $\dot{B}(t) = \mu_0\ n/\ell \cdot \dot{I}_{err}(t)$,
mit $I_{err}(t) = (0{,}10\ \text{A/s}) \cdot t$ folgt $\dot{I}_{err}(t) = 0{,}10\ \text{A/s}$.
Damit

$$\dot{B}(t) = \mu_0\ n/\ell \cdot 0{,}10\ \text{A/s}$$
$$= 1{,}257 \cdot 10^{-6}\ \text{T m/A} \cdot 10^4/0{,}50\ \text{m} \cdot 0{,}10\ \text{A/s}$$
$$\approx 2{,}51 \cdot 10^{-3}\ \text{T/s}.$$

Damit induzierte Spannung:

$$U(t) = -n\ A_s\ \dot{B}(t)$$
$$= -10^3 \cdot 0{,}010\ \text{m}^2 \cdot 2{,}51 \cdot 10^{-3}\ \text{T/s}$$
$$\approx -0{,}025\ \text{V} = -25\ \text{mV}.$$

c) Der Rahmen steht für $t = 0$ senkrecht zum Magnetfeld, also ist $A_s(t) = A \cdot \cos(\omega t)$.
Nach dem Induktionsgesetz gilt für die induzierte Spannung $U(t)$ bei veränderlicher Flussdichte:
$B(t) = \mu_0\ n/\ell \cdot (0{,}10\ \text{A/s}) \cdot t$ und Fläche:
$A_s(t) = 0{,}010\ \text{m}^2 \cdot \cos(\omega t)$:

$$U(t) = -n\ \dot{\Phi}(t) = -n\ [B(t)\ A_s(t)]^{\cdot}$$
$$U(t) = -10^3 \cdot [1{,}257 \cdot 10^{-6}\ \text{T m/A} \cdot 10^4/0{,}5\ \text{m} \cdot 0{,}10\text{A/s} \cdot \text{t} \cdot 0{,}010\ \text{m}^2 \cdot \cos(\omega t)]$$
$$U(t) = -0{,}0251\ \text{V} \cdot [t \cdot \cos(\omega t)]^{\cdot}$$
$$\approx -0{,}025\ \text{V} \cdot [\cos(\omega t) - \omega t \cdot \sin(\omega t)]$$

Alternativ:

$$U(t) = -n\ [\dot{B}(t) \cdot A_s(t) + B(t) \cdot \dot{A}_s(t)]$$
$$U(t) = -10^3 \cdot [2{,}51 \cdot 10^{-3}\ \text{T/s} \cdot 0{,}010\ \text{m}^2 \cdot \cos(\omega t) + 2{,}51 \cdot 10^{-3}\ \text{T/s} \cdot t \cdot (-\omega A \cdot \sin(\omega t))]$$
$$U(t) \approx -\ 0{,}025\ \text{V} \cdot [\cos(\omega t) - \omega t \cdot \sin(\omega t)]$$

d) Die Winkelgeschwindigkeit

$$\omega = 2\ \pi f$$
$$= 2\ \pi \cdot 0{,}10\ \text{s}^{-2} \cdot t = 0{,}20 \cdot \pi \cdot \text{t/s}^2$$

steigt linear mit der Zeit t an. Für konstante Winkelgeschwindigkeit ω und damit konstante Periodendauer T gilt $\omega = 2\ \pi/T = \varphi(t)/t$.
Ist die Winkelgeschwindigkeit nicht konstant, so gilt $\omega = \dot{\varphi}(t)$ (analog wie bei $v = s/t$ und $v(t) = \dot{s}(t)$).
Daraus folgt für den Drehwinkel

$$\varphi(t) = \int \omega(t)\ \text{d}t = \int (0{,}20\ \pi \cdot t/\text{s}^2)\ \text{d}t$$
$$= 0{,}20 \cdot \pi/\text{s}^2 \cdot t^2/2$$
$$= 0{,}10 \cdot \pi \cdot t^2/\text{s}^2.$$

Für die felddurchsetzte Fläche des Drahtrahmens gilt $A_s(t) = A \cdot \cos(\varphi(t)) = 0{,}010\ \text{m}^2 \cdot \cos(0{,}10\ \pi \cdot t^2/\text{s}^2)$, damit für die Änderungsrate der Fläche:

$\dot{A}_s(t) = 0{,}010\ \text{m}^2 \cdot (0{,}10\ \pi\ \text{s}^{-2} \cdot 2\ t)$
$\cdot [-\sin(0{,}10\ \pi \cdot t^2/\text{s}^2)]$
$= -6{,}28 \cdot 10^{-3}\ \text{m}^2/\text{s}^2 \cdot t \cdot \sin(0{,}10\ \pi \cdot t^2/\text{s}^2).$
Hiermit folgt für die induzierte Spannung
$U(t) = -n\ \dot{\Phi}(t) = -n\ [B\ A_s(t)]\dot{} = -n \cdot B \cdot \dot{A}_s(t)$
$= -10^3 \cdot 0{,}0503\ \text{T}$
$\cdot [-6{,}28 \cdot 10^{-3}\ \text{m}^2/\text{s}^2 \cdot t \cdot \sin(0{,}10\ \pi \cdot t^2/\text{s}^2)]$
$U(t) = 0{,}316\ \text{V} \cdot t/\text{s} \cdot \sin(0{,}314 \cdot t^2/\text{s}^2).$

A2: Die induzierte Spannung kann nicht mit der Lorentzkraft erklärt werden, weil der Drahtrahmen im Magnetfeld der langen Spule ruht und damit die Geschwindigkeit der Elektronen (relativ zum Magnetfeld) $v_s = 0$ ist.
Das sich zeitlich ändernde Magnetfeld der langen Spule ist von einem elektrischen Wirbelfeld umgeben, das auch den Drahtrahmen durchsetzt (siehe Lehrbuch Seite 69 →B1). In diesem elektrischen Feld erfahren die Elektronen eine Kraft, die sie in Bewegung setzt.
Andere Erklärung: Die Erregerstromstärke in der langen Spule steigt an, und damit auch die magnetische Flussdichte des Magnetfeldes der langen Spule, das auch den Drahtrahmen durchsetzt. Damit steigt auch der magnetische Fluss im Drahtrahmen an, wodurch eine Spannung im Drahtrahmen induziert wird: $U(t) = -n\ \dot{\Phi}(t)$. Hierdurch werden die Elektronen im Drahtrahmen in Bewegung versetzt.

A3: a) Wenn die beiden Spulen weit voneinander entfernt sind, so addieren sich ihre Induktivitäten zur Gesamtinduktivität $L = 2{,}0$ H. Der Scheinwiderstand beträgt
$X_L = \omega L = 2\ \pi f \cdot L = 2\ \pi \cdot 50\ \text{Hz} \cdot 2{,}0\ \text{H} \approx 628{,}3\ \Omega$
(dabei wird der ohmsche Widerstand der Spulen vernachlässigt).
Effektivstromstärke
$I_{\text{eff}} = U_{\text{eff}}/X_L \approx 10\ \text{V}/628{,}3\ \Omega$
$\approx 0{,}0159\ \text{A} = 15{,}9\ \text{mA} \approx 16\ \text{mA}.$
Man kann sich den Sachverhalt auch so vorstellen, dass die beiden Spulen direkt aneinander anschließen. Dann entsteht eine Spule mit doppelter Windungszahl n und doppelter Länge ℓ. Da $L \sim n^2/\ell$ ist, wird L doppelt so groß.
b) Wenn die Spulen räumlich übereinander liegen, so ist ihre Polung bzgl. ihres Windungssinnes zu beachten.
Sind die Spulen gleichsinnig gepolt, so verdoppelt sich insgesamt ihre Windungszahl n und damit vervierfacht sich ihre Gesamtinduktivität L bei gleichbleibender Länge ℓ (bei einer langen Spule ist $L = \mu_0\ n^2\ A/\ell$).
Die Stromstärke wird damit halb so groß wie bei a), also $I_{\text{eff}} = 8$ mA.
Sind die Spulen gegensinnig gepolt, so sind die Feldlinien ihrer Magnetfelder entgegen gerichtet, ihre Flussdichten kompensieren sich, L geht gegen 0 und die Stromstärke wird sehr groß (bei Vernachlässigung des ohmschen Widerstands der Spulen).
c) Es gibt in b) zwei Lösungen, weil die Spulen gleich- oder gegensinnig gepolt sein können.

A4: a) Wird der Leiterstab nach rechts gezogen, so steigt der magnetische Fluss in der – mit dem Leiterstab gebildeten – Leiterschleife an:
$\dot{\Phi}(t) = [B\ A_s(t)]\dot{} = B \cdot \dot{A}_s(t) > 0.$
Dadurch wird in der Leiterschleife eine Spannung $U(t) = -n\ \dot{\Phi}(t)$ induziert.
Andere Argumentation mit der Lorentzkraft: Die mit Leiterstab nach rechts bewegten Elektronen im Leiterstab erfahren im (homogenen) Magnetfeld eine Lorentzkraft in Richtung vordere Schiene. Dadurch wird Ladung getrennt, es entsteht ein elektrisches Feld und damit eine Spannung (vordere Schiene negativ, hintere Schiene positiv geladen).
b) Der Leiterstab wird mit konstanter Kraft aus der Ruhe nach rechts beschleunigt. Damit gilt für den zurückgelegten Weg: $s = \frac{1}{2}\ a\ t^2$.
Für den magnetischen Fluss in der Leiterschleife (bestehend aus den beiden Metallschienen, dem Leiterstab und den Zuleitungen zum Spannungsmesser) gilt:
$\Phi(t) = B\ A_s(t) = B \cdot d \cdot s(t) = B \cdot d \cdot \frac{1}{2} \cdot a\ t^2$, wobei d der Abstand der Schienen ist.
Für die Änderungsrate des magnetischen Flusses ergibt sich demnach
$\dot{\Phi}(t) = B \cdot d \cdot a \cdot t$. Für die induzierte Spannung ergibt sich $U(t) = \dot{\Phi}(t) = B \cdot d \cdot a \cdot t$, d.h. die Spannung steigt linear mit der Zeit t an.
Diskussion der vier Diagramme:

Diagramm (1)	Ungeeignet, weil die Spannung konstant ist. Dann müsste der Fluss linear mit der Zeit ansteigen.
Diagramm (2)	Geeignet, weil die Spannung linear mit der Zeit ansteigt.
Diagramm (3)	Ungeeignet, weil kein linearer Zusammenhang zwischen Zeit und Spannung vorliegt.
Diagramm (4)	Geeignet, weil die Spannung linear mit der Zeit ansteigt, falls der Start des Leiterstabes zum Zeitpunkt $t \neq 0$ erfolgt.

c) Startet der Leiterstab, so entsteht im Leiterstab auf Grund der Ladungstrennung (siehe a)) ein elektrisches Feld. Elektronen werden bewegt, der Leiterstab führt einen Strom der Stärke I. Im Magnetfeld erfährt der Stab (Drei-Finger-Regel der linken Hand) eine bremsende Kraft nach links: $F = B\ I\ d$. Der Betrag der auf den Stab wirkenden resultierenden Kraft ist $F_{res} = G - B\,I\,d$. Je größer die Geschwindigkeit des Stabes wird, desto größer werden die Stromstärke und damit die bremsende Kraft. Die resultierende Kraft und damit die Beschleunigung nehmen ab. Die Änderungsrate der Geschwindigkeit und der Stromstärke werden kleiner. Die Steigung im t-I-Diagramm wird kleiner und damit die Kurve flacher. Die Geschwindigkeit v und damit die Stromstärke I steigen solange an, bis Kräftegleichgewicht am Stab herrscht, d. h. $F_{res} = 0$, also $G = B\,I\,d$. Dann bewegt sich der Stab mit konstanter Geschwindigkeit. Die induzierte Spannung und damit die Stromstärke bleiben konstant. Im t-I-Diagramm erhält man eine horizontale Asymptote:

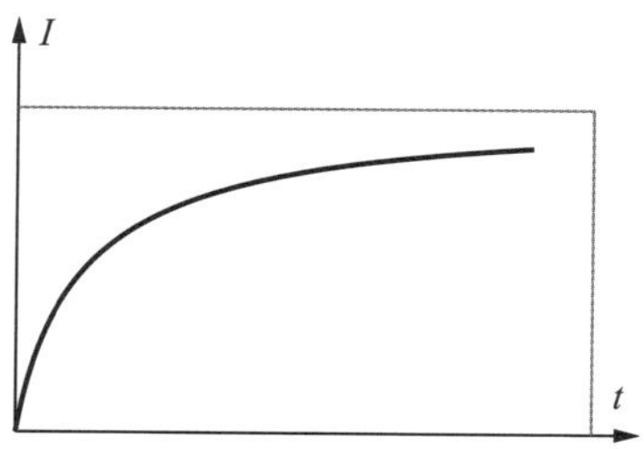

A5: Die Erklärung beruht auf der Argumentation wie bei einem Transformator (Siehe →A6).
Die eine Spule wird an Wechselspannung mit 230 V angeschlossen. Damit führt diese Spule Wechselstrom und hat ein Magnetfeld mit sich ständig ändernder Flussdichte, welches auch die zweite Spule durchsetzt (ohne elektrisch leitende Verbindung, auch bei einem Abstand von 10 cm). Die Eisenkerne dienen zur Verstärkung der Magnetfelder in den Spulen. Dieses Magnetfeld ist von elektrischen Wirbelfeldern umgeben, wodurch in der zweiten Spule eine Spannung induziert wird. Diese Spannung ist so groß, dass das an die zweite Spule angeschlossene Lämpchen mit 4 V und 0,04 A leuchtet.
Anmerkung: Verringert man den Abstand der beiden Spulen, so leuchtet das Lämpchen heller. Würde man beide Spulen auf einen geschlossenen Eisenkern setzten, also einen Trafo bauen, so wäre die Spannung in der zweiten Spule annähernd so groß wie die Netzspannung.

A6: Die Primärspule wird an Wechselspannung gelegt. Damit führt die Primärspule Wechselstrom und hat ein Magnetfeld mit sich ständig ändernder Flussdichte, das auch die Sekundärspule durchsetzt (ohne elektrisch leitende Verbindung). Dieses Magnetfeld ist von elektrischen Wirbelfeldern umgeben, wodurch in der Sekundärspule eine Spannung induziert wird.

Man kann auch so argumentieren: Das Magnetfeld der Primärspule mit ständig ändernder Flussdichte durchsetzt auch die Sekundärspule. Damit ändert sich der magnetische Fluss in der Sekundärspule ständig und es wird nach $U_2(t) = -n_2\,\dot{\Phi}(t)$ eine Spannung induziert.

A7: a) Für den Scheinwiderstand der Reihenschaltung von R, L, C gilt:

$$Z = \sqrt{R^2 + (\omega L - 1/\omega C)^2}$$

$$= \sqrt{(100\,\Omega)^2 + \left(2\pi \cdot 50\,\text{Hz} \cdot 2{,}0\,\text{H} - \frac{1}{2\pi \cdot 50\,\text{Hz} \cdot 20 \cdot 10^{-6}\,\text{F}}\right)^2}$$

$$Z \approx \sqrt{230\,114{,}5}\ \Omega \approx 480\ \Omega$$

(Einheitenkontrolle durchführen lassen).
Für die Effektivstromstärke gilt:
$I_{eff} = U_{eff}/Z \approx 20\text{ V}/480\ \Omega \approx 0{,}042\text{ A}$.
Für die Phasenverschiebung bei einer Reihenschaltung gilt:

$$\tan\varphi = \frac{\omega L - 1/\omega C}{R} = \frac{2\,\pi \cdot 50 - 1/(2\,\pi \cdot 50 \cdot 20 \cdot 10^{-6})}{100}$$

$$= 2\,\pi - 10/\pi \approx 4{,}69 > 0,$$

damit im Bogenmaß $\varphi \approx 1{,}36$;
im Gradmaß $\varphi \approx 77{,}97° \approx 78°$.
Da $\tan\varphi > 0$, hinkt der Strom der Spannung hinterher.
Berechnung der Teilspannungen an R, C, L:
Teilspannung an R:
$U_{R,eff} = R\,I_{eff} \approx 100\ \Omega \cdot 0{,}042\text{ A} = 4{,}2\text{ V}$
Teilspannung an C:
$U_{C,eff} = 1/(\omega\,C) \cdot I_{eff}$
$\approx 1/(2\,\pi \cdot 50 \cdot 20 \cdot 10^{-6}\ \Omega) \cdot 0{,}042\text{ A}$
$\approx 6{,}68\text{ V} \approx 6{,}7\text{ V}$
Teilspannung an L:
$U_{L,eff} = \omega\,L \cdot I_{eff}$
$\approx 2\,\pi \cdot 50 \cdot 2{,}0\ \Omega \cdot 0{,}042\text{ A} \approx 26{,}4\text{ V}$.
(Man beachte, dass $U_{eff} \neq U_{R,eff} + U_{C,eff} + U_{L,eff}$).
b) Die Stromstärke $I_{eff} = U_{eff}/Z$ ist maximal, wenn der frequenzabhängige Scheinwiderstand

$$Z = \sqrt{R^2 + (\omega L - 1/\omega C)^2}$$

minimal ist. Dies ist der Fall für die Frequenz f_0, für die $\omega_0 L - 1/(\omega_0 C) = 0$, also $\omega_0 L = 1/(\omega_0 C)$. Damit $\omega_0^2 = 1/(L\,C)$ und $\omega_0 = 2\,\pi f_0 = 1/\sqrt{L\,C}$.
Resonanzfrequenz
$f_0 = 1/(2\,\pi\,\sqrt{L\,C})$
$= 1/(2\,\pi \cdot \sqrt{2{,}0\text{ H} \cdot 20 \cdot 10^{-6}\text{ F}}) \approx 25{,}2\text{ Hz} \approx 25\text{ Hz}$.
Die Stromstärke bei der Resonanzfrequenz f_0 ist:
$I_{eff} = U_{eff}/Z = U_{eff}/R = 20\text{ V}/100\ \Omega = 0{,}20\text{ A}$.
Teilspannungen bei der Resonanzfrequenz f_0:
Teilspannung an R:
$U_{R,eff} = R\,I_{eff} \approx 100\ \Omega \cdot 0{,}20\text{ A} = 20\text{ V}$

Teilspannung an C:

$U_{C,eff} = 1/(\omega_0\, C) \cdot I_{eff}$
$\approx 1/(2\,\pi \cdot 25 \cdot 20 \cdot 10^{-6}\,\Omega) \cdot 0{,}20\,A$
$\approx 62{,}8\,V \approx 63\,V.$

Teilspannung an L:

$U_{L,eff} = \omega_0\, L \cdot I_{eff}$
$\approx 2\,\pi \cdot 25 \cdot 2{,}0\,\Omega \cdot 0{,}20\,A$
$\approx 62{,}8\,V \approx 63\,V.$

Man beachte, dass wegen $\omega_0\, L = 1/(\omega_0\, C)$ gilt:
$U_{C,eff} = U_{L,eff}$.

c) Zeigerdiagramm für Teil a)
Zeigerlängen Maßstab: 5 V ≙ 1 cm
$\hat{U}_R = \sqrt{2}\; U_{R,eff} = \sqrt{2} \cdot 4{,}2\,V \approx 5{,}94\,V$ (≙ 1,2 cm)
$\hat{U}_C = \sqrt{2}\; U_{C,eff} \approx \sqrt{2} \cdot 6{,}68\,V \approx 9{,}45\,V$ (≙ 1,9 cm)
$\hat{U}_L = \sqrt{2}\; U_{L,eff} \approx \sqrt{2} \cdot 26{,}4\,V \approx 37{,}3\,V$ (≙ 7,5 cm)

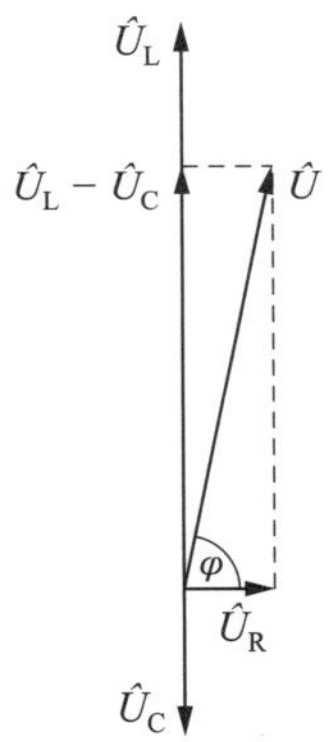

Aus der Zeichnung entnimmt man $\varphi \approx 78°$ in Übereinstimmung mit der Rechnung.
Zeigerdiagramm für den Resonanzfall in Teil b)
Zeigerlängen Maßstab: 20 V ≙ 1 cm
$\hat{U}_R = \sqrt{2}\; U_{R,eff} = \sqrt{2} \cdot 20\,V \approx 28{,}3\,V$ (≙ 1,4 cm)
$\hat{U}_L = \sqrt{2}\; U_{L,eff} \approx \sqrt{2} \cdot 62{,}8\,V \approx 88{,}8\,V$ (≙ 4,4 cm)
$\hat{U}_C = \sqrt{2}\; U_{C,eff} \approx \sqrt{2} \cdot 62{,}8\,V \approx 88{,}8\,V$ (≙ 4,4 cm).

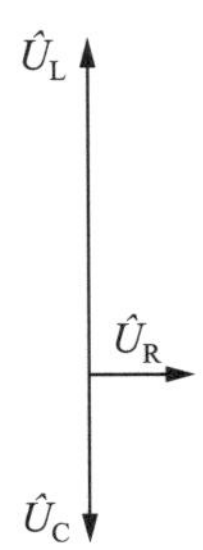

Phasenverschiebung $\varphi = 0$.

A8: a) Für die Resonanzfrequenz f_0 einer Siebkette (Reihenschaltung) gilt (→Lösung A7):

$f_0 = 1/(2\,\pi \cdot \sqrt{L\,C})$
$= 1/(2\,\pi \cdot \sqrt{1{,}0\,H \cdot 1{,}0 \cdot 10^{-6}\,F})$
$\approx 159\,Hz.$

b) Um f_0 zu halbieren, muss $\sqrt{L\,C}$ verdoppelt werden, d. h. C vervierfacht werden.

c) Wird bei einer (langen) Spule die Windungszahl n verdoppelt und die Länge ℓ konstant gehalten, so wird die Induktivität $L = \mu_0\, \mu_r\, n^2\, A/\ell$ (Lehrbuch Seite 74) viermal so groß. $\sqrt{L\,C}$ wird damit verdoppelt und die Resonanzfrequenz f_0 wird halbiert.

A9: *Lösungsstrategie:* Es liegt eine Reihenschaltung von R, L, C vor mit dem Scheinwiderstand:

$Z = \sqrt{R^2 + (\omega\, L - 1/\omega\, C)^2}\,.$

Bei der Reihenschaltung wird die Stromstärke maximal, wenn der Scheinwiderstand minimal wird, also bei $\omega\, L - 1/\omega\, C = 0$. Da ω und die Kapazität des Plattenkondensators $C = \varepsilon_0\, \varepsilon_r \cdot A/d$ gegeben sind, kann L berechnet werden.

Lösung: Kapazität des Plattenkondensators

$C = \varepsilon_0\, \varepsilon_r \cdot A/d$
$= 8{,}85 \cdot 10^{-12}\,C^2/(N\,m^2) \cdot 5{,}0$
$\cdot 100 \cdot 10^{-4}\,m^2/(5 \cdot 10^{-6}\,m)$
$= 8{,}85 \cdot 10^{-8}\,F.$

Im Resonanzfall ist $\omega\, L - 1/\omega\, C = 0$, damit Induktivität der Spule

$L = 1/(\omega^2\, C)$
$= 1/((2\,\pi \cdot 1000\,Hz)^2 \cdot 8{,}85 \cdot 10^{-8}\,F)$
$\approx 0{,}286\,H \approx 0{,}29\,H.$

(Einheitenkontrolle durchführen lassen).
(Anmerkung: Die Resonanzstromstärke beträgt $I_{eff} = U_{eff}/Z = U_{eff}/R = 40\,V/100\,\Omega = 0{,}40\,A$.)

A10: a) Wenn bei einer Reihenschaltung (Siebkette) die Stromstärke maximal ist, dann ist der Scheinwiderstand $Z = R$ minimal. Damit ist die (Resonanz-) Stromstärke $I_{eff} = U_{eff}/R$. Der ohmsche Widerstand ist $R = U_{eff}/I_{eff} = 1{,}00\,V/0{,}010\,A = 100\,\Omega$.
Im Resonanzfall gilt $\omega\, L = 1/\omega\, C$, damit Induktivität

$L = 1/(\omega^2\, C)$
$= 1/((2\,\pi \cdot 600\,Hz)^2 \cdot 2{,}0 \cdot 10^{-6}\,F)$
$\approx 0{,}035\,H.$

Für die Effektivwerte der Teilspannungen gilt:
Teilspannung an R:
$U_{R,eff} = R\, I_{eff} = 100\,\Omega \cdot 0{,}010\,A = 1{,}0\,V$

Teilspannung an C:

$U_{C,eff} = 1/(\omega_0\, C) \cdot I_{eff}$

$= 1/(2\,\pi \cdot 600 \cdot 2{,}0 \cdot 10^{-6}\,\Omega) \cdot 0{,}010\,A$

$\approx 1{,}33\,V \approx 1{,}3\,V$

Teilspannung an L:

$U_{L,eff} = \omega_0\, L \cdot I_{eff}$

$\approx 2\,\pi \cdot 600 \cdot 0{,}0352\,\Omega \cdot 0{,}010\,A$

$\approx 1{,}33\,V \approx 1{,}3\,V.$

Die algebraische Summe der Teilspannungen $U_{R,eff} + U_{C,eff} + U_{L,eff} \approx 3{,}7\,V$ ist ungleich der angelegten Spannung $U_{eff} = 1{,}00\,V$, weil die Zeiger zu den Teilspannungen „vektoriell" addiert werden müssen.

Die Spannungen an L und C sind gegenphasig.

b) Der Winkel φ der Phasenverschiebung beträgt bei der Reihenschaltung

$$\tan\varphi = \frac{\omega L - 1/\omega C}{R}.$$

Da im Resonanzfall $\omega L = 1/\omega C$, ist $\tan\varphi = 0$, also $\varphi = 0$.

Skizze des Verlaufs von φ für Frequenzen f mit $0 \leq f \leq 2\,kHz$ (φ im Bogenmaß):

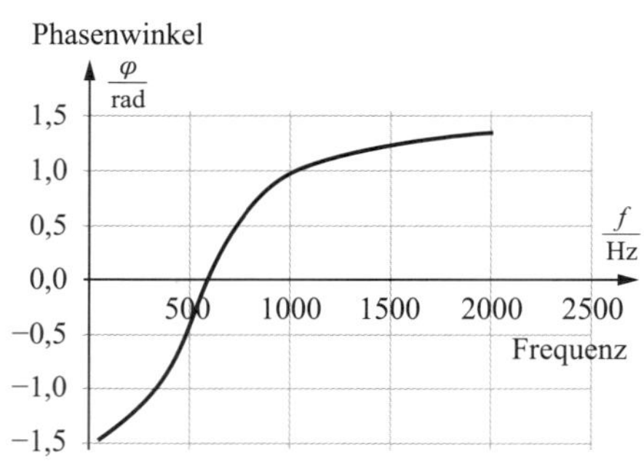

c) Für die maximalen Feldenergien gilt:

Magnetisches Feld

$W = \frac{1}{2}\, L\, \hat{I}^2 = \frac{1}{2}\, L\, (\sqrt{2}\, I_{eff})^2$

$\approx 0{,}5 \cdot 0{,}035\,H \cdot (\sqrt{2} \cdot 0{,}010\,A)^2$

$\approx 3{,}5 \cdot 10^{-6}\,J = 3{,}5\,\mu J.$

Elektrisches Feld

$W = \frac{1}{2}\, C\, \hat{U}_C^2 = \frac{1}{2}\, C\, (\sqrt{2}\, U_{C,eff})^2$

$\approx 0{,}5 \cdot 2{,}0 \cdot 10^{-6}\,F \cdot (\sqrt{2} \cdot 1{,}33\,V)^2$

$\approx 3{,}5 \cdot 10^{-6}\,J = 3{,}5\,\mu J.$

Die maximalen Energien von elektrischem und magnetischem Feld sind in Übereinstimmung mit dem Energieerhaltungssatz gleich groß.

Diese Maxima der Feldenergien treten nicht gleichzeitig auf sondern um $\pi/2$ phasenverschoben. Der zeitliche Unterschied beträgt eine Viertelperiodendauer:

$t = T/4 = \frac{1}{4} \cdot 2\,\pi\,\sqrt{L\,C} = \pi/2 \cdot \sqrt{L\,C}$

$\approx \pi/2 \cdot \sqrt{0{,}0352\,H \cdot 2{,}0 \cdot 10^{-6}\,F}$

$\approx 4{,}17 \cdot 10^{-4}\,s \approx 0{,}42\,ms.$

SCHWINGUNGEN

Seite 95

A 1: a)

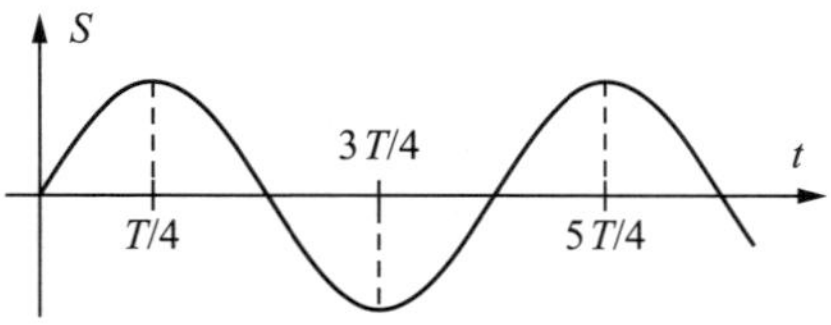

B4b: Zeitpunkte maximaler Elongation nach oben: $T/4$, $T/4 + T$, $T/4 + 2T$ usw.

B4c: Zeitpunkte maximaler Elongation nach unten: $(3/4)\,T$, $(3/4)\,T + T$, $(3/4)\,T + 2\,T$ usw.

b)

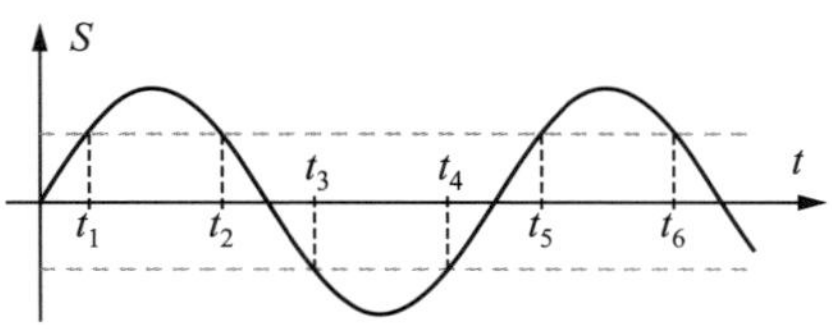

B4b: Nach oben ist Elongation kleiner als maximale Elongation bei t_1, t_2, t_5, t_6

B4c: Nach unten ist Elongation kleiner als maximale Elongation bei t_3, t_4

c) B4b: Kugel bewegt sich nach oben bei t_1, t_5

B4c: Kugel bewegt sich nach oben bei t_4

d) B4b: Kugelbewegt sich nach unten bei t_2, t_6

B4c: Kugel bewegt sich nach unten bei t_3

A 2: In B4b sei $G = -2\,F_1$; Gewichtskraft G, Federkraft F_1, Gesamtkraft (= Rückstellkraft) F.

Für die Auslenkung 0,5 s zeichne man die Kraftpfeile in der Reihenfolge G, F, F_1.

B4b:

Bei Auslenkung s:

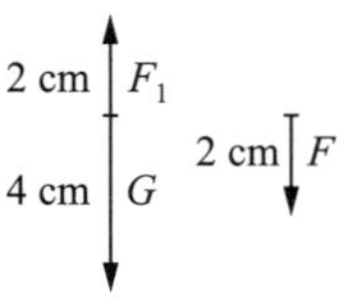

Bei Auslenkung 0,5 s: Gesamtkraft = Rückstellkraft 0,5 F

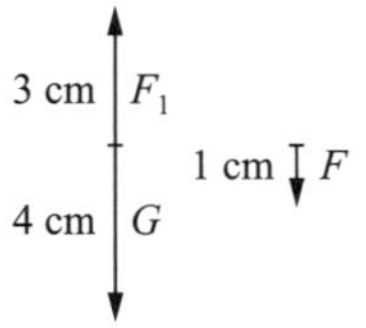

In Bild B4c hat die Rückstellkraft F (nach oben) bei Auslenkung um s (nach unten) den gleichen Betrag wie in Bild B4b. Man zeichne die Kraftpfeile in der Reihenfolge G, F, F_1.

B4c:

Bei Auslenkung s:

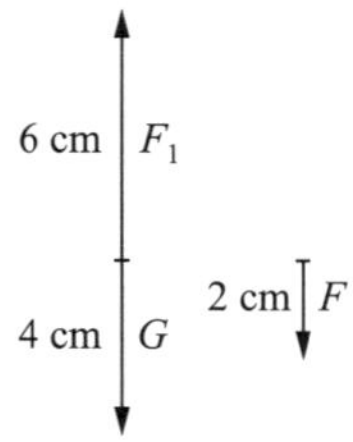

Bei Auslenkung 0,5 s: Gesamtkraft = Rückstellkraft 0,5 F

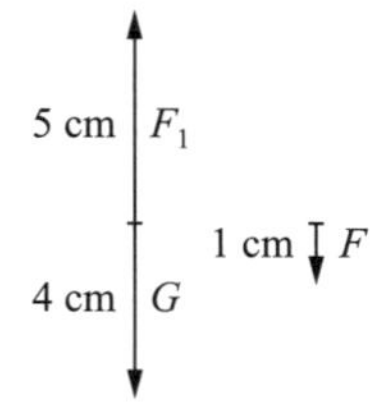

Seite 98

A 1: Die Trapezfläche unter der Geraden von s_0 bis $2\,s_0$ entspricht der Zunahme der Spannenergie um $3 \cdot \frac{1}{2} D\,s_0^2$.

Die Rechteckfläche $2 \cdot \frac{1}{2} D\,s_0^2$ entspricht der Abnahme der Höhenenergie.

Die Differenz beider ist die Dreiecksfläche $\frac{1}{2} D\,s_0^2$. Sie gibt die Elongationsenergie an.

Sie ist für $s = s_0$ gleich $\frac{1}{4}$ der Spannenergie der Feder $\frac{1}{2} D\,(2\,s_0)^2$.

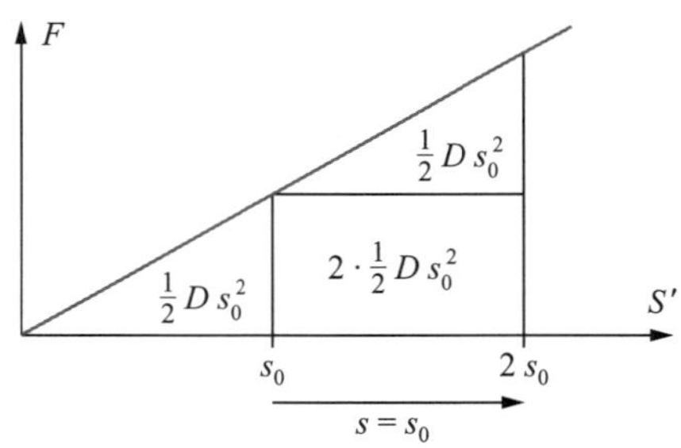

A 2: Bei der doppelten Masse des an die Feder gehängten Körpers ist s_0 (Gleichgewichtslage) doppelt so groß (untere Bild).

Die Höhenenergie ändert sich bei Auslenkung um s nun um den doppelten Betrag (Rechteckfläche).

Die Elongationsenergie ist gleich groß (graue Dreiecksfläche).

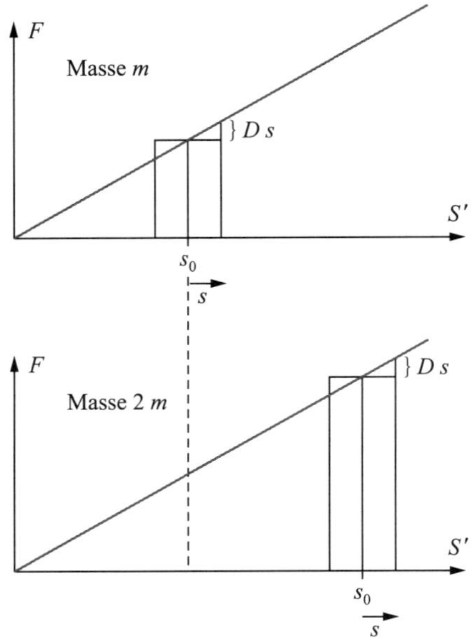

Seite 101

A 1: Nein, da die Rückstellkraft auf dem ganzen Weg in der Luft konstant, also nicht proportional zur Auslenkung ist.

A 2: a) Federkonstante:
$D = G/s_0 = 2{,}0\ \text{N}/0{,}40\ \text{m} = 5\ \text{N/m}$
Periodendauer:
$T = 2\ \pi\ (m/D)^{1/2}$
$= 2\ \pi\ (0{,}20\ \text{kg}/5\ \text{Nm}^{-1})^{1/2} = 2\ \pi \cdot 0{,}2\ \text{s} = 1{,}26\ \text{s}$
Frequenz: $f = 1/T = 0{,}80\ \text{s}^{-1}$
Winkelgeschwindigkeit:
$\omega = 2\ \pi f = (D/m)^{1/2} = 5{,}0\ \text{s}^{-1}$
b) Geschwindigkeit durch die Gleichgewichtslage:
$v_{max} = \omega\ \hat{s} = 5{,}0\ \text{s}^{-1} \cdot 0{,}10\ \text{m} = 0{,}50\ \text{m/s}$.
Bei der Phase $\varphi = \pi$ bewegt sich der Körper gerade durch die Gleichgewichtslage nach unten. Der Geschwindigkeitsvektor ist nach unten gerichtet.
Bei der Phase $\varphi = 0$, also eine halbe Periodendauer später, zeigt der Geschwindigkeitsvektor nach oben.
c) Zeitnullpunkt sei bei $\varphi = 0$.
Zum Zeitpunkt t = 0,5 s ist:
– die Phase
$\varphi\ (0{,}5\ \text{s}) = \omega\ \text{t} = 5{,}0\ \text{s}^{-1} \cdot 0{,}5\ \text{s} = 2{,}5\ \text{(rad)}$;
– die Elongation
$s\ (0{,}5\ \text{s}) = \hat{s}\ \sin\ (\omega\ t)$
$= 10\ \text{cm} \cdot \sin\ (5{,}0\ \text{s}^{-1} \cdot 0{,}5\ \text{s}) = 6{,}0\ \text{cm}$;
– die Geschwindigkeit
$v\ (0{,}5\ \text{s}) = \omega \cdot \hat{s} \cdot \cos\ (\omega\ t)$
$= 0{,}5\ \text{m/s} \cdot \cos\ (5{,}0\ \text{s}^{-1} \cdot 0{,}5\ \text{s}) = -0{,}40\ \text{m/s}$;
– die Beschleunigung
$a\ (0{,}5\ \text{s}) = -\omega^2\ \hat{s} \cdot \sin\ (\omega\ t)$
$= -25\ \text{s}^{-2} \cdot 0{,}1\ \text{m} \cdot \sin\ (5{,}0\ \text{s}^{-1} \cdot 0{,}5\ \text{s})$
$= -1{,}50\ \text{m s}^{-2}$
oder
$a = -F/m = D\ s/m = -5\ \text{N/m} \cdot 0{,}06/0{,}2\ \text{kg}$
$= -1{,}5\ \text{m s}^{-2}$.
Da die Elongation für t = 0,5 s positiv ist, ist die Rückstellkraft und somit die Beschleunigung negativ. Es ergibt sich folgendes Zeigerbild:

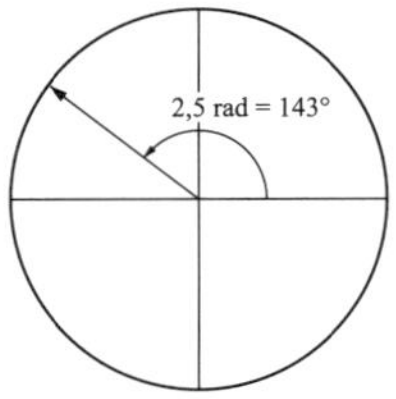

d)

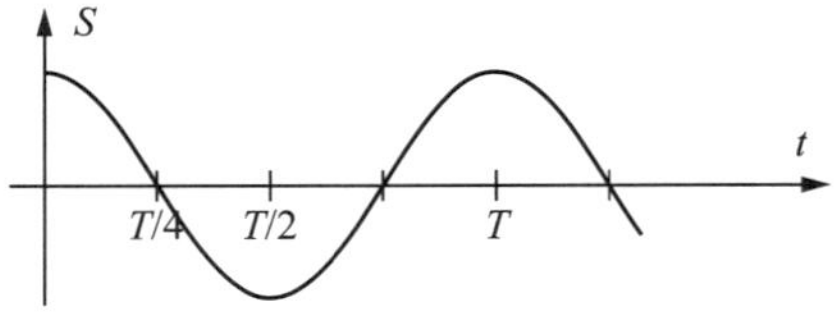

A 3: a) Zeit vom Abreißen bis zum Moment maximaler Geschwindigkeit: $t = T/4 = 1{,}6\ \text{s}/4 = 0{,}4\ \text{s}$
b) Maximale Beschleunigung liegt vor, wenn die Rückstellkraft maximal ist. Das ist im Moment des Bruches des Bolzens der Fall sowie $T/2$ später (bei vernachlässigbarer Dämpfung). Die Beschleunigung ist also am größten, bei maximaler Elongation nach unten oder oben, also bei $\hat{s} = 0{,}05$ m.
Die maximale Beschleunigung hat dann den Betrag
$a_{max} = \omega^2 \cdot \hat{s} = (2\ \pi f)^2 \cdot \hat{s} = (2\ \pi \cdot 0{,}63\ \text{s}^{-1})^2 \cdot 0{,}05\ \text{m}$
$= 0{,}78\ \text{m s}^{-2}$.
Im unbeschleunigten Zustand übt der Beobachter auf den Brückenboden die Kraft $F_{B0} = G = m\ g > 0$ aus.
Bei maximaler Beschleunigung nach unten ist diese Kraft $F_{B1} = G - m\ a_{max}$, bei maximaler Beschleunigung nach oben $F_{B2} = G + m\ a_{max}$. Sie schwankt also um $\Delta F = F_{B2} - F_{B1} = 2\ m\ a_{max}$ (dabei ist $a_{max} > 0$ Betrag der max. Beschleunigung).
Der Beobachter deutet die Bodenkraft als seine Gewichtskraft, die zu schwanken scheint um
$\Delta F/G = (2 \cdot m \cdot a_{max})/(m\ g) = 2\ a_{max}/g$
$= (2 \cdot 0{,}78\ \text{m s}^2)/9{,}81\ \text{m s}^2 = 0{,}16 = 16\ \%$.

A 4: a) $T = 2\pi\sqrt{\frac{m}{D}}$ mit $D = D_1 + D_2$

$\Rightarrow D_2 = 4\pi^2 \frac{m}{T^2} - D_1$

$= 4\pi^2 \frac{0{,}6\ \text{kg}}{(1\ \text{s})^2} - 9{,}5\ \text{N/m} = 14{,}2\ \text{N/m}$

b) Wegen $T = 2\pi\sqrt{\frac{m}{D}} \sim \sqrt{m}$ ist bei doppelter Masse die Periodendauer $T' = \sqrt{2} \cdot 1{,}0\ \text{s} = 1{,}41\ \text{s}$.

c) Durch Schrägstellen wirkt auf den Wagen zusätzlich eine konstante Hangabtriebskraft. Dadurch verschiebt sich die Gleichgewichtslage. Die konstante Kraft ändert jedoch nicht die Richtgröße D des Systems, also auch nicht die Periodendauer $T = 1{,}0$ s.

A 5: a) $T = 2\pi\sqrt{\frac{l}{g}} = 2\pi \cdot (67\ \text{m}/9{,}81\ \text{m s}^{-2})^{1/2}$

$= 16{,}4\ \text{s}$.

b) $T = 2\pi\sqrt{\frac{l}{g}} = 1\ \text{s}$

$\Rightarrow l = \frac{g\,T^2}{4\pi^2} = (9{,}81\ \text{m s}^{-2} \cdot T^2)/(4\pi^2) = 0{,}248\ \text{m}$

A 6: Bei einer Elongation des 2 kg-Körpers um s nach unten wird die Feder um den Betrag $2\,s$ verlängert. Damit vergrößert sich die Seilkraft um $\Delta F_s = D \cdot 2\,s$. Dann wirkt auf den an der Rolle hängenden Körper nach oben die Rückstellkraft:
$F = 2 \cdot \Delta F_s = -2 \cdot 2\,D \cdot s = -4\,D \cdot s \sim s$
(weil zwei Seilstücke rechts und links der Rolle mit ΔF_s nach oben ziehen). Die Rückstellkraft ist also proportional zur Elongation. Der Körper schwingt harmonisch. Die Richtgröße des Systems ist:
$D' = 2 \cdot \Delta F_s/s = 4\,D\,s/s = 4 \cdot 50\ \text{N/m} = 200\ \text{N/m}$,
die Periodendauer

$T = 2\pi\sqrt{\frac{m}{D}} = \sqrt{\frac{2\ \text{kg}}{200\ \text{N m}^{-1}}} = 0{,}2\,\pi\ \text{s} = 0{,}63\ \text{s}$,

die Frequenz
$f = 1/T = 1/0{,}63\ \text{s} = 1{,}6\ \text{s}^{-1}$.

A 7: a) Stößt der Faden (Länge $l_1 = 1$ m) bei der Schwingung an die Stange, bewegt sich der Körper auf einem Kreisbogen mit dem kleineren Radius $l_2 = (l_1 - 0{,}75\ \text{m}) = 0{,}25$ m. Wegen der Energieerhaltung erreicht der Körper bei jeweils maximaler Elongation links und rechts die gleiche Höhe. Um die gleiche Höhe zu erreichen, muss bei $l = 1$ m der Körper weiter ausgelenkt sein als bei $l' = 0{,}25$ m.

b) Die Schwingung ist nicht harmonisch, denn die Richtgröße $D = m\,g/l$ ändert sich während einer Periode. Während der Faden die Stange berührt, ist die Pendellänge nur ein Viertel so lang, D folglich viermal so groß.

c) Die Periodendauer T der Schwingung ist die Summe aus zwei halben Perioden $\frac{1}{2}T_1$ und $\frac{1}{2}T_2$ mit den Pendellängen $l_1 = 1$ m und $l_2 = 0{,}25$ m.

$T_1 = 2\pi\sqrt{\frac{l_1}{g}} = 2\pi\sqrt{\frac{1\ \text{m}}{9{,}81\ \text{m s}^{-2}}} = 2{,}01\ \text{s}$ und

$T_2 = 2\pi\sqrt{\frac{l_2}{g}} = 2\pi\sqrt{\frac{l_1}{4g}} = \pi\sqrt{\frac{l_1}{g}} = \frac{1}{2}T_1 = 1{,}00\ \text{s}$

Periodendauer $T = \frac{1}{2}T_1 + \frac{1}{2}T_2$

$= \frac{1}{2}(2{,}01\ \text{s} + 1{,}00\ \text{s}) = 1{,}50\ \text{s}$.

d)

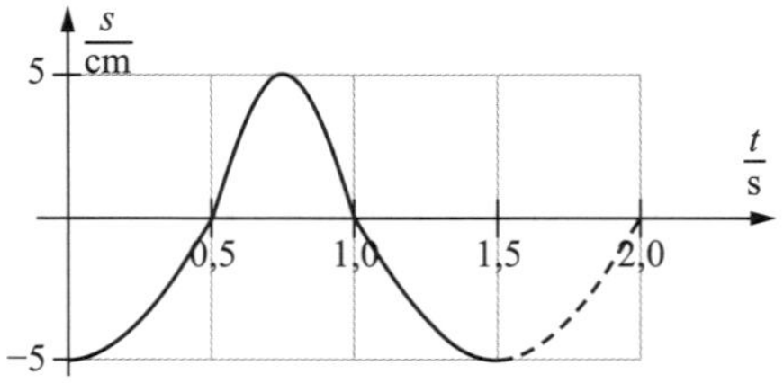

Wegen der kleinen Elongationen sind die Unterschiede für links und rechts vernachlässigbar.

Seite 107

A 1: a) $T = 2\pi\sqrt{L \cdot C}$

$\Rightarrow C = T^2/(4\pi^2 L)$

$= (0{,}628\ \text{s})^2/(4\pi^2 \cdot 0{,}1\ \text{H}) = 0{,}10\ \text{F} = 100\ \text{mF}$

b) $L = 0{,}1$ H analog dazu $m = 0{,}1$ kg, weil $m \cdot L$.
$C = 0{,}1$ F analog dazu $D = 10$ N/m, weil $D \cdot 1/C$.
$0{,}1\ \text{kg} \cdot \ddot{s} = -10\ \text{N m}^{-1}\ s - k\,\dot{s} + \hat{F}_1 \sin(\omega t)$
$0{,}1\ \text{H} \cdot \ddot{Q} = -10\ \text{F}^{-1}\ Q - R\,\dot{Q} + \hat{U}_1 \sin(\omega t)$
Für freie ungedämpfte Schwingung ($k = 0$ und $\hat{F}_1 = 0$ bzw. $R = 0$ und $\hat{U}_1 = 0$):
$0{,}1\ \text{kg} \cdot \ddot{s} = -10\ \text{N m}^{-1} \cdot s$
$0{,}1\ \text{H} \cdot \ddot{Q} = -10\ \text{F}^{-1} \cdot Q$

A 2 a)

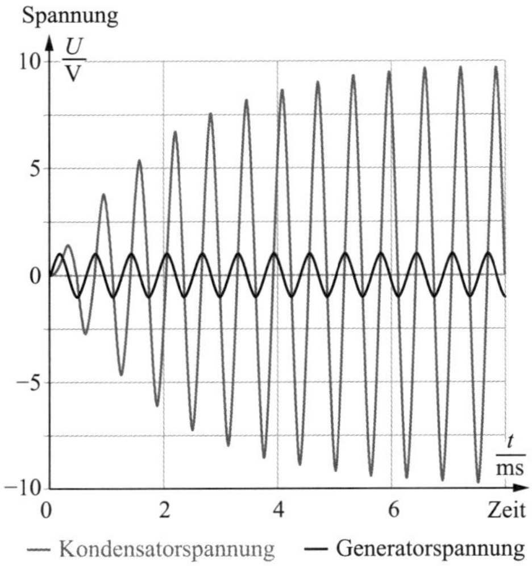

b) Das Diagramm aus a) zeigt, dass die Amplitude der Kondensatorspannung sich dem Grenzwert $\hat{U}_C = 10$ V nähert. Dieser Wert $\hat{U} = 10$ V ist nach → B 3 die maximale Amplitude nahe bei der Frequenz $f = 1600$ Hz. Die Erregerfrequenz ist etwa gleich der Eigenfrequenz des Schwingkreises (Resonanzfrequenz $f_0 = 1590$ Hz).

A 3: Die Kondensatorspannung hat bei $t = 0$ den Anfangswert $U_C = 10$ V, also beträgt der Anfangswert der Ladung auf einer Kondensator-Platte:

$Q(0) = C \cdot U_C(0) = 2\ \mu\text{F} \cdot 10\ \text{V}$

$= 2 \cdot 10^{-6}\ \text{F} \cdot 10\ \text{V} = 2 \cdot 10^{-5}\ \text{A s}$

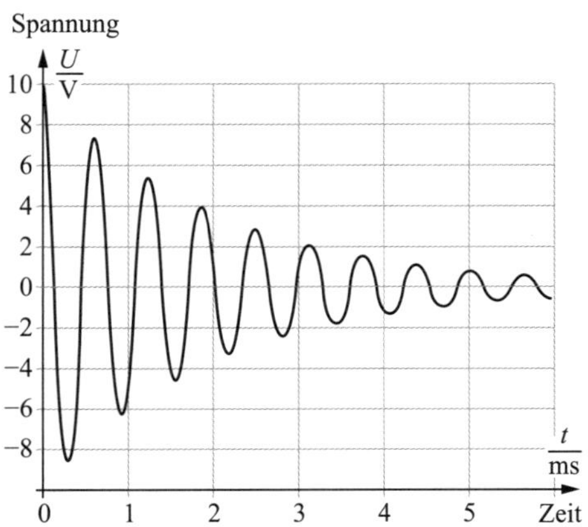

A 4: a) In der Differenzialgleichung entspricht die Generatorspannung U_1 der Erregerkraft F_1 und die Stromstärke I der Geschwindigkeit v.

Im Resonanzfall sind U_1 und I in Phase, in Analogie dazu also auch F_1 und v. Damit gilt im Resonanzfall für die „Erzwungene mechanische Schwingung“:

Der Wagen bewegt sich mit maximaler Geschwindigkeit gerade an der Marke B vorbei nach rechts. Dabei befindet sich der Exzenter in diesem Moment in Position 2, die Erregerkraft F_1 ist also maximal.

b) Im eingeschwungenen Zustand bei Resonanz (qualitativ):

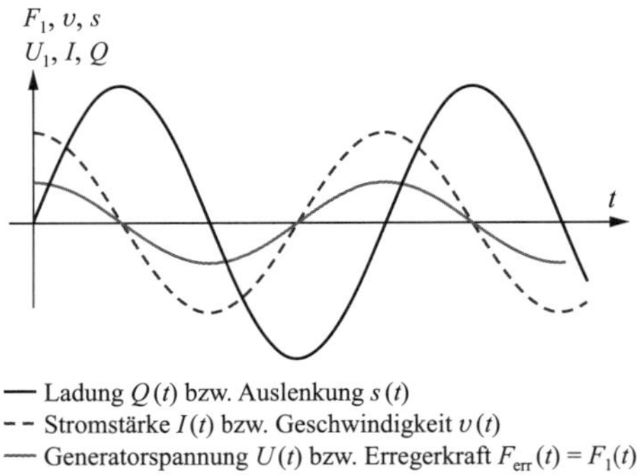

Seite 109

A 1: Die Spulen seien so gepolt, dass beim Annähern (Eintauchen) der Magnete von oben dem System Energie zugeführt wird. Der obere Magnet wird dabei in die Spule mit 500 Windungen hineingezogen.

Sowohl beim Annähern (Eintauchen) des Magneten von oben als auch von unten in die untere Spule hat die Änderung der Flussdichte $\mathrm{d}B/\mathrm{d}t$ in dieser das gleiche Vorzeichen. Das Potenzial am Gate nimmt in beiden Fällen zu. Der Transistor wird leitend, der Stromkreis aus oberer Spule, Lämpchen und FET geschlossen. Also leuchtet das Lämpchen sowohl beim Annähern von oben als auch unten.

Die Stromrichtung in der oberen Spule ist beim Annähern von oben bzw. unten die gleiche. Wird der Magnet von oben in die stromführende Spule (500 Windungen) hineingezogen, dann auch von unten. Die Kraft auf den Magneten wirkt also in beiden Fällen in Bewegungsrichtung, Energie wird jeweils zugeführt.

Die Skizze zeigt die Kräfte auf die Pole der Strom führenden Spule. Die Gesamtkraft wirkt jeweils zur Spulenmitte hin.

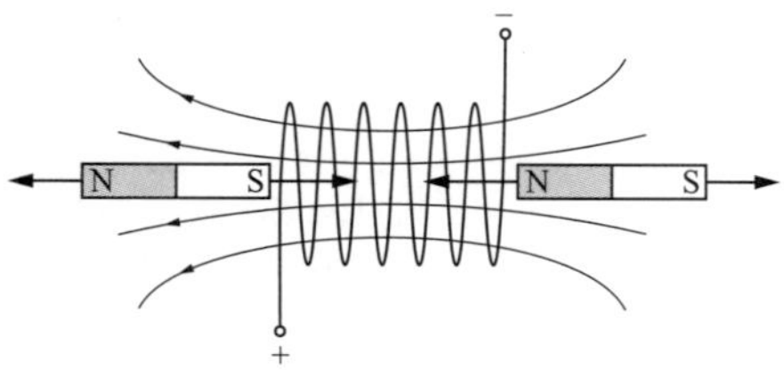

A 2: Der Ton klingt nun tiefer. Die Periodendauer $T = 2\,\pi\,\sqrt{L \cdot C} \sim \sqrt{L}$ nimmt zu, da die Induktivität L der Schwingkreisspule durch Einschieben des Eisenkerns größer wird. Die Frequenz $f = 1/T$ nimmt folglich ab.

A 3: a) Frequenz $f = 1/T = \frac{1}{2\,\pi\,\sqrt{L \cdot C}}$

$= \frac{1}{2\,\pi\,\sqrt{1{,}0 \cdot 10^{-2}\,\text{H} \cdot 2{,}0 \cdot 10^{-6}\,\text{F}}} = 1{,}1 \cdot 10^3$ Hz

b) Man wähle z. B. $C' = C/4$ oder $L' = L/4$.

Seite 111

A 1: Das Bild zu V2 (Lehrbuch Seite 111) zeigt das Phasendiagramm, nämlich den Verlauf des Schwingkreisstroms $I(U_G)$ als Funktion der angelegten sinusförmigen Wechselspannung $U_G(t) \sim \sin(\omega t)$, und zwar beim Kondensator C über viele Perioden. Dort entsteht der grüne Kreis mit jeweils angeschriebenen Phasen $\varphi = 0$, $\pi/2$, π und $3\,\pi/2$. Die Verstärkungen der x- und y-Ablenkungen sind so gewählt, dass statt Ellipsen ein Kreis entsteht. Die aufeinanderfolgenden Perioden mit Dauer T unterscheiden sich bei $I(U_G)$ nicht; der Kreis ist einfach geschlossen. Dass das Phasendiagramm $I(U_G)$ und nicht $I(t)$ zeigt, erkennt man an der Achsenbeschriftung rechts unten im Bild zu V2 (Lehrbuch Seite 111). $I(t)$ entsteht, wenn eine periodische, jeweils linear ansteigende Kippspannung $U_x(t)$ den Elektronenstrahl horizontal ablenkt (siehe Braun'sche Röhre, Lehrbuch Seite 27)

In Bild B2 (Lehrbuch Seite 111) ist C durch die „nichtlineare" Diode D ersetzt, in B2,a vor der ersten Bifurkation. Links ist $I(t)$ aufgetragen, rechts das Phasendiagramm $I(U_G)$. Die Perioden T von $I(t)$ sind bereits in aufeinanderfolgenden Perioden gleich, so groß wie die von $U_G(t)$. Deshalb zeigt das Phasendiagramm $I(U_G)$ einen einfach geschlossenen Umlauf. Doch erkennt man die Abweichungen vom linearen Verhalten, die Störungen von $Q(t) \sim U(t)$, als Deformation des Kreises. Dabei entspricht dem offensichtlich ungestörten sinusförmigen Anstieg in jeder Periode von $I(t)$ im Phasendiagramm $I(U_G)$ der rechte, kreisförmige Bogen, den gestörten, abrupten Abfällen in $I(t)$ die Geradenstücke im Phasendiagramm $I(U_G)$.

In B2,b (Lehrbuch Seite 111) erkennt man links, dass nach der 1. Bifurkation die Perioden von $I(t)$ doppelt so groß sind wie die Periode T der angelegten Sinusspannung $U_G(t)$. Das Phasendiagramm $I(U_G)$ zeigt zwei aufeinanderfolgende Umläufe mit verschieden großen Auslenkungen. Vergleichen Sie mit B3 (Lehrbuch Seite 113)

Der Vorzug des Phasendiagramms ist, dass es den Blick auf eine Periode von $I(U_G)$ beschränkt.

In B2,c (Lehrbuch Seite 111) erkennt man, dass nach der 2. Bifurkation die Perioden von $I(t)$ auf 4 T angewachsen sind; das Phasendiagramm ist erst nach 4 Umläufen geschlossen.

In B2,d zeigt sich Chaos; die beiden Darstellungen $I(t)$ und $I(U_G)$ lassen keine periodische Wiederholung erkennen, füllen große Bezirke des Bildschirms; man sagt, deren Periode sei auf ∞ angestiegen.

Die Fenster im Chaos nach B3 (Lehrbuch Seite 113) (bei größerem r) erkennt man in V2 bei $I(t)$ und im Phasendiagramm $I(U_G)$ bei weiterer Erhöhung der angelegten Sinusspannung $U_G(t)$ an der Aufspaltung in z. B. 3 Perioden, die über 5 und 7 Perioden wieder in Chaos übergehen.

Seite 114

A 1: a) Frequenz $f = 1/T$

mit $T = 2\,\pi\,\sqrt{\frac{m}{D}}$ und $D = G/s = m\,g/s$

$= 0{,}400\text{ kg} \cdot 9{,}81\text{ m s}^{-2}/0{,}10\text{ m} = 39{,}2\text{ N/m}$

$T = 2\,\pi\,\sqrt{\frac{m}{D}} = 2\,\pi\,\sqrt{\frac{0{,}400\text{ kg}}{39{,}2\text{ N m}^{-1}}} = 0{,}63\text{ s}$

$f = 1/T = 1{,}58$ Hz

Schwingungsenergie:

$W = \frac{1}{2}\,D \cdot \hat{s}^2 = \frac{1}{2} \cdot 39{,}2\text{ N/m} \cdot (0{,}05\text{ m})^2 = 0{,}049\text{ J}$

b) $W = \frac{1}{2}\,m\,v_{max}^2 = 0{,}049\text{ J}$

$\Rightarrow v_{max} = \sqrt{2 \cdot 0{,}049\text{ J}/m}$

$= \sqrt{2 \cdot 0{,}049\text{ J}/0{,}400\text{ kg}} = 0{,}49\text{ m/s}$

$a_{max} = \frac{F_{max}}{m} = \frac{D \cdot \hat{s}}{m}$

$= (39{,}2\text{ N/m} \cdot 0{,}05\text{ m})/0{,}400\text{ kg} = 4{,}9\text{ N/kg}$

t-s-Diagramm:

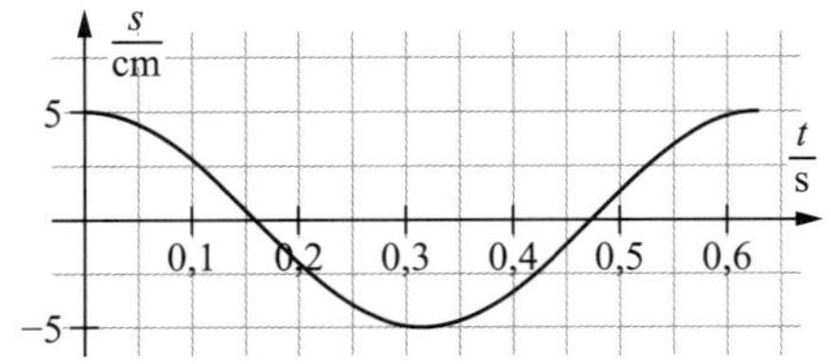

t-v-Diagramm:

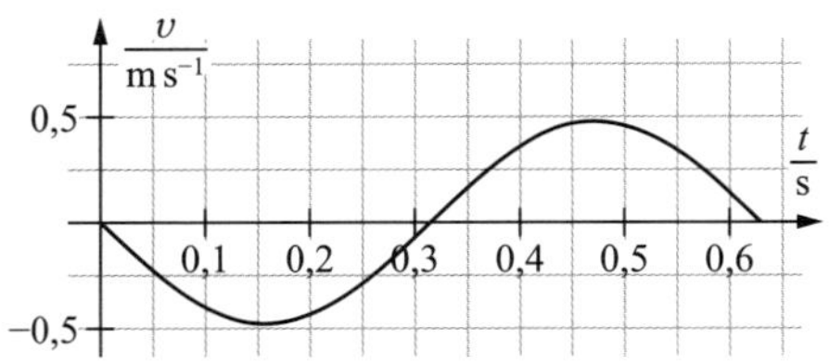

t-a-Diagramm:

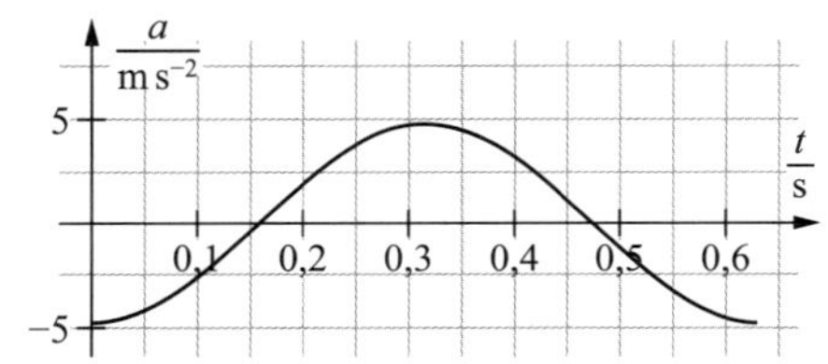

c) Für $t_1 = 0{,}5$ s ist $\varphi_1 = (0{,}5\ \text{s}/0{,}63\ \text{s}) \cdot 360° + 90°$
$= 286° + 90° = 376°\ (= 360° + 16°)$
Für $t_2 = 0{,}8$ s ist $\varphi_2 = (0{,}8\ \text{s}/0{,}63\ \text{s}) \cdot 360° + 90°$
$= 457° + 90° = 547°\ (= 360° + 187°)$

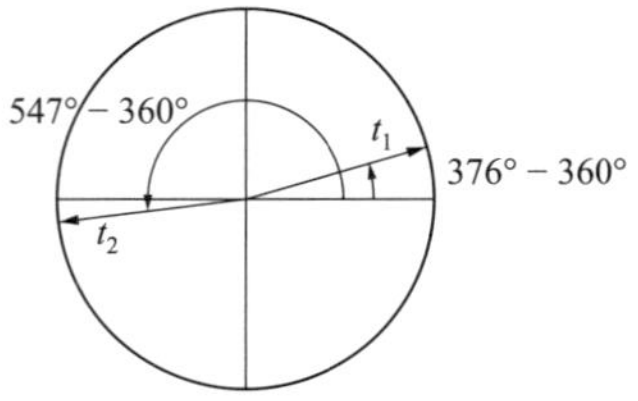

A 2: a) Ein Vorderrad mit Feder stellt einen Federschwinger dar, dem durch einen Stoßdämpfer Energie entzogen wird, damit die Schwingungsamplitude nicht zu groß wird. Betrachten wir die obere und untere Kurve im Uhrzeigersinn:

Mit zunehmender Frequenz wird die Schwingungsamplitude zunächst größer, erreicht ein Maximum im Resonanzfall (obere Kurve bei der Marke „12:00 Uhr", untere Kurve bei der Marke „6:00 Uhr") und nimmt dann wieder ab.

Die untere Kurve zeigt – besonders deutlich bei Resonanz – größere Amplituden als die obere Kurve. Die Schwingung ist weniger gedämpft. Der Stoßdämpfer am Rad entzieht der erzwungenen Schwingung weniger Energie. Er sollte durch einen neuen ersetzt werden.

b) Bei einer Fahrt über aufeinander folgende Bodenwellen, die periodisch ein Rad mit defektem Stoßdämpfer zu einer Resonanz-Schwingung anregen, wird die Amplitude der Schwingung besonders groß. Dabei verringert sich periodisch die Haftreibung zwischen Rad und Straße, das Rad kann sogar den Bodenkontakt verlieren. In einer Kurve ist guter Bodenkontakt (große Haftreibung) besonders wichtig. Fehlt dieser z. B. an einem Vorderrad, muss das andere Vorderrad die fehlende Haftreibung mit übernehmen. Schaft es das nicht, besteht Rutschgefahr. Das Auto kann ins Schleudern geraten, mit tödlichen Folgen.

c) Beispiele für Anwendung von Stoßdämpfern:
- Waschmaschine, Dämpfung der beim Schleudern entstehenden Schwingungen
- Häuser, Dämpfung von Schwingungen, die durch Erdbeben ausgelöst werden
- Heckklappe beim Auto
- Lenkung bei Fahrzeugen
- Windkraftanlagen
- Brücken

A 3: a) Energiesatz für eine mechanische Schwingung:

$$\tfrac{1}{2} D\, \hat{s}^2 = \tfrac{1}{2} D\, s^2(t) + \tfrac{1}{2} m\, v^2(\mathrm{t})$$

Ersetzt man die mechanischen Größen durch die entsprechenden elektrischen Größen

$D \to 1/C$
$m \to L$
$v \to I$
$s \to Q$,

so erhält man:

$$\tfrac{1}{2}\tfrac{1}{C}\hat{Q}^2 = \tfrac{1}{2}\tfrac{1}{C}Q^2(t) + \tfrac{1}{2} L\, I^2(t)$$

$$\Rightarrow \tfrac{1}{2}\tfrac{C}{C^2}\hat{Q}^2 = \tfrac{1}{2}\tfrac{C}{C^2}Q^2(t) + \tfrac{1}{2} L\, I^2(t)$$

$$\Rightarrow \tfrac{1}{2} C\, \hat{U}^2 = \tfrac{1}{2} C\, U^2(t) + \tfrac{1}{2} L\, I^2(t)$$

b) $\tfrac{1}{2} C\, U^2(t) + \tfrac{1}{2} L\, I^2(t)$

$$= \tfrac{1}{2} C\, \hat{U}^2 \cos^2(\omega\, t) + \tfrac{1}{2} L\, \hat{I}^2 \sin^2(\omega\, t)$$

$$= \tfrac{1}{2} C\, \hat{U}^2 \cos^2(\omega\, t) + \tfrac{1}{2} L \left(\hat{U}^2 \tfrac{C}{L}\right) \sin^2(\omega\, t)$$

$$= \tfrac{1}{2} C\, \hat{U}^2 \cos^2(\omega\, t) + \tfrac{1}{2} C\, \hat{U}^2 \sin^2(\omega\, t)$$

$$= \tfrac{1}{2} C\, \hat{U}^2 (\cos^2(\omega\, t) + \sin^2(\omega\, t)) = \tfrac{1}{2} C\, \hat{U}^2$$

A 4: a) Man kann:

- (1) den Plattenabstand des Kondensators verringern,
- (2) den Durchmesser der Drahtschleife vergrößern,
- beides, also (1) und (2) gleichzeitig

b) $f = 1/T = \frac{1}{2\,\pi\,\sqrt{L\,C}} = 14 \cdot 10^6$ Hz mit

$C = 200$ pF $= 2 \cdot 10^{-10}$ F
$L = (4\,\pi^2 \cdot C \cdot f^2)^{-1}$
$= (4\,\pi^2 \cdot 2 \cdot 10^{-10}\text{ F} \cdot 14^2 \cdot 10^{12}\text{ s}^{-2})^{-1} = 6{,}46 \cdot 10^{-7}$ H
$= 646$ nH

c) $t = 0$ $t = T/4$ $t = T/2$

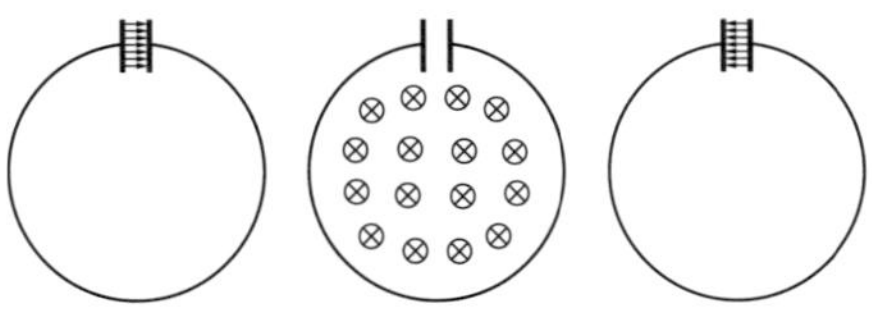

d) Plattenabstand d des Kondensators:

$C = \varepsilon_0 \frac{A}{d} \Rightarrow d = \varepsilon_0 \frac{A}{C} = 8{,}85 \cdot 10^{-12}\text{ C V}^{-1}\text{ m}^{-1}$

$\frac{\pi\,(0{,}25/2)^2}{2 \cdot 10^{-10}}\text{ m}^2 \cdot \text{F}^{-1} = 2{,}17 \cdot 10^{-3}\text{ m} = 2{,}2\text{ mm}$

Maximale Energiedichte ρ_{el}:

$W = \frac{1}{2}\,C\,U^2 = \frac{1}{2} \cdot 200\text{ pF} \cdot (1000\text{ V})^2 = 1{,}0 \cdot 10^{-4}$ J

$\rho_{el} = W/V = W/(A\,d)$
$= 1{,}0 \cdot 10^{-4}\text{ J}/(\pi \cdot 0{,}125^2\text{ m}^2 \cdot 2{,}17 \cdot 10^{-3}\text{ m})$
$= 0{,}94\text{ J m}^{-3}$

oder:

$\rho_{el} = \frac{1}{2}\,\varepsilon_0\,E^2 = \frac{1}{2}\,\varepsilon_0\,\frac{U^2}{d^2}$

$= \frac{1}{2} \cdot 8{,}85 \cdot 10^{-12}\text{ C V}^{-1}\text{ m}^{-1}\,\frac{1000^2}{(2{,}17 \cdot 10^{-3})^2}\text{ V}^2\text{ m}^{-2}$

$= 0{,}94\text{ J m}^{-3}$

e) qualitativer Vergleich der maximalen Energiedichten des magnetischen und elektrischen Feldes bei vernachlässigbarer Dämpfung:
Zum Zeitpunkt $t = 0$ ist die elektrische Feldenergie maximal, die magnetische Feldenergie ist null.

Eine viertel Periodendauer später, zum Zeitpunkt $t = T/4$, ist die magnetische Feldenergie maximal. Sie hat dann den Betrag der maximalen elektrischen Feldenergie. Das elektrische Feld nimmt das Volumen zwischen den Kondensatorplatten ein (ca. 100 cm³), das Magnetfeld hingegen durchsetzt die große Drahtschleife und den Raum um diese. Die magnetische Feldenergie verteilt sich also auf ein viel größeres Volumen als die elektrische Feldenergie. Die maximale Energiedichte des Magnetfeldes ist also geringer als die maximale Energiedichte des elektrischen Feldes.

A 5: a) Spannungsamplitude $\hat{U}$ und Stromamplitude $\hat{I}$:

$\hat{U} = 100\text{ V};\ W = \frac{1}{2} \cdot C\,\hat{U}^2 = \frac{1}{2} \cdot L\,\hat{I}^2$

$\Rightarrow \hat{I} = \hat{U}\sqrt{\frac{C}{L}} = 100\text{ V} \cdot \sqrt{\frac{100 \cdot 10^{-6}\text{ F}}{1{,}0 \cdot 10^{-3}\text{ H}}} = 31{,}6$ A.

Periodendauer $T = 2\,\pi \cdot \sqrt{L\,C}$
$= 2\pi \cdot \sqrt{1{,}0 \cdot 10^{-3} \cdot 100 \cdot 10^{-6}}\text{ s} = 2{,}0$ ms

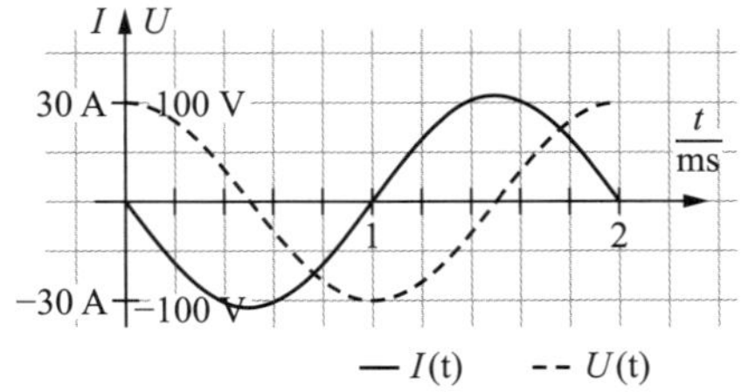

b)

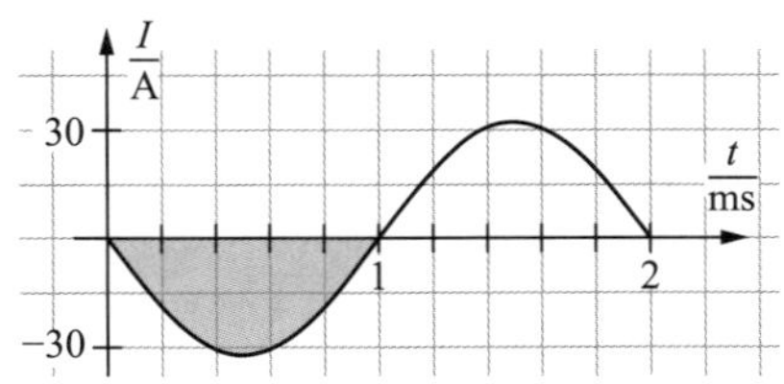

Die zwischen t-Achse und t-I-Kurve eingeschlossene Fläche (0 bis 1 ms) gibt die in der halben Periode geflossene Ladung Q' (0 bis $T/2$) $= 2\,Q$ an. Q ist die Ladung auf einer Kondensator-Platte zum Zeitpunkt $t = 0$ (maximale Ladung).
$Q(0) = C\,U(0) = 100\ \mu\text{F} \cdot 100\text{ V} = 0{,}01$ A s
$Q'(0\text{ bis }T/2) = 2 \cdot Q(0) = 2 \cdot 0{,}01\text{ A s} = 0{,}02$ A s.

WELLEN

Seite 123

A 1: a)

φ	$\frac{3\pi}{6}$	$\frac{4\pi}{6}$	$\frac{5\pi}{6}$	$\frac{6\pi}{6}$	$\frac{7\pi}{6}$	$\frac{8\pi}{6}$
t	$\frac{3T}{12}$	$\frac{4T}{12}$	$\frac{5T}{12}$	$\frac{6T}{12}$	$\frac{7T}{12}$	$\frac{8T}{12}$

mit $\frac{t}{T} = \frac{\varphi}{2\pi}$.

b) Zunächst kann aus dem Zeigerbild der Elongation nur die Phase der Schnelle ermittelt werden. Zum Zeitpunkt 0 s ist die Elongation maximal, die Schnelle hat den Betrag 0. Danach wir die Schnelle negativ. Zur vollständigen Bestimmung der Schnelle muss die Amplitude der Schwingung angegeben werden.

A 2: $f = \frac{15}{3\text{ s}} = 5\text{ Hz}$; $\lambda = \frac{12\text{ m}}{15} = 0{,}8\text{ m}$
$c = \lambda f = 4\,\frac{\text{m}}{\text{s}}$

A 3: Die Welle hat eine um π erhöhte Phase.

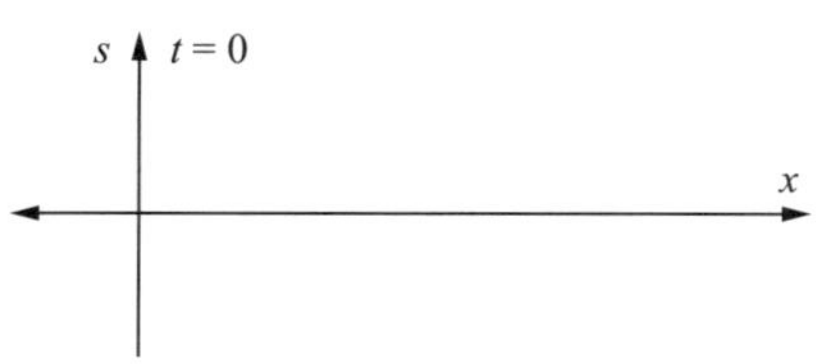

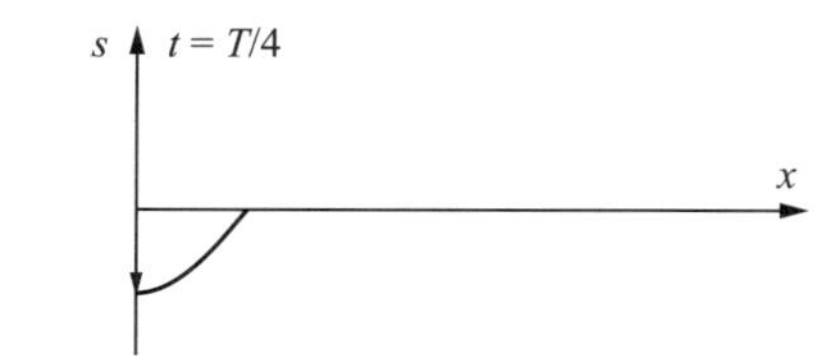

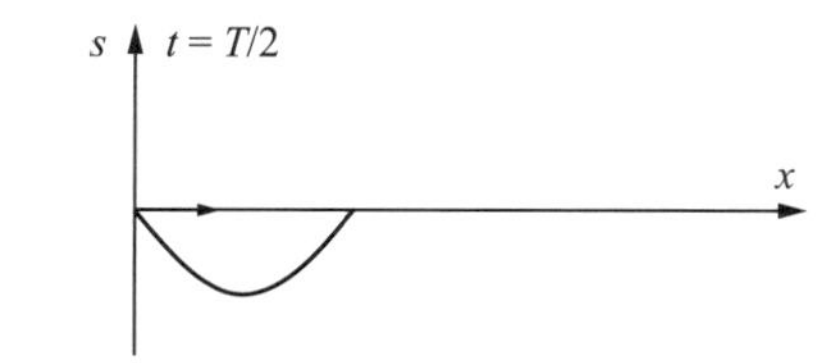

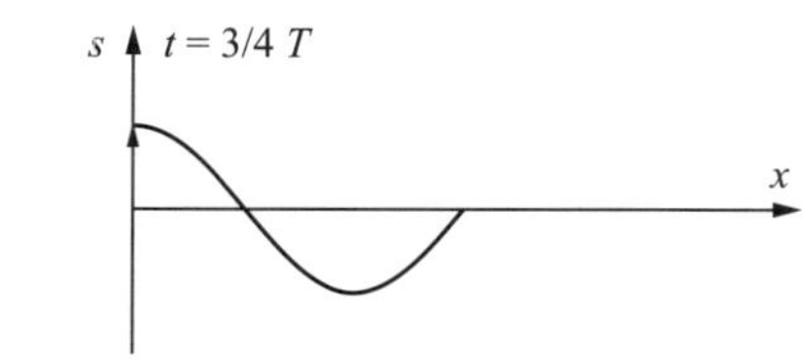

A 4: a) Nach $t_1 = 0{,}05$ s ist die Welle um $x_1 = t_1 \cdot c = 12{,}5$ cm fortgeschritten, nach $t_2 = 0{,}055$ s um $x_2 = t_2 \cdot c = 13{,}75$ cm.

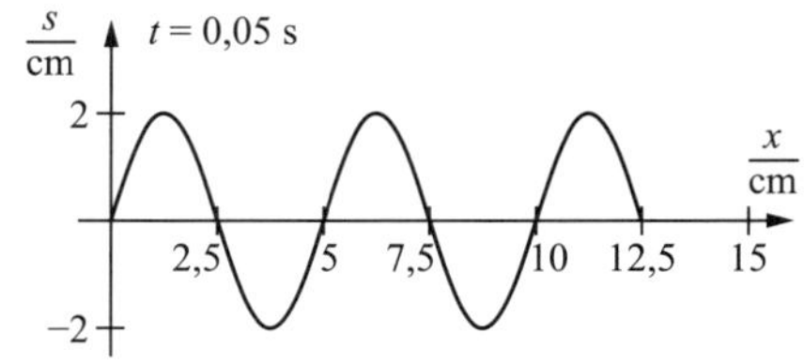

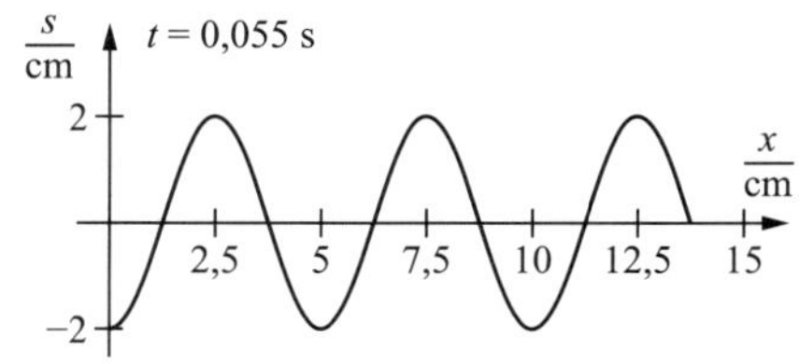

Beim Zeichnen beginnt man zweckmäßig rechts, am Kopf der Welle mit einer wachsenden Elongation nach oben.

b) Am Ort $x_3 = 3{,}75$ cm ist die Welle nach $t_3 = x_3/c = 0{,}015$ s angelangt. Ab diesem Zeitpunkt schwingt das Teilchen mit $f = 50$ Hz, also $T = 0{,}02$ s.

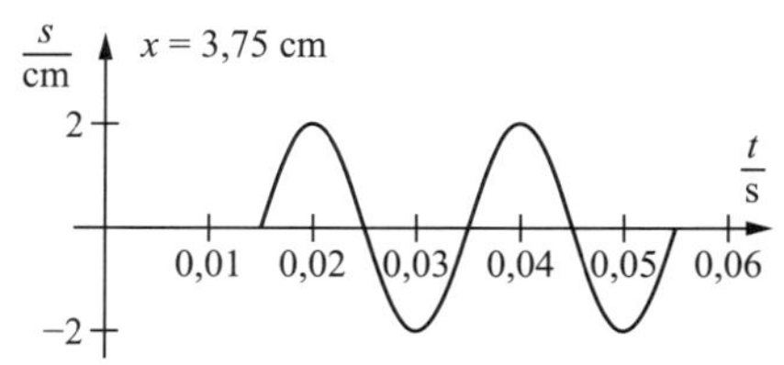

c) Die ersten beiden Bilder zeigen Momentaufnahmen aller Teilchen der Welle. Das Bild für Teilaufgabe b) zeigt den zeitlichen Verlauf der Bewegung eines Teilchens der Welle an einem bestimmten Ort.

A 5: Mikrofon 1: $x = 5 \cdot \lambda$; Mikrofon 2: $x = \frac{21}{4} \cdot \lambda$

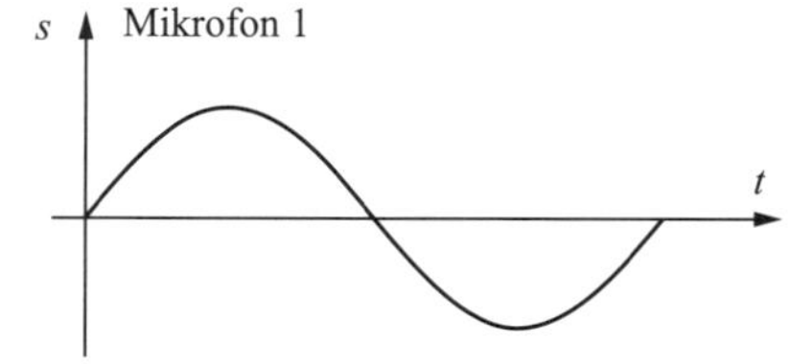

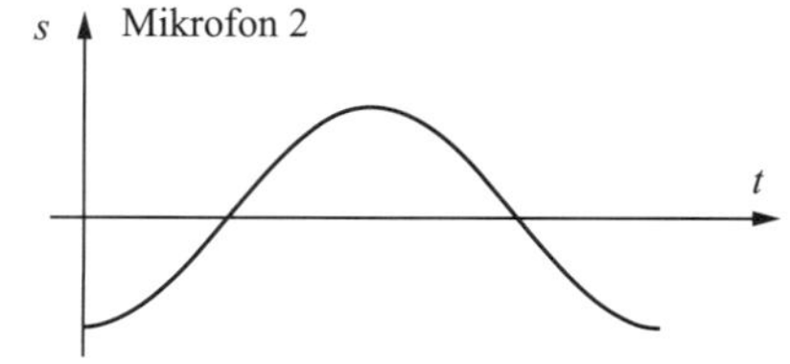

A 6: a) Die Wellengleichung

$s\,(x;\,t) = \hat{s}\,\sin\left[2\,\pi\left(\frac{t}{T} - \frac{x}{\lambda}\right)\right]$

beschreibt die bei einer Welle zu beobachtende doppelte Periodizität.

a) Bei konstantem t (Momentaufnahme aller Teilchen) erkennt man die räumliche (örtliche) Periodizität als Sinusform der Welle.

b) Bei festem x (zeitliche Beobachtung eines bestimmten Teilchens) erkennt man die sinusförmige Schwingung des Teilchens.

A 7: a) $s\,(t) = s\,(t + T)$:

$$s\,(t + T,\,x) = \hat{s}\,\sin\left[2\,\pi\left(\frac{t}{T} - \frac{x}{\lambda}\right)\right]$$

$$= \hat{s}\,\sin\left(\frac{t}{T} - \frac{x}{\lambda}\right) = s\,(t,\,x)$$

$s\,(x) = s\,(x + \lambda)$:

$$s\,(t,\,x + \lambda) = \hat{s}\,\sin\left[2\,\pi\left(\frac{t}{T} - 1 - \frac{x}{\lambda}\right)\right]$$

$$= \hat{s}\,\sin\left(\frac{t}{T} - \frac{x}{\lambda}\right) = s\,(t,\,x)$$

wegen $\sin\,(\varphi) = \sin\,(\varphi + 2\,x) = \sin\,(\varphi - 2\,\pi)$.

b) $s\,(x,\,T) = \hat{s}\,\sin\left[\omega\left(t - \frac{x}{c}\right)\right] = \hat{s}\,\sin\left[\omega\,t - \frac{\omega\,x}{c}\right]$

$$= \hat{s}\,\sin\left[2\,\pi\left(\frac{t}{T} - \frac{x}{\lambda}\right)\right]$$

wegen $\omega = 2\,\pi f = \frac{2\,\pi}{T}$

und $\frac{\omega}{c} = \frac{2\,\pi f}{c} = \frac{2\,\pi}{\lambda}$ mit $c = \lambda f$.

A 8: In Excel werden zwei Spalten eingerichtet. Die linke Spalte stellt wie üblich die x-Werte dar, im Beispiel im Bereich von −2 bis +3, Abstand z. B. 0,05. Die rechte Spalte wird gemäß der Wellengleichung

$s_x\,(t) = \hat{s}\,\sin\left[2\,\pi\left(\frac{t}{T} - \frac{x}{\lambda}\right)\right]$

programmiert. Man nimmt x aus der Nachbarspalte, λ und $\hat{s}$ aus dem Eingabefeld, t aus dem vom Schieberegler generierten Feld, T aus dem berechneten Feld (λ/c). Einen Schieberegler erzeugt man mithilfe der Steuerelement-Toolbox (dort „Bildlaufleiste"), die man durch Anklicken der grauen Menüleiste mit der rechten Maustaste sichtbar macht. Der Schieberegler erzeugt Zahlen in einem mit ihm verknüpften Feld („linked Cell"), die man in anderen Feldern – wie bei Excel üblich – weiterverarbeiten kann.

Wenn man möchte, lassen sich auch noch rotierende Zeiger erzeugen. Im Beispiel ist für $x = 0$ der rote Zeiger aus einer Tabelle mit zwei Punkten entstanden:

0	0
$\hat{s}\,\cos\left[2\,\pi\left(\frac{t}{T} - \frac{0}{\lambda}\right)\right]$	$\hat{s}\,\sin\left[2\,\pi\left(\frac{t}{T} - \frac{0}{\lambda}\right)\right]$

Der zweite Zeiger (türkis) an der Stelle $x = 1{,}5$ entsteht durch:

x	y
1,5	0
$1{,}5 + \hat{s}\,\cos\left[2\,\pi\left(\frac{t}{T} - \frac{1{,}5}{\lambda}\right)\right]$	$\hat{s}\,\sin\left[2\,\pi\left(\frac{t}{T} - \frac{1{,}5}{\lambda}\right)\right]$

Die ebenfalls eingezeichneten Schwingungspunkte werden durch die Sinuswerte allein erzeugt.

Das fertige Blatt kann dann z. B. wie folgt aussehen:

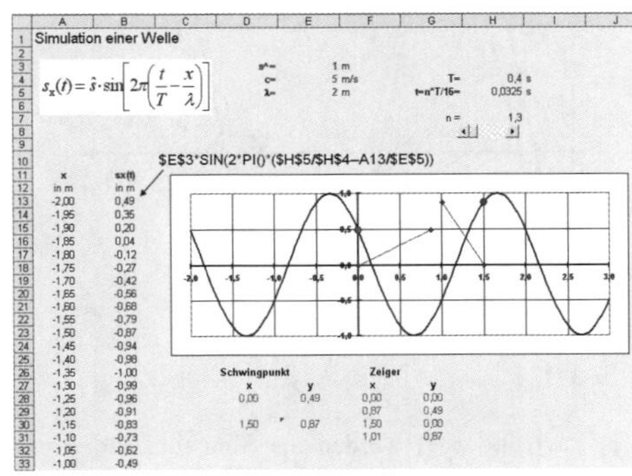

Seite 125

A 1: a) $\frac{\pi}{3} \mathrel{\hat{=}} 60°$; $\hat{s} = 6{,}2$ cm; $\varphi = 0{,}77 \mathrel{\hat{=}} 44°$

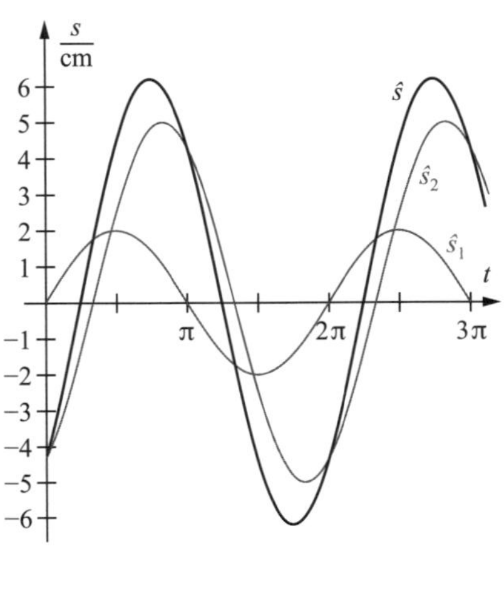

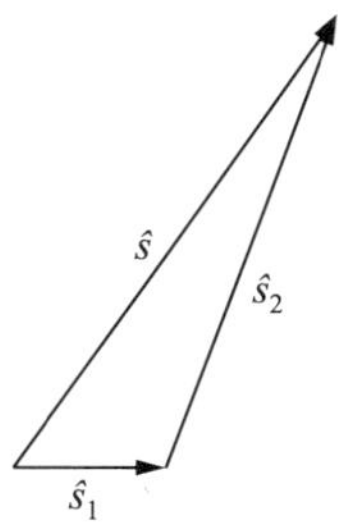

b)

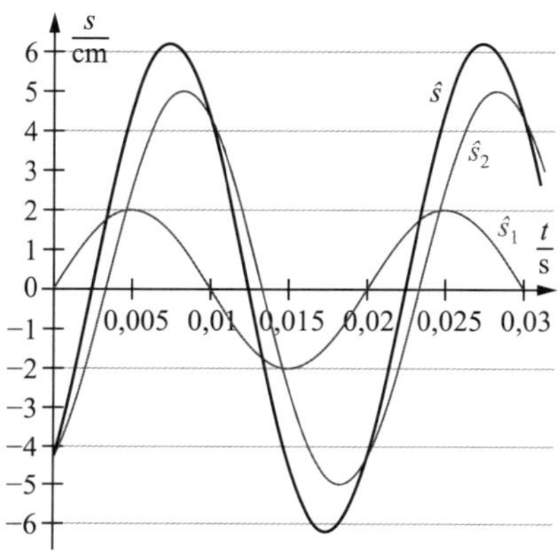

c) $s_1(t)$ und $s_2(t)$ werden als Sinusfunktionen mit t (erste Spalte mit $\Delta t = 0{,}001$ s) als Variable in zwei weiteren Spalten berechnet, also
$s_1(t) = 2 \cdot \sin(2 \cdot \pi \cdot f \cdot t)$ und
$s_2(t) = 5 \cdot \sin(2 \cdot \pi \cdot f \cdot t - \pi/3)$.
In der vierten Spalte wird die Summe $s_1(t) + s_2(t)$ gebildet. Resultat ist u. a. das Diagramm aus b).

A 2: a) $\hat{s}_1 = \hat{s}_2 = \hat{s}$; $\omega_1 = \omega_2 = \omega$

$s\,(t) = s_1 + s_2 = \hat{s}\,[\sin(\omega\,t) + \sin(\omega\,t + \varphi_0)]$

mit $\sin x + \sin y = 2\cos\left(\frac{x-y}{2}\right)\sin\left(\frac{x+y}{2}\right)$

$$\hat{s}\,(t) = 2\,\hat{s}\cos\left(\frac{\omega\,t - \omega\,t - \varphi_0}{2}\right)\sin\left(\frac{\omega\,t + \omega\,t + \varphi_0}{2}\right)$$

$$= 2\,\hat{s}\left[\cos -\frac{\varphi_0}{2}\right]\sin\left[\frac{2\,\omega\,t + \varphi_0}{2}\right]$$

$$= 2\,\hat{s}\cos\left(\frac{\varphi_0}{2}\right)\sin\left(\omega\,t + \frac{\varphi_0}{2}\right)$$

wegen $\cos(-x) = \cos(x)$

b) $\varphi_0 = 0$: $s(t) = 2\,\hat{s}\sin(\omega\,t)$: doppelte Amplitude; die beiden Schwingungen haben zur selben Zeit dieselbe Elongation. Die Amplituden werden addiert. Die Zeiger haben die gleiche Richtung.

$f_0 = \pi$: $s(t) = 0$: Die Elongationen haben zu jedem Zeitpunkt denselben Betrag, aber umgekehrte Vorzeichen, sie löschen sich aus. Die Zeiger haben entgegengesetzte Richtungen.

$\varphi_0 = \pi/2$: $s(t) = \sqrt{2}\,\hat{s}\sin(\omega\,t + \pi/4)$: Die Amplitude der resultierenden Schwingung ist kleiner als die algebraische Summe der Einzelschwingungen.
$\hat{s}^2 = \hat{s}_1^2 + \hat{s}_2^2$ (Satz des Pythagoras), da der Phasenunterschied $\pi/2$ ($\triangleq 90°$) beträgt. Die Zeiger stehen senkrecht zueinander.

A 3: a) Schwebungsfrequenz $f = 2$ Hz
$\Rightarrow f_1 = 442$ Hz; $f_2 = 438$ Hz

b) Vorgehensweise: 3 Spalten, die mit $\sin(f_0 \cdot x)$, $\sin(f_1 \cdot x)$ und $\sin(f_2 \cdot x)$ gefüllt werden. Nun lässt man die Summen der Spalten 1 und 2 bzw. 1 und 3 rechnen und grafisch darstellen. Es ergibt sich in beiden Fällen eine Schwingung mit der Frequenz 2 Hz: $\sin(2\text{ Hz} \cdot x)$.

Seite 131

A 1: a) Eine stehende Welle ist die Überlagerung zweier Wellen mit derselben Amplitude und Frequenz aber entgegengesetzter Ausbreitungsrichtungen. Dies bedeutet, dass sich die Zeiger an jedem Ort mit derselben Geschwindigkeit in dieselbe Richtung drehen. Die Phase zwischen den beiden Zeigern eines Ortes bleibt deshalb konstant. Die einzelnen Teilchen der resultierenden Welle schwingen also mit der Auslenkung, die sich aus der geometrischen Summe der beiden Zeiger der Ausgangeswellen ergeben. Da beide Zeiger darüber hinaus auch noch dieselbe Amplitude haben, ergeben sich so Punkte, an denen die Summe der Zeiger null ist. Dies sind die Schwingungsknoten. Dazwischen schwingt jedes Teilchen mit der maximalen Auslenkung die durch die geometrische Zeigersumme gegeben ist. Es ergeben sich maximale Amplituden, die einer Sinusfunktion folgen.

$$s\,(t, x) = \hat{s}\sin\left[2\,\pi\left(\frac{t}{T} - \frac{x}{\lambda}\right)\right] + \hat{s}\sin\left[2\,\pi\left(\frac{t}{T} + \frac{x}{\lambda} + \varphi_0\right)\right]$$

$$= 2\,\hat{s}\cos\left[2\,\pi\frac{x}{\lambda} - \frac{\varphi_0}{2}\right]\sin\left[2\,\pi\frac{t}{T} + \frac{\varphi_0}{2}\right]$$

Separation von Zeit (t) und Ort (x); d. h., es ergibt sich eine Schwingung ohne Ausbreitungsgeschwindigkeit aber mit ortsabhängiger Amplitude:

$$s\,(t, x) = A \cdot \sin\left(\omega\,t + \frac{\varphi_0}{2}\right)$$

mit $A = 2\,\hat{s}\cos\left[2\,\pi\frac{x}{\lambda} - \frac{\varphi_0}{2}\right]$

b) Bei der nach rechts laufenden Welle nimmt längs der x-Achse die Phase ab, bei der nach links laufenden nimmt die Phase zu. Daraus folgt, dass es Stellen geben muss, bei denen dauerhaft $\Delta\varphi = 0$ gilt. Ebenso muss es Stellen geben, für die dauerhaft gilt: $\Delta\varphi = \pi$. Die Stellen, bei denen die Elongation dauerhaft null ist, sind die Nullstellen der Kosinusfunktion:

$$\cos\left[2\,\pi\,\frac{x}{\lambda} - \frac{\varphi_0}{2}\right] = 0 \Rightarrow 2\,\pi\,\frac{x}{\lambda} - \frac{\varphi_0}{2} = \frac{\pi}{2}\,(2\,n + 1)$$

Abstand der Knoten:

$$\frac{2\,\pi}{\lambda}\,(x_1 - x_2) = \pi \Rightarrow x_1 - x_2 = \frac{\lambda}{2}$$

c) Zwischen zwei Knoten haben alle Teilchenschwingungen dieselbe Phase, zwischen zwei Bäuchen ändert sich die Phase, weil die Wellen sich ja in entgegengesetzte Richtungen ausbreiten.

A 2: a) Aus dem Foto lässt sich nicht ersehen, welche Phase die Welle gerade besitzt. Jedenfalls müssten die Nullstellen die Knoten sein. Wir nehmen an, dass die Aufnahme bei maximaler Elongation aller Teilchen gemacht wurde. Dann müsste eine zweite Zeichnung an jedem Ort eine kleinere Elongation widerspiegeln.
b) Im ersten Bild ist die Schnelle überall null. Im zweiten Bild müssten im linken Bauch die Schnellevektoren nach unten zeigen, im rechten nach oben. Die beiden Schnellevektoren bei $\lambda/4$ und $3\,\lambda/4$ sind am längsten.

A 3: Aus → B1 und → B2 (Lehrbuch Seite 131) sieht man die Entwicklung: Bei $\frac{2}{12}$ T müssen alle Schwingungszeiger noch einmal um $\frac{1}{6}\pi$ bzw. 30° weitergedreht werden:

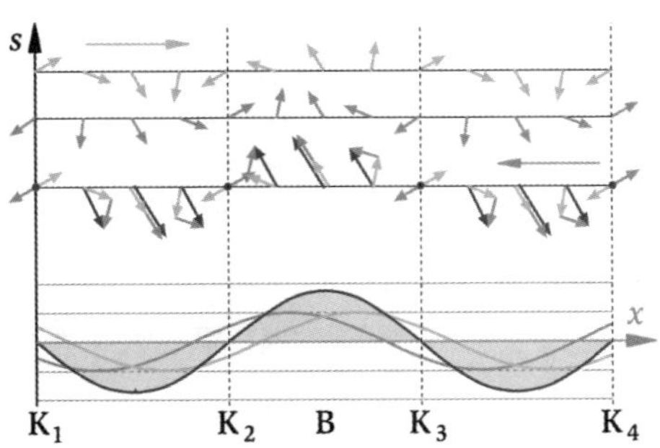

Seite 133

A 1: Wasseroberflächen verhalten sich näherungsweise wie Querwellen. Solange die Elongation senkrecht zur Oberfläche des Wassers verläuft, ist die Ufermauer ein freies Ende. Ein Wellenberg läuft als Wellenberg zurück. (Versuch in der Badewanne oder im Wasserbecken).

A 2:

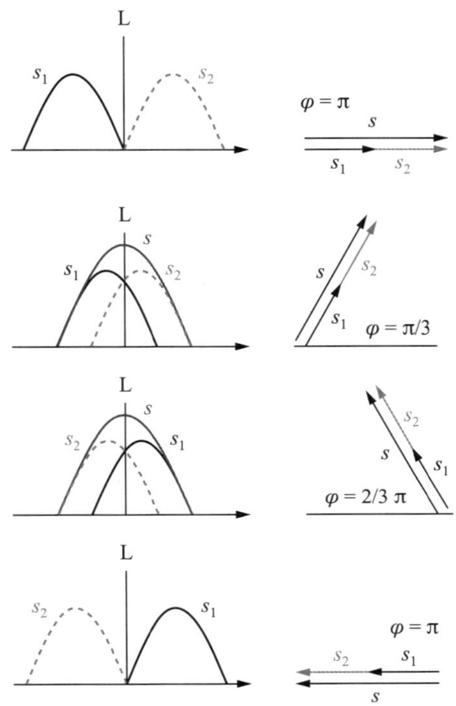

Die beiden Wellen sind im Punkt L zu jedem Zeitpunkt in Phase ($\varphi_1 - \varphi_2 = 0$), deshalb ist die resultierende Amplitude gleich der Summe der beiden Einzelauslenkungen: $\hat{s} = \hat{s}_1 + \hat{s}_2$.

A 3: Eine Recherche nach „Reflexion am festen Ende" bzw. „Reflexion am freien (offenen) Ende" führt z. B. auf
http://www.schulebw.de/unterricht/faecher/physik/online_material/wellen/mech_wellen/reflexion_welle.htm.
Die dort ausführbare Datei kann man auch als Zip-Datei herunterladen. Eine andere Quelle ist z. B. http://www.walter-fendt.de/ph14d/stwellerefl.htm.

Seite 135

A 1: a) Am Ort der Wand muss die Schnelle null sein, deshalb kann die Wand durch eine gegenläufige Welle mit einer Phasenveschiebung von $\varphi_0 = \pi$ ersetzt werden. Da Schallwellen longitudinal sind, können Teilchen direkt an der Grenzfläche nicht ausgelenkt werden, es entsteht ein Schnelle- und Elongationsknoten. Teilchen in der Nähe der Wand bewegen sich aber phasengleich auf die Wand zu oder von ihr weg. An der Wand entsteht so die größte Dichteschwankung, also ein Druckbauch.

b) Am offenen Ende eines Rohres wird die longitudinale Elongation des Schalls nicht behindert. Durch das Wegfallen der seitlichen Einschränkung hinter dem Rohrende kann dort (idealerweise) kein zusätzlicher (Schall-)Druck aufgebaut werden, es herrscht ein Druckknoten; dies entspricht einem Phasensprung bei der Reflektion. Für Elongation und Schnelle entsteht ein Bauch.

A 2: An der Wand ist die Elongation bei jeder Frequenz exakt null. Dies entspricht einer gegenläufigen Welle, die punktgespiegelt ist, also dieselbe Frequenz und Wellenlänge besitzt. Beide überlagern sich zu einer stehenden Welle. Für den Druck ist die gegenläufige Welle nicht punkt- sondern an der Grenzfläche gespiegelt. Sie ist also in Phase mit der einlaufenden Welle. Dies ergibt in der Überlagerung eine stehende Welle mit einem Schwingungsbauch an der Wand.

A 3: a) $f = 1$ Hz; $c = 4$ cm/s $\Rightarrow \lambda = 4$ cm; $\hat{s} = 1{,}5$

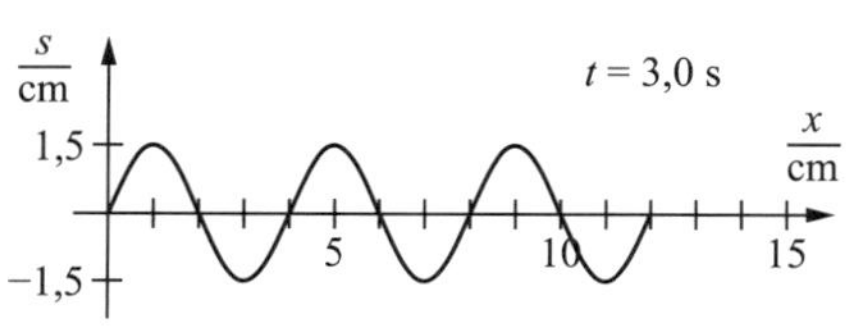

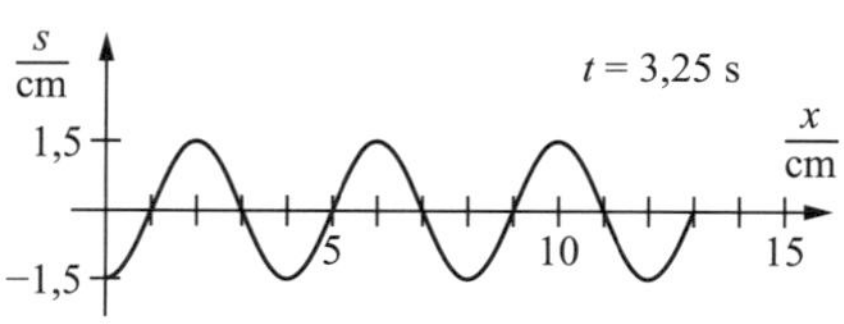

b) $t = 5$ s fortlaufender Weg, $l = 20$ cm
reflektierte Welle: $l = 5$ cm

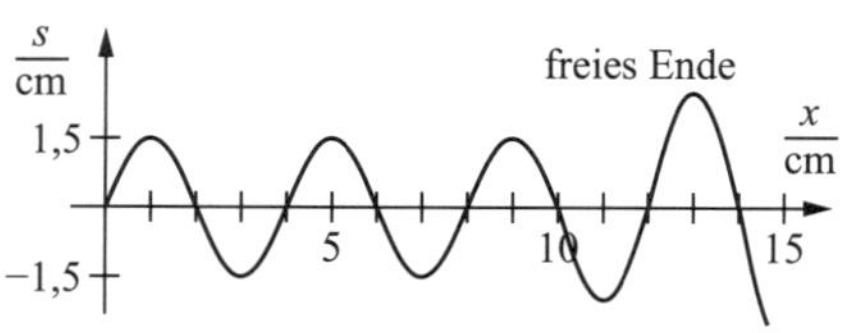

c)

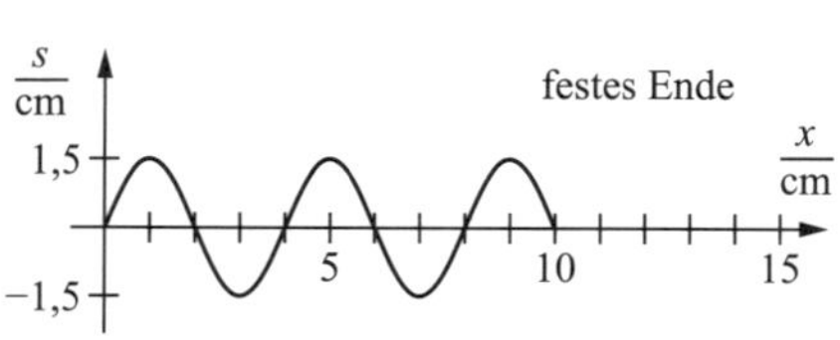

A 4: Es hat sich eine stehende Welle zwischen E_1 und E_2 gebildet mit $\lambda = c/f = 5$ cm.
$t = 0{,}65$ s $\Rightarrow$ bei E_1 und E_2 sind 3,25 Periodendauern vergangen. $\Rightarrow$ Dort ist die Auslenkung nach oben maximal.
$t = 0{,}7$ s $\Rightarrow$ 3,5 Schwingungen: Auslenkung immer null.
$t = 0{,}75$ s $\Rightarrow$ 3,75 Schwingungen: Auslenkung nach unten maximal in E_1 und E_2.

$t = 0{,}65$ s

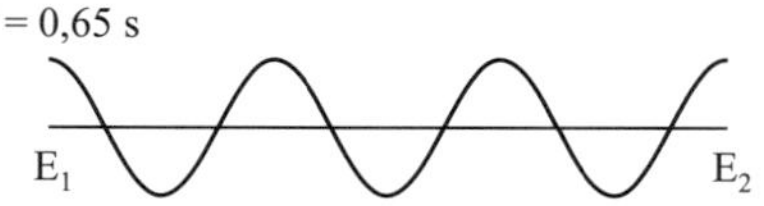

$t = 0{,}7$ s

$t = 0{,}75$ s

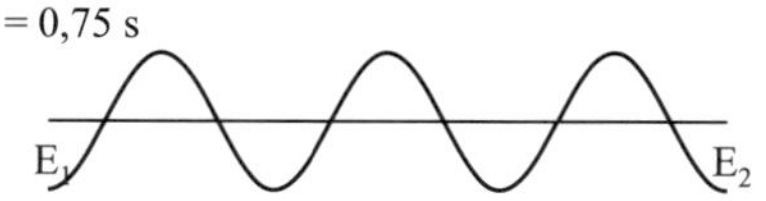

A 5: a) Die Diskussion muss als Ergebnis liefern, dass die Momentaufnahme einer stehenden Transversalwelle zweimal innerhalb einer Schwingungsdauer eine gerade Linie liefern kann.
b) Doch, die Energie liegt als Bewegungsenergie vor. Die Teilchen haben ihre maximale Geschwindigkeit, wenn ihre Momentanauslenkung null ist.

A 6: Es wird die Wellengleichung benutzt. Erste Spalte x mit $dx = 0{,}001$ m, zweite Spalte $s_x(t)$. Für z. B. $t = 0{,}1$ s bekommt man die dargestellte Momentaufnahme der Welle. Die Zeit lässt sich am elegantesten mit einem Schieberegler variieren. Mit aufsteigender Zeit läuft die Welle dann nach rechts.

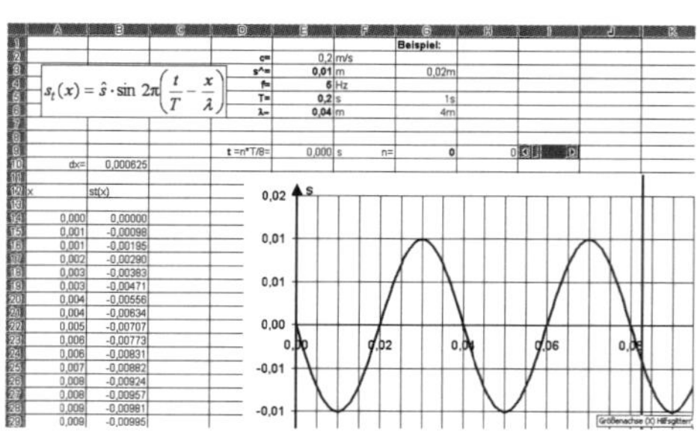

Seite 137

A 1: $c = 2$ m/s; $l = 2$ m
1. Harmonische: $\lambda_1 = 4$ m; $f_1 = 0{,}5$ Hz
2. Harmonische: $\lambda_2 = 2$ m; $f_2 = 1$ Hz
3. Harmonische: $\lambda_3 = \frac{4}{3}$ m; $f_3 = 1{,}5$ Hz

A 2: a) $\lambda_2 = 1{,}2$ m; $f_2 = 8$ Hz $\Rightarrow c = f_2 \cdot \lambda_2 = 9{,}6\ \frac{\text{m}}{\text{s}}$
b) $\lambda_3 = 0{,}8$ m $\Rightarrow f_1 = c/\lambda_3 = 12$ Hz

A 3: $\lambda_1 = 0{,}5$ m; $\lambda_2 = 0{,}4$ m; $f_2 = f_1 + 15$ Hz

$$\Rightarrow \frac{c}{\lambda_2} = \frac{c}{\lambda_1} + 15\text{ Hz} \Rightarrow c = \frac{15\text{ Hz} \cdot \lambda_2}{\left(1 - \frac{\lambda_2}{\lambda_1}\right)} = 30\text{ m/s}$$

$f_2 = \frac{c}{\lambda_2} = 75$ Hz; $f_1 = 60$ Hz

oder: $5\, l_1 = 4\, l_1 + 15$ Hz $\Rightarrow f_1 = 15$ Hz

A 4: Die untere Reihe der resultierenden Welle wird durch Vektoraddition der hinlaufenden und vervollständigten reflektierten Welle gebildet.

A 5: a) Am freien Ende bildet sich bei jeder Eigenfrequenz ein Schwingungsbauch.

b) Es bilden sich für $l = \frac{2k-1}{4}\lambda$ stehende Wellen.

c) $f = c/\lambda = \frac{(2k-1)\,c}{4\,l}$

Seite 139

A 1: $c = 340\ \frac{\text{m}}{\text{s}}$; $l = 34$ cm

a) $f_k = k \cdot \frac{c}{2\,l}$

$\Rightarrow f_1 = 500$ Hz; $f_2 = 1000$ Hz; $f_3 = 1500$ Hz

b) $f_k = \frac{2k-1}{4} \cdot \frac{c}{2\,l}$

$\Rightarrow f_1 = 250$ Hz; $f_2 = 750$ Hz; $f_3 = 1250$ Hz

A 2: $c = \lambda \cdot f$; durch die warme Atemluft und die Handwärme erhöht sich die Temperatur der Luftsäule. Dadurch vergrößert sich die Schallgeschwindigkeit und damit die Frequenz. Um wieder die ursprüngliche Frequenz zu erreichen, muss die Flöte länger werden:
$f = \frac{c}{\lambda}$ und $l = k \cdot \lambda/2$

A 3: Das Rohr ist beidseitig offen
$\Rightarrow k = \frac{c}{2\,l} \Rightarrow k = 2$;
es ist die 2. Harmonische der Luftsäule des Staubsaugerrohrs zu hören.

A 4: a) Für ein beidseitiges Rohr gilt $l = \lambda/2$ (1. Harmonische):

Töne	Frequenzen	Wellenlänge	Länge des Rohres
	in Hz	**in m**	**in m**
c′	264	1,288	0,644
d′	297	1,145	0,572
e′	330	1,030	0,515
f′	352	0,966	0,483
g′	396	0,859	0,429
a′	440	0,773	0,386
h′	495	0,687	0,343
c″	528	0,644	0,322

Für ein einseitig offenes Rohr gilt $l = \lambda/4$ (1. Harmonische):

Töne	Frequenzen	Wellenlänge	Länge des Rohres
	in Hz	**in m**	**in m**
c′	264	1,288	0,322
d′	297	1,145	0,286
e′	330	1,030	0,258
f′	352	0,966	0,241
g′	396	0,859	0,215
a′	440	0,773	0,193
h′	495	0,687	0,172
c″	528	0,644	0,161

b) Die passend zugeschnittenen Rohrstücke kann man z. B. auf einem schmalen Brett aneinander reihen und mit Kabelbindern durch zuvor gebohrte Löcher fixieren.
c) Vortrag mit Zeichnungen und hoffentlich musikalischer Darbietung.

Seite 141

A 1: $f_{\text{Luft}} = 400$ Hz; $c_{\text{Luft}} = 340\ \frac{\text{m}}{\text{s}}$
$f_{\text{He}} = 1185$ Hz; $c_{\text{He}} = 1007\ \frac{\text{m}}{\text{s}}$
einseitig offen $\Rightarrow f_k = \frac{(2k-1)\,c}{4\,l}$
$\Rightarrow l_{\text{Luft}} = l_{\text{He}} = 21{,}25$ cm $= l_1$
$l_2 = \frac{3\,c_{\text{Luft}}}{4\,f_{\text{Luft}}} = 63{,}75\text{ cm} = \frac{3\,c_{\text{He}}}{4\,f_{\text{He}}}$

A 2: $f = c/\lambda = 228{,}15$ Hz

2 freie Enden ($l = \lambda_1/2$) $\Rightarrow l = \frac{c_{\text{Stahl}}}{2f} = 11{,}33$ m

Seite 147

A 1: Querflöte: 2 freie Enden;
$l = c/(2 f_1) = 38{,}75$ cm
Oboe: 1 freies Ende;
$l = c/(4 f_1) = 19{,}375$ cm

A 2: $\frac{l_1}{l_2} = \frac{f_2}{f_1} \Rightarrow l_2 = l_1 \frac{f_1}{f_2} = 25$ cm; $l_1 - l_2 = 8$ cm

A 3: Das Fehlstimmen rührt von der Erwärmung der Instrumente durch Hände und Atemluft her. Saiteninstrumente spielen tiefer, Blasinstrumente höher, d. h. Saiten müssten nachgespannt werden und Luftsäulen verlängert.

A 4: Der Brückenbogen als ruhender „Spiegel“ „hört“ den Ton mit der Frequenz

$f_E = f_S \cdot \frac{1}{1 - \frac{v}{c}}$.

Der Schall wird mit dieser Frequenz reflektiert (neu gesendet).
Der sich bewegende Empfänger hört den Ton wiederum dopplerverschoben, mit

$$f_{E2} = f_E \cdot \left(1 + \frac{v}{c}\right) = f \cdot \frac{1}{1 - \frac{v}{c}} \cdot \left(1 + \frac{v}{c}\right)$$
$$= f \cdot \frac{1 + \frac{v}{c}}{1 - \frac{v}{c}} = f_S \cdot \frac{c + v}{c - v}$$

Nun ist das Frequenzverhältnis 5 zu 4:

$$\frac{f_{E2}}{f_S} = \frac{5}{4} \Rightarrow \frac{c + v}{c - v} = \frac{5}{4} \Leftrightarrow 4\,c + 4\,v = 5\,c - 5\,v \Leftrightarrow v = \frac{1}{9}\,c$$

dies sind etwa 130 km/h – keine klug gewählte Geschwindigkeit!

Seite 149

Anmerkung zur Dopplerformel:
Wenn die Schüler und Schülerinnen zur Verwechslung mit der ersten und zweiten Ableitung neigen, dann sollte man statt f' und f'' die Bezeichnungen f^* bzw. f^{**} benutzen.

A 1: Am Gegenstand: $f' = f\left(1 + \frac{v}{c}\right)$

Am Beobachter:

$$f'' = f'\left(\frac{1}{1 - \frac{v}{c}}\right) = f \frac{1 + \frac{v}{c}}{1 - \frac{v}{c}} = \mathrm{f}\frac{c + v}{c - v}$$
$$\Delta f = f'' - f = f\left(\frac{c + v}{c - v} - 1\right)$$
$$= f\left(\frac{c + v - c + v}{c - v}\right) = f\left(\frac{2\,v}{c - v}\right)$$
$$\approx f\left|\frac{-2\,v}{c}\right| = 2 f \frac{v}{c}$$

A 2: $\Delta f = 50$ Hz $\Rightarrow f = \frac{\Delta f \cdot c}{2\,v} = 3{,}93$ MHz

A 3: Das Rauchen verengt die Blutgefäße, dies kann Folgeerkrankungen nach sich ziehen.

Seite 151

A 1: Beim t-s-Diagramm wird der zeitliche Verlauf der Auslenkung eines Wellenteilchens an einem Ort dargestellt. Beim x-s-Diagramm wird die Elongation aller Teilchen zu einem bestimmten Zeitpunkt dargestellt.

A 2: a)

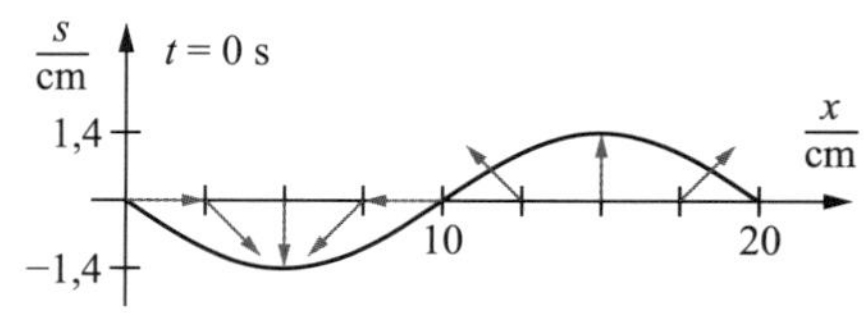

b)

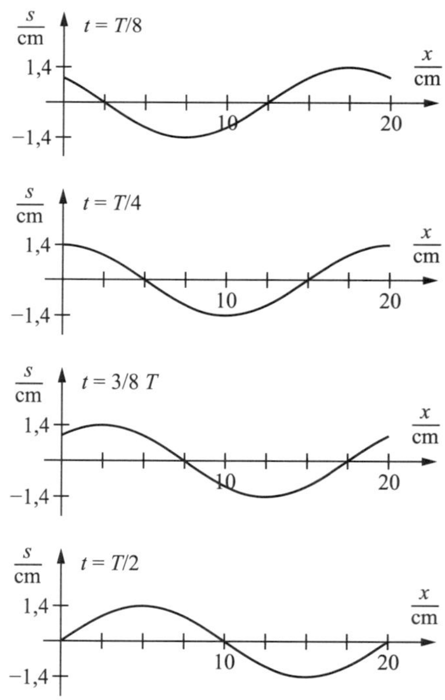

c) $\varphi = \frac{\delta}{\lambda} \cdot 2\,\pi = \pi/2$

d)

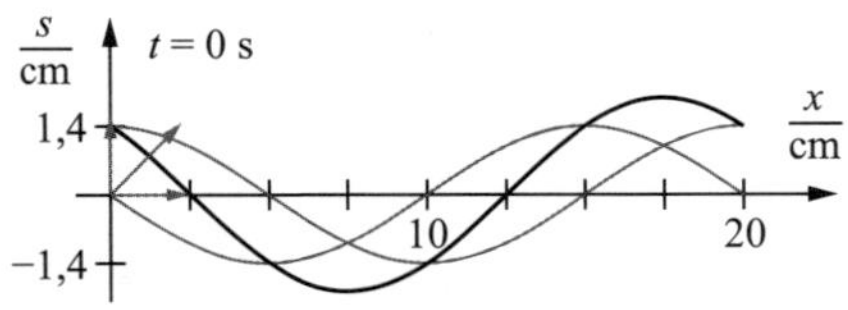

A 3: $\lambda = \frac{c}{f} = 0{,}3$ m

A 4: Im Zeigerbild wird ein Zeiger alle $\lambda/12$ gezeichnet. Die Phasendifferenz benachbarter Zeiger beträgt $2\,\pi/12 = \pi/6$ (30°).
Da $T = 1/f = 1$ s/2,5 = 0,4 s, gilt $\Delta t = 0{,}05$ s = 1/8 T.
In dieser Zeit haben sich alle Zeiger um $2\,\pi/8$ (45°) gegen den Uhrzeigersinn weitergedreht. Es entstehen so folgende fünf Momentaufnahmen (hier jeweils a) und b) in einer Zeichnung für t = 0 s, t = 0,05 s, t = 0,10 s, t = 0,15 s und t = 0,20 s):

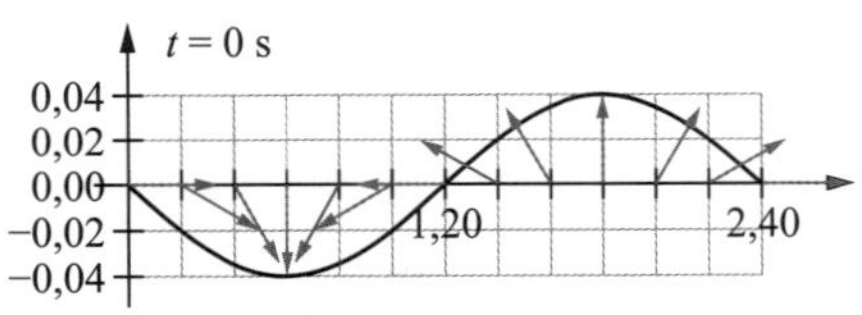

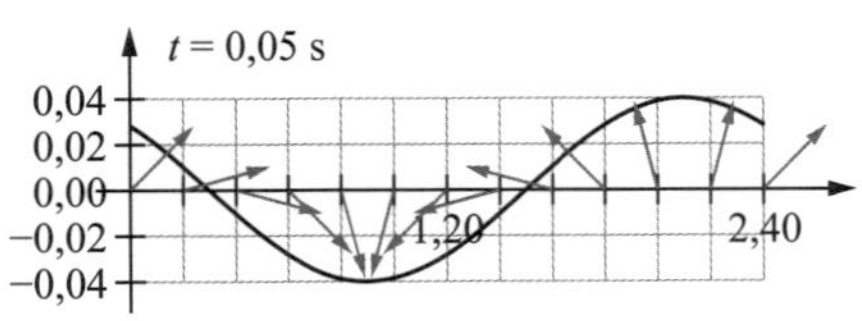

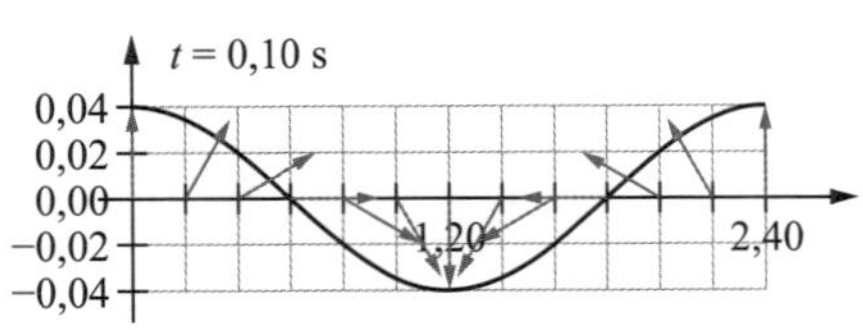

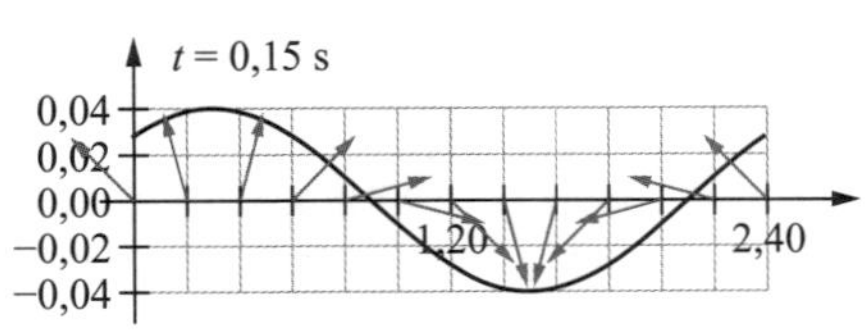

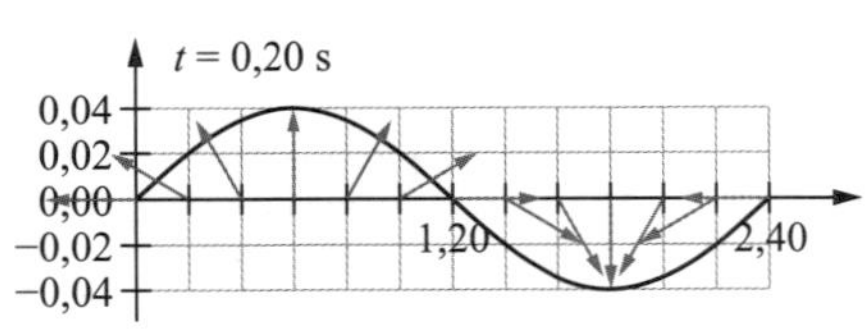

A 5: Wellengleichung:

$$s\,(t, x) = \hat{s}\,\sin\left[2\,\pi\left(\frac{t}{T} - \frac{x}{\lambda}\right)\right]$$
$$= \hat{s}\,\sin\left[2\,\pi\left(ft - \frac{x}{\lambda}\right)\right]$$
$$= \hat{s}\,\sin\left[2\,\pi f\left(t - \frac{x}{c}\right)\right]$$

In der Tabellenkalkulation diese Formel in einem Intervall von z. B. $0 \leq x \leq 3$ berechnen und grafisch auftragen lassen. Dann durch fortlaufende Erhöhung von t zeigen, wie die Welle wandert.

A 6: Voraussetzung ist immer, dass gleichartige Wellen mit auch gleichen Kenngrößen (c, f, Amplitude; bei Transversalwellen auch Schwingungsebene) aufeinander zu laufen.
Entweder gehen sie von zwei Wellenerregern aus oder eine zweite gegenläufige Welle entsteht durch Reflexion.
Bei der Reflexion am festen Ende entsteht ein Phasensprung von $\Delta\varphi = \pi$ (Ort eines Knotens), am freien Ende ist $\Delta\varphi = 0$ (Maximum eines Schwingungsbauches). (Hinweis: Eine feste Wand ist bei z. B. einer Schallwelle Knoten für die Schnelle, aber Bauch für den Druck).
Zur Messung der Wellengeschwindigkeit misst man i. A. die bei der stehenden Welle leicht erkennbare Wellenlänge λ und die Frequenz f und nutzt dann die Gleichung $c = \lambda \cdot f$.

Beispiele:

- Kundt'sches Rohr bei der Schallgeschwindigkeit, Wellenlänge ablesbar an Staubfiguren
- Ausnutzung der Resonanzbedingungen bei zwei Randbedingungen z. B. bei der Schwingung einer Stativstange: $l = \lambda/2$ (1. Harmonische), f elektronisch messbar.
- Das gleiche Verfahren nutzt man bei eingespannten Seilen. Hier lässt sich die Frequenz oft mittels eines Stroboskops ermitteln.
- Schallgeschwindigkeit in Wasser: Auf- und Abbau der stehenden Welle bei Verlängern des Resonanzraumes zwischen Sende- und Empfängerquarz. Alle $\lambda/2$ ist die Resonanzbedingung wieder erfüllt, f ist elektronisch messbar.

A 7: Eine stehende Welle im Sinne der Physik besitzt Knoten und Bäuche. In den Bäuchen schwingen alle Teilchen in Phase, aber mit unterschiedlicher Amplitude. Zu benachbarten Bäuchen gibt es einen Phasensprung.

Die „Stehende Welle“ im Foto ist eine Welle (meist ein Wirbel) im fließenden Wasser und bleibt relativ zum Ufer an der gleichen Position „stehen“.

A 8: • Laufzeit eines Geräusches (Knall) messen, bei definierter Laufstrecke.
• Eigenschwingung bei definierter Strecke oder Länge erzeugen.

A 9: 2 freie Enden; 5. Harmonische

$f = \frac{5\,c}{2\,l} \Rightarrow l = \frac{5}{c}\,2\,f = 0{,}1325\text{ mm} = 132{,}5\ \mu\text{m}$

A 10: Einseitig geschlossen:

$l = \frac{2\,k-1}{4}\,\lambda = \frac{(2\,k-1)\,c}{4\,f}$

a) $l_1 = 19{,}3$ cm; $l_2 = 57{,}95$ cm; $l_3 = 96{,}59$ cm
b) $l_1 = 15{,}2$ cm; $l_2 = 45{,}5$ cm; $l_3 = 75{,}85$ cm

A 11: **Lautstärke:** Amplitude der Eigenschwingung
Tonhöhe: Frequenz der Eigenschwingung
Klang: Anzahl, Auswahl und Amplitude der höheren Harmonischen, die ebenfalls mit anschwingen.

A 12: Einseitig geschlossene Röhre:

$f_1 = \frac{c}{4\,l} = 2{,}43$ kHz

Biologische Bedeutung: Die Resonanzfrequenzen (auch höhere Harmonische) sind besonders gut wahrnehmbar. Dies bedeutet, dass hohe Frequenzen vom Menschen als lauter wahrgenommen werden als tiefe. Zum Beispiel ist der Schrei eines Kleinkindes wegen des großen Anteils an Oberschwingungen besonders gut wahrnehmbar.

A 13: $\frac{3\,c}{4\,l} = \frac{c}{4\,l} + 400$ Hz

$\Rightarrow \frac{c}{4\,l} = 200\text{ Hz} \Rightarrow l = 42{,}5\text{ cm}$

$f_1 = 200$ Hz; $f_2 = 600$ Hz

A 14: a) $f' = f\left(\frac{1}{1-\frac{v}{c}}\right) = 446{,}55$ Hz

b) • keine Schwebung, von der Wand wird ebenfalls f' reflektiert $\Rightarrow \Delta f = 0$; die Person bleibt stehen!
• Stimmgabel zwischen Person und Wand:
$\Delta f = 446{,}55\text{ Hz} - 443{,}62\text{ Hz} = 2{,}93\text{ Hz}$

A 15: a) $f' = f\left(\frac{1}{1-\frac{v_1}{c}}\right) = 425$ Hz

b) $f' = f\left(\frac{1+v_2/c}{1-v_1/c}\right) \Rightarrow v_2 = 24\ \frac{\text{m}}{\text{s}} = 86{,}4\ \frac{\text{km}}{\text{h}}$

A 16: $f = \frac{c}{2\,l} = 213$ Hz; $v_{max} = l \cdot \omega = 12\ \frac{\text{m}}{\text{s}}$

a) $f_1 = f\,\frac{1}{1+v_{max}/c} = 205{,}8$ Hz

b) $f_2 = f\,\frac{1}{1-v_{max}/c} = 220{,}8$ Hz

A 17: Das Polizeiauto fährt mit $v = 36$ km/h = 10 m/s vor dem Motorradfahrer. Die vermeintliche Schallgeschwindigkeit ist deshalb vermindert auf
$c_1 = 340\text{ m/s} - 10\text{ m/s} = 330\text{ m/s}$.

Tonhöhe im Polizeiauto: $f_1 = f \cdot \frac{1}{1-v_{rel}/c_1} = 495$ Hz

Die direkt neben dem Fahrzeug wahrgenommene Frequenz ist nicht dopplerverschoben $f = 480$ Hz. Aus der Gleichung ergibt sich nach Umformen als Relativgeschwindigkeit zwischen Motorrad und Polizeiauto $v_{rel} = 10$ m/s. Das Motorrad hat also eine Geschwindigkeit vom Betrag $v = 20$ m/s = 72 km/h.
Alternativer Weg: Die Polizei ist bewegter Beobachter mit der wahrgenommenen Frequenz $f' = f \cdot (1 + v/c)$.

Seite 153

A 1: a) Die Schwingkreiskapazität $C = 25$ pF besteht aus den beiden Kapazitäten $C_1 = 50$ pF und $C_2 = C_{GD}$ in Reihenschaltung. Für diese gilt

$\frac{1}{C} = \frac{1}{C_1} + \frac{1}{C_2}$.

Also $\frac{1}{C_2} = \frac{1}{C} - \frac{1}{C_1}$ oder

$C_2 = \frac{C_1 \cdot C}{C_1 - C} = \frac{25 \cdot 50}{50 - 25}\text{ pF} = 50\text{ pF}$.

b) $f = \frac{1}{T} = \frac{1}{2\,\pi\,\sqrt{L\,C}} = 27$ MHz.

Ist $C' < C$, dann muss die Induktivität $L' > L$ sein. Man kann in → V1 bzw. in → B2 die Induktivität
$L = \mu_0\,\mu_r\,n^2\,A/l$
am einfachsten vergrößern, indem man die Länge l der Spule verkürzt. Man verschiebt dazu die Spulenständer.
c) Um die Frequenz $f = 27$ MHz auf $\frac{1}{2}f = 13{,}5$ MHz zu halbieren, muss wegen $f = 1/(2\,\pi\,\sqrt{L\,C})$ die Induktivität vervierfacht werden,
$4\,L = 4 \cdot 1{,}36 \cdot 10^{-6}\text{ H} = 5{,}46 \cdot 10^{-6}\text{ H}$

A 2: Halbiert man den Abstand der Kondensatorplättchen, so wird die Kapazität C (im Idealfall eines homogenen Feldes) zwischen den Platten verdoppelt. Die Frequenz f würde bei unveränderter Induktivität der Schleifen dann auf $f/\sqrt{2}$ abnehmen. Wird jedoch die Halbierung des Plattenabstandes durch Verbiegen der Drahtschleife erreicht, so wird auch der Schleifendurchmesser geringfügig verkleinert, somit auch die Fläche A der Schleife und damit die Induktivität L. Vergleicht man die prozentuale Änderung von L (→ B3) mit der von C, so ist die Änderung der Induktivität L im Vergleich zu der Verdopplung der Kapazität C bzgl. der Frequenzänderung klein. Die Frequenz f des Schwingkreises wird also praktisch auf $f/\sqrt{2}$ verringert, wenn auch nicht ganz.

Seite 155

A 1: Hypothese: Je länger der Dipol, umso kleiner die Eigenfrequenz.
Begründung: Betrachtet man den Übergang vom Schwingkreis zum Dipol nach → B2, so gehört zu einer größeren Schwingkreisschleife bei gleicher Anfangskapazität des Plattenkondensators auch ein längerer Dipol. Eine größere Schwingkreisschleife hat eine größere Fläche A, also auch eine größere Induktivität. Die Eigenfrequenz f ist wegen $f = 1/T = 1/(2\pi\sqrt{L\,C})$ also kleiner.

Seite157

A 1: $\lambda/2 = 10$ cm;
$f = c/\lambda = 3 \cdot 10^8\ \text{m s}^{-1}/0{,}2\ \text{m} = 1{,}5$ GHz

A 2: Das E-Feld wird durch Induktion erzeugt und nicht durch die Ladung an den Enden des Stabes. Die Elektronen werden in diesem Feld nach oben verschoben, sodass das untere Ende des Stabs positive Polarität erhält.

Seite 161

A 1: a) Leitungswasser leitet den elektrischen Strom sehr viel besser als destilliertes Wasser. Durch die vom elektrischen Wechselfeld in Leitungswasser erzeugten Wechselströme verliert die elektromagnetische Welle Energie. Ihre Amplitude nimmt auf dem Weg durch das Leitungswasser zu stark ab.
b) Bei Seilwellen hat man am festen Ende einen Bewegungsknoten (analog zum Knoten des elektrischen Wechselfeldes an der Metallplatte) und am losen Ende einen Bewegungsbauch (analog zum Bauch des elektrischen Wechselfeldes bei Reflexion an der Grenzfläche Wasser/Luft).

A 2: a) Für die 1. Oberschwingung (= 2. Harmonische) ist die Länge des Stabes
$l = \lambda = c/f = 3 \cdot 10^8\ \text{m s}^{-1}/(434 \cdot 10^6\ \text{s}^{-1}) = 0{,}69$ m
b) In der Mitte des Stabes befindet sich ein Stromstärkeknoten. Ein Mikrolämpchen kann dort nicht leuchten.

A 3: Die Wellen werden von einem Dipol der Länge $l = 40$ m ausgesandt. Die Wellenlänge beträgt $\lambda = 2\,l = 80$ m. Die Langwellen haben die Frequenz $f = c/\lambda = 3 \cdot 10^8\ \text{m s}^{-1}/80\ \text{m} = 3{,}75$ MHz.

Seite 163

A 1: a) $\vec{E}_s$ hat eine waagrechte elektrische Komponente vom Betrag $E_s \cdot \sin\alpha$.
b) Der Empfang geht auf null, wenn der Empfangsdipol parallel zu den Gitterstäben steht.

A 2: Amplitude der einlaufenden Welle: $\hat{E} = 30\ \text{V m}^{-1}$.
Amplitude der reflektierten Welle:
$\hat{E}_P = 30\ \text{V m}^{-1} \cdot \sin 30° = 15\ \text{V m}^{-1}$
Amplitude der durchgehenden Welle:
$\hat{E}_S = 30\ \text{V m}^{-1} \cdot \cos 30° = 26\ \text{V m}^{-1}$

A 3: Der elektrische Feldvektor der einlaufende Welle schwinge in einer vertikalen Ebene (wie in → V3). Die Stäbe des ersten Gitters seien gegen die Waagrechte um 60° gedreht, die des zweiten um 30°. Die vertikale Schwingungsebene des elektrischen Feldvektors ist nach dem Durchgang durch das erste Gitter um 60° gedreht, beim Durchgang durch das zweite Gitter um weitere 30°. Der elektrische Feldvektor der Welle hinter beiden Gittern schwingt also in einer waagrechten Ebene. Die Polarisationsrichtung wurde insgesamt um 90° gedreht. (Die Amplitude des elektrischen Wechselfeldes ist nun jedoch kleiner).

Seite 165

A 1: AM: 4 V; FM: 2 V

A 2: a) Beim Vibraphon wird durch rotierende Klappen die Lautstärke periodisch geändert: Unter den Platten, die durch ein Hämmerchen angeschlagen werden, befinden sich Resonanzröhren, die auf die Frequenz der Platten abgestimmt werden. Die rotierenden Klappen befinden sich in den oberen Rohrenden. Sie öffnen und schließen die Resonatoren periodisch und verändern so die Amplitude des Tons.

b) Bei der Geige wird durch geringfügiges aber schnelles Hin- und Herrollen der Fingerkuppe auf der gedrückten Saite deren Länge und damit deren Eigenfrequenz geändert.
Siehe z. B. http://www.theviolinsite.com/vibrato.html

A 3:

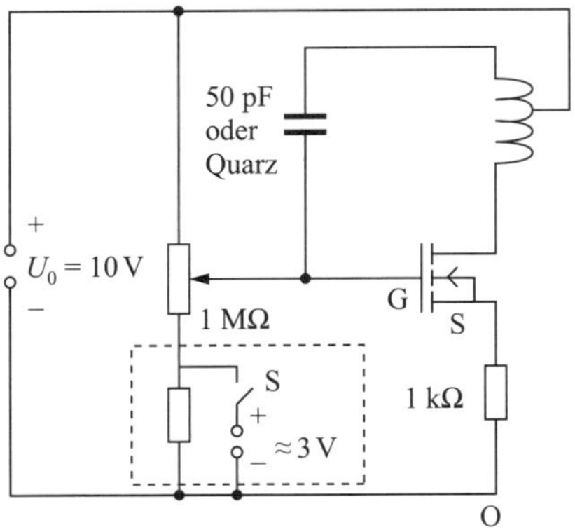

Durch Schließen des Schalters S wird der Arbeitspunkt des FET deutlich geändert. Damit ändert sich auch die Amplitude der Schwingung. Sie nimmt also zwei verschiedene Werte an (Schalter S geschlossen bzw. offen). Für schnelle Schaltvorgänge kann man z. B. anstatt des Schalters S einen Transistor als elektronisch gesteuerten Schalter verwenden.
(Der parallel zu Schalter und Spannungsquelle liegende 1 kOhm-Widerstand (< 1 MOhm) ändert bei geöffnetem Schalter den Arbeitspunkt im Vergleich zu → V1 praktisch nicht.)

A 4: – Satellitenfernsehen und Rundfunk (analog und digital, FM)
- Funkrauchmelder
- Hauswetterstation (868 MHz; digitale Übertragung)
- Funktürschließer (868 MHz; digitale Übertragung, FM)
- Funktürgong (868 MHz, FM, digital)
- Funksteckerschalter (433 MHz, FM, digital)
- Navigationsgerät (digital, FM)
- Funkthermometer (433 MHz, FM, digital)

A 5: C-Band: 3,4–4,2 GHz (Amerika, Afrika, Asien)
Ku-Band (Europa): 11–14 GHz (vor allem Europa)
13–14 GHz von der Erde zum Satellit
11–12 GHz vom Satellit zur Erde
Ka-Band (evtl. zukünftig) 17–21 GHz

A 6: Es gibt Flug- und Seefunkfeuer. Sie dienen zur Positionsbestimmung von Flugzeugen bzw. Schiffen oder Fahrzeugen. Man unterscheidet dabei verschiedene Verfahren:
Bestimmt man z. B. mit Peilantennen die Richtungen, aus der die elektromagnetischen Wellen zweier Sender eintreffen und kennt deren Orte, so lässt sich aus den beiden Richtungen die Position des Schiffes bestimmen (Kreuzpeilung).
Man misst die Laufzeiten eines zeitgleich von drei Sendern ausgesandten Signals. Aus der bekannten Position der drei Sender und den Laufzeiten lässt sich die eigene Position bestimmen.
Bei gerichteten Funkfeuern soll ein Fahrzeug dem von einer Richtantenne ausgestrahlten Leitstrahl folgen.

Seite 169

A 1: a) Die beiden Seitenbänder liegen symmetrisch zur Trägerfrequenz f_0 bei f_0 – 500 Hz und bei f_0 + 500 Hz. Es wird somit der Frequenzbereich von f_0 – 500 Hz bis f_0 + 500 Hz beansprucht. Die Bandbreite beträgt also 1000 Hz.
b) Nimmt man die klangbestimmenden Obertöne mit hinzu (nach der HIFI-Norm Frequenzen bis zu 12 500 Hz), so umfasst die Bandbreite einen Frequenzbereich von 2 · 12 500 Hz = 25 kHz.
A 2: Bei möglichst lauter Übertragung eines Tons mit der Frequenz f_{Ton} sind die Zeiger zu den Seitenfrequenzen $f - f_{Ton}$ und $f + f_{Ton}$ halb so lang wie der Zeiger zur Trägerfrequenz f.
Hat dieser die Länge $\hat{a}$, dann haben die beiden Zeiger zu den Seitenfrequenzen die Länge $\frac{1}{2}\,\hat{a}$. Die Amplitude des modulierten Signals schwankt dann von 0 bis 2 $\hat{a}$.
Bei eher leiser Übertragung sind die beiden Zeiger der Seitenfrequenzen entsprechend kürzer.

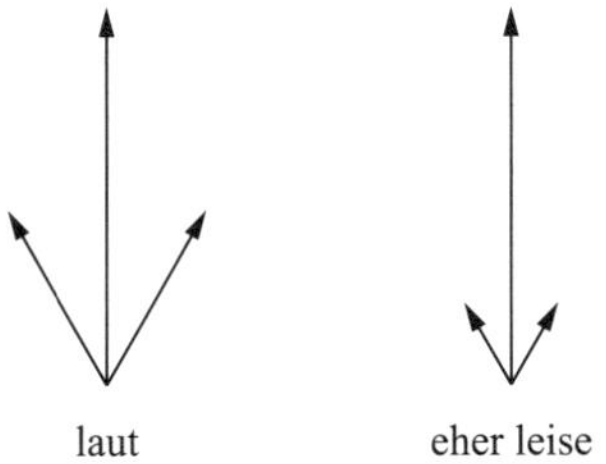

Momentbild der Zeiger:
links für maximale Modulation (große Lautstärke)
rechts für geringe Modulation (geringe Lautstärke)

A 3: Bei doppelter Drehzahl der Lochscheibe ändern sich nur die beiden Seitenfrequenzen. Sie nehmen die Werte f_u = 440 Hz – 220 Hz = 220 Hz und f_o = 440 Hz + 220 Hz = 660 Hz an. Die Amplituden (Zeigerlängen) ändern sich praktisch nicht.

A 4: 1. Möglichkeit:
Man nehme mit einem Messwerterfassungssystem mehrere Perioden der periodischen Lautstärkeänderung auf (Mikrofon, Cassy, FFT-Programm) und wende auf die gemessene Kurve eine FFT-Analyse (Computerprogramm zur Messwerterfassung) an. Bei einer Schwebung zeigt das Frequenzspektrum zwei Frequenzen, bei Amplitudenmodulation drei.
2. Möglichkeit (schwieriger):
Man untersuche, ob das Oszillogramm (zeitlicher Verlauf der Schwingung) im Amplitudenminimum einen Phasensprung zeigt. Bei einem Phasensprung handelt es sich um eine Schwebung, liegt kein Phasensprung vor, um Amplitudenmodulation.

Seite 170

A 1: $\lambda = c/f = 3 \cdot 10^8\ \text{m s}^{-1}/(1{,}8 \cdot 10^9\ \text{s}^{-1}) = 0{,}1666$ m;
Dipollänge $l = \lambda/2 = 8{,}3$ cm

A 2: Beträgt die Tiefe, Breite oder Höhe des Garraumes ein ganzzahliges Vielfaches der halben Wellenlänge, so können sich in die jeweilige Richtung stehende Wellen ausbilden: $n \cdot \lambda/2 = n \cdot 6{,}1$ cm (mit n = 1, 2, 3, …) liefert die Längen: 6,1 cm; 12,2 cm; 18,3 cm; 24,4 cm; 30,5 cm usw.
Beispiel:
Tiefe = 31 cm, Breite = 31 cm, Höhe = 20 cm. Die Bedingung für stehende Wellen ist in Richtung Tiefe und Breite näherungsweise erfüllt.

A 3: a) Länge des Dipols:

$$l = \lambda/2 = c/2f = c \cdot T/2 = c \cdot 2\pi\sqrt{LC}/2 = c \cdot \pi\sqrt{LC}$$
$$= 3 \cdot 10^8\ \text{m s}^{-1} \cdot \pi\sqrt{0{,}3 \cdot 10^{-6}\ \text{H} \cdot 4{,}8 \cdot 10^{-12}\ \text{F}}$$
$$= 1{,}13\ \text{m}$$

b) Im Medium Alkohol beträgt die Wellenlänge $\lambda_A = 2 \cdot 22$ cm = 0,44 m,
Ausbreitungsgeschwindigkeit in Alkohol:
$c_A = \lambda_A \cdot f = \lambda_A \cdot c/\lambda = c \cdot \lambda_A/\lambda = c \cdot l_A/l$
$= 3 \cdot 10^8\ \text{m s}^{-1} \cdot 22\ \text{cm}/113\ \text{cm} = 5{,}84 \cdot 10^7\ \text{m s}^{-1}$.

c) $\varepsilon_r = (c_0/c_A)^2 = \left(\frac{3 \cdot 10^8}{5{,}84 \cdot 10^7}\right)^2 = 26{,}4$

A 4: $\lambda = c/f = 2{,}00$ m. Der Dipol ist also in seiner Grundschwingung angeregt, $l = \lambda/2 = 1$ m.
In der Mitte (Strombauch): I_{eff} = 100 mA; an den Enden: I_{eff} = 0.
Mit $I_{eff} = 100\ \text{A} \cdot \sin(x/l \cdot \pi)$ und l = 100 cm folgt für
x = 25 cm: $I_1 = 100\ \text{mA} \cdot \sin(\pi/4) = 70{,}7$ mA.
x = 12,5 cm: $I_2 = 100\ \text{mA} \cdot \sin(\pi/8) = 38{,}3$ mA

A 5: a) Die magnetischen Felder gehen senkrecht durch die Ebene der Schwingkreisschleife. Die magnetischen Feldvektoren der nach links und rechts wandernden Wellen schwingen also senkrecht zur Papierebene, die elektrischen Feldvektoren senkrecht dazu. Ihre Schwingungsebene ist also die Papierebene.

b) $f = \frac{1}{2\pi\sqrt{LC}} \Rightarrow L = \frac{1}{4\pi^2 f^2 C}$

$= 1/(4\pi^2 \cdot 430^2 \cdot 10^{12}\ \text{s}^{-2} \cdot 5 \cdot 10^{-12}\ \text{F})$
$= 2{,}7 \cdot 10^{-8}\ \text{H} = 27$ nH

A 6: Leiser Ton:

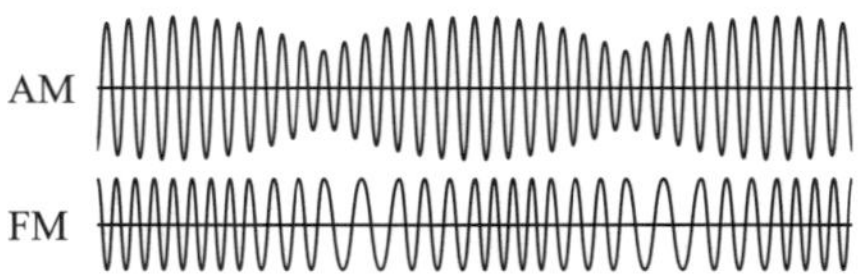

Lauter Ton:

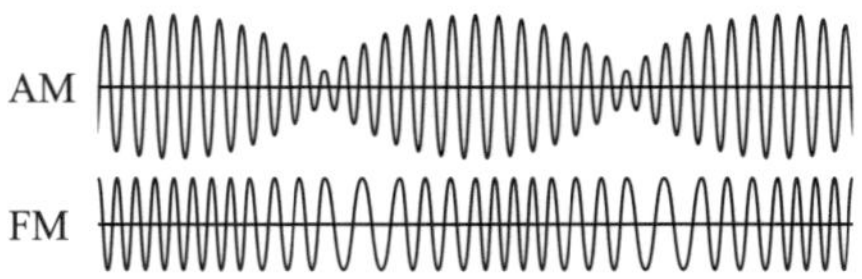

A 7: Bei schlechter Übertragung nimmt die Amplitude der elektromagnetischen Welle ab. Bei AM wird deshalb auch deren Amplitudenänderung, welche die Lautstärke eines Tons bestimmt, geringer.
Bei FM bleibt trotz Abnahme der HF-Amplitude die Frequenzänderung die gleiche, also auch die durch diese bestimmte Lautstärke. Die Lautstärke wird bei immer geringer werdender HF-Amplitude zunehmend von einem Rauschen überdeckt.

A 8: a) Eine Addition von Träger- und Tonschwingung ergäbe das folgende Bild:

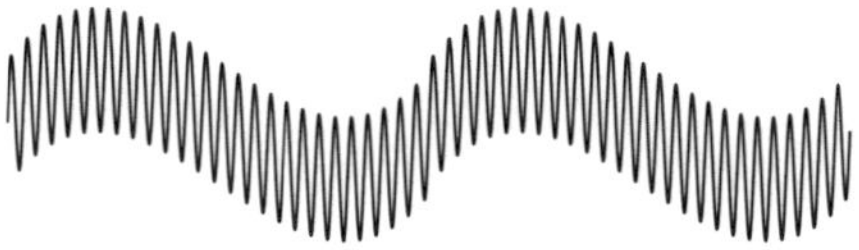

Dies ist keine Amplitudenmodulation, denn die Amplitude der HF-Schwingung ändert sich nicht.

b) Unter der Bandbreite einer Aussendung versteht man den Frequenzbereich, der für eine Übertragung vorgesehen ist. Bei Amplitudenmodulation ist es z. B. der Frequenzbereich vom unteren Seitenband bis zum oberen Seitenband des höchsten Tons, der noch übertragen werden soll.

c) $\hat{I}\,(1 + \sin \omega_T\, t) \cdot \sin \omega\, t$

$= \hat{I} \sin \omega\, t + \hat{I} \sin \omega\, t \cdot \sin \omega_T\, t$

$= \hat{I} \sin \omega\, t + \frac{1}{2}\hat{I} \cos (\omega\, t - \omega_T\, t) - \frac{1}{2}\hat{I} \cos (\omega\, t + \omega_T\, t)$

$= \hat{I} \sin \omega\, t + \frac{1}{2}\hat{I} \cos (\omega - \omega_T)\, t - \frac{1}{2}\hat{I} \cos (\omega + \omega_T)\, t$

Die Amplitudenmodulation enthält also die folgenden drei Frequenzen:

– die Frequenz ω des Trägers

– die Differenz von Trägerfrequenz und Tonfrequenz $\omega - \omega_T$ (unteres Seitenband)

– die Summe von Trägerfrequenz und Tonfrequenz $\omega + \omega_T$ (oberes Seitenband)

INTERFERENZPHÄNOMENE

Seite 175

A 1:

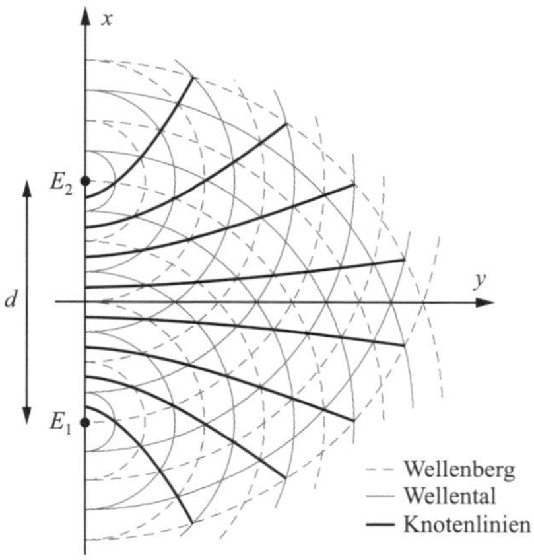

An den Stellen mit einem Wegunterschied von $(2n - 1) \cdot \lambda/2$ tritt Auslöschung auf (hier: An den Stellen, wo sich Maxima und Minima kreuzen). Es entstehen 4 Knotenlinien verschiedener Ordnung.

A 2: Stichworte für den Kurzvortrag: Am linken Bildrand Q_1 setzen. – Beliebigen Zielpunkt Z setzen und verschieben, auf Phasenlage des Zielzeigers hinweisen, Zusammenhang mit Abstand Q_1Z erklären. – Zweite Quelle Q_2 setzen, Zeigerkette am Zielpunkt erklären. – Zielpunkt verschieben, Änderung der Phasendifferenz zeigen und erklären – Zielpunkt mit Phasendifferenz π suchen – Knotenlinie abtasten – Weiteren Zielpunkt setzen und benachbarte Knotenlinie suchen.

Seite 176

A 1: Mit $c = \lambda \cdot f$ berechnet man
$\lambda = c/f = 342\ \text{m s}^{-1}/39\,800\ \text{s}^{-1} = 0{,}008\,59\ \text{m}$.
Dieser Wert stimmt gut mit der zu 0,86 cm gemessenen Wellenlänge überein.

A 2: Mit den im Buch benutzten Bezeichnungen und den für s_1 und s_2 angegebenen Formeln muss für das nach der ersten Knotenlinie beobachtete Maximum gelten:

$$s_1 - s_2 = \sqrt{a^2 + (d+1)^2} - \sqrt{a^2 + (d-1)^2} = \lambda$$

Außer d sind alle Größen bekannt. Es geht also darum, eine Wurzelgleichung zu lösen. Man kann aber auch probieren. Mithilfe eines programmierbaren Rechners kommt man schnell zum Ziel, weil man die Formeln nur einmal einzugeben braucht:

	A	B	C	D	E
1	a =	1,5	m		
2	l =	0,04	m		
3	d =	0,162	m	162	
4	lambda =	0,0086	m		
5					
6					
7	s1 =	1,5135	m		
8	s2 =	1,5050	m		
9					
10	s1 - s2 =	0,00858707			
11	(s1-s2)/lambda	1,00			

In die Zellen B7 und B8 sind die Formeln für s_1 und s_2 eingetragen. Mit dem Formulareditor ist ein Schieberegler erzeugt worden, mit dem für d Werte von 0,001 bis 1,000 m eingestellt werden können. Man findet: Für $d = 16{,}2$ cm unterscheiden sich s_1 und s_2 um λ.

A 3: Bei kleiner werdendem Senderabstand nimmt die Zahl der Knotenlinien ab, ihre Krümmung nimmt zu. Auf der Verbindungslinie der beiden Sender gilt wie bei stehenden Wellen, dass der Abstand zweier Knoten (-linien) gleich der halben Wellenlänge ist. Der Senderabstand hat darauf keinen Einfluss, er bestimmt allein die Zahl der zwischen den Sendern auftretenden Knoten. Wird der Abstand kleiner als $\lambda/2$, so verschwindet die Interferenzerscheinung zwischen den Sendern und auch sonst überall.

A 4: Die durch die Wegunterschiede bestimmte Phasendifferenz wird um $\pi/2$ verändert. Das System der Knotenlinien wird verschoben.

A 5: Als Interferenzmaximum bezeichnet man einen Ort mit maximaler resultierender Amplitude. Die Elongation kann dort zu einem bestimmten Zeitpunkt maximal sein. Nur für diesen Zeitpunkt gilt „Berg + Berg = Maximum“. Rotierende Zeiger zeigen diesen und alle anderen Zeitpunkte.

A 6: Wenn zwei rotierende Zeiger stets die gleiche Richtung haben, wenn ihre Phasenwinkel immer gleich groß sind (obwohl sie sich ständig ändern), sagt man, sie sind „in Phase“.

Seite 181

A 1: a) Die Wegdifferenz im Punkt Z beträgt:

$$\delta_Z = g \cdot \sin \alpha_Z \approx g \cdot \tan \alpha_Z \approx g \frac{d_Z}{a}$$
$$= 0{,}65 \text{ mm} \cdot \frac{6 \text{ mm}}{4{,}1 \text{ m}} = 951{,}2 \text{ nm}$$

Da dieser Wert größer als die Wellenlänge des HeNe-Laser von 632,8 nm ist, wird zur Berechnung der Phasendifferenz die Wellenlänge abgezogen, um so einen Wert zu erhalten, der kleiner als die Wellenlänge ist.

$$\Delta \varphi_Z = 2\,\pi \cdot \frac{d_Z - \lambda}{\lambda} = 3{,}16 \approx \pi \mathrel{\hat{=}} 180°$$

⇒ Die beiden Wellenzüge heben sich auf.
Für den Punkt ZM auf der Hälfte zwischen M und Z folgt analog:

$$\Delta \varphi_{ZM} = 2\,\pi \cdot \frac{d_{ZM}}{\lambda} = 4{,}72 \approx 1{,}5\,\pi \mathrel{\hat{=}} 270°$$

Zum Zeichnen der Zeigerbilder wird noch die Phasenbeziehung der Orte ZM und Z für die Welle von Punkt Q_1 benötigt. Sie ergibt sich aus der Differenz der Entfernungen E zum Punkt Q_1.

$$E_Z - E_{ZM} = d_Z \cdot \sin \alpha_Z - d_{ZM} \cdot \sin \alpha_{ZM}$$
$$\approx d_Z \cdot \tan \alpha_Z - d_{ZM} \cdot \tan \alpha_{ZM}$$
$$= d_Z \cdot \frac{d_Z}{a} - d_{ZM} \cdot \frac{d_{ZM}}{a}$$
$$= \frac{(6 \text{ mm})^2}{4{,}1 \text{ m}} - \frac{(3 \text{ mm})^2}{4{,}1 \text{ m}}$$
$$= 6585{,}4 \text{ nm}$$

Das ist etwas mehr als das 10fache der Wellenlänge. Für die Phasendifferenz folgt somit:

$$\Delta \varphi = 2\,\pi \cdot \frac{E_Z - E_{ZM} - 10\,\lambda}{\lambda} = 2{,}56 \approx 0{,}81\,\pi \mathrel{\hat{=}} 146°$$

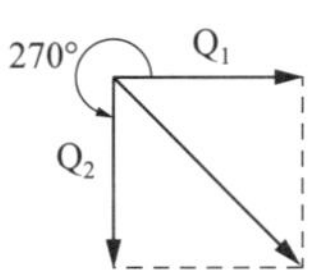

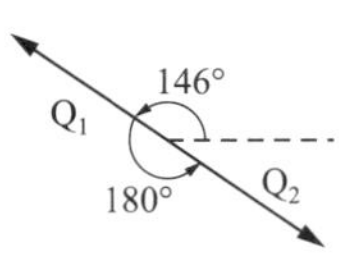

b) Die Phasendifferenzen werden analog zu a) berechnet.

400 nm:

$$\Delta \varphi_Z = 2\,\pi \frac{951{,}2 \text{ nm} - 800 \text{ nm}}{400 \text{ nm}} \mathrel{\hat{=}} 136°$$

$$\Delta \varphi_{ZM} = 2\,\pi \frac{475{,}6 \text{ nm} - 400 \text{ nm}}{400 \text{ nm}} \mathrel{\hat{=}} 68°$$

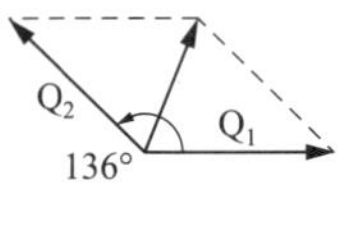

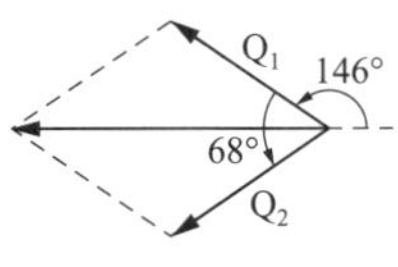

500 nm:

$$\Delta \varphi_Z = 2\,\pi \frac{951{,}2 \text{ nm} - 500 \text{ nm}}{500 \text{ nm}} \mathrel{\hat{=}} 325°$$

$$\Delta \varphi_{ZM} = 2\,\pi \frac{475{,}6 \text{ nm} - 500 \text{ nm}}{500 \text{ nm}} \mathrel{\hat{=}} 342°$$

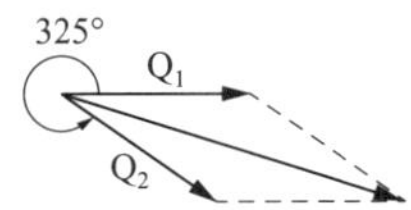

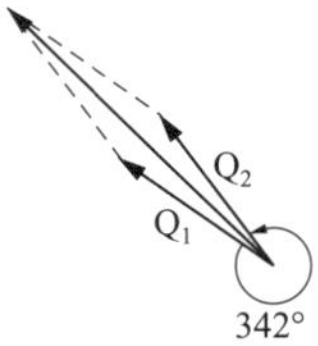

600 nm:

$$\Delta \varphi_Z = 2\,\pi \frac{951{,}2 \text{ nm} - 600 \text{ nm}}{600 \text{ nm}} \mathrel{\hat{=}} 211°$$

$$\Delta \varphi_{ZM} = 2\,\pi \frac{475{,}6 \text{ nm} - 600 \text{ nm}}{600 \text{ nm}} \mathrel{\hat{=}} 285°$$

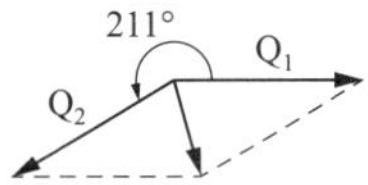

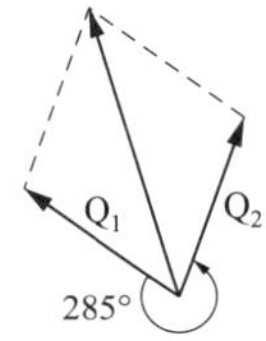

A 2: Wir rechnen mit den Werten von V1:
$a = 4{,}1$ m, $g = 0{,}65 \cdot 10^{-3}$ m, $d = 4{,}0$ mm.

	A	B	
1	a =	4,1	m
2	g =	6,50E-04	m
3	d =	0,004	m
4			
5	s1 =	4,100002281173150	m
6	s2 =	4,100001647027110	m
7			
8	s1 - s2 =	0,000000634146038	
9			
10	g * d /a =	0,000000634146341	
11			

In den Zellen B5 und B6 stehen die mit der Planskizze begründeten Formeln:

$$s_1 = \sqrt{a^2 + (d + g/2l)^2},\ s_2 = \sqrt{a^2 + (d - g/2)^2}$$

Es gilt $\lambda = s_1 - s_2$.
Die Ergebnisse werden mit 15 Dezimalstellen dargestellt.
Der mit der Näherungsformel $\lambda = d \cdot g/a$ berechnete Wert unterscheidet sich in der 13. Nachkommastelle. Das Ergebnis $\lambda = 634$ nm ist davon unberührt.

A 3: a) $\lambda = d \cdot g/a$
$= 0{,}304 \cdot 10^{-3}\ \text{m} \cdot 0{,}8 \cdot 10^{-3}\ \text{m}/0{,}5\ \text{m}$
$= 468 \cdot 10^{-9}\ \text{m} = 468\ \text{nm}.$

b) Für Interferenzmaxima gilt die gleiche Formel wie für Interferenzminima. Wenn der Streifenabstand um den Faktor 2 mm/0,304 mm = 6,58 wachsen soll, muss der Spaltabstand um den gleichen Faktor kleiner werden: $g = 0{,}8\ \text{mm}/6{,}58 = 0{,}12\ \text{mm}$.

Seite 183

A 1: Gemäß $\lambda = d \cdot g/a$ sind Wellenlänge und Streifenabstand proportional, also:

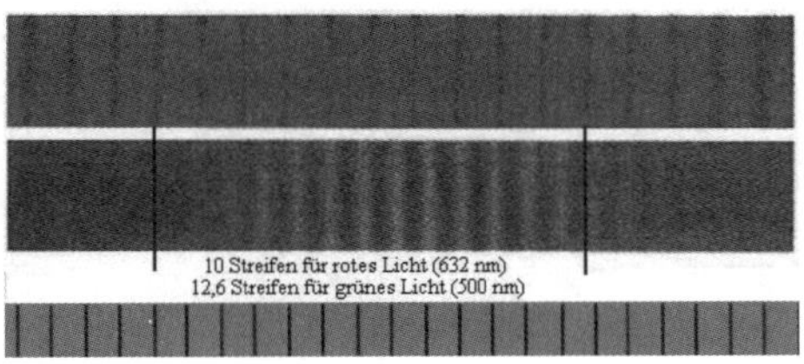

A 2: Die zugehörigen Frequenzen liegen zwischen $7{,}5 \cdot 10^{14}$ Hz und $3{,}75 \cdot 10^{14}$ Hz. Dieses Frequenzverhältnis von 2 : 1 entspricht – akustisch ausgedrückt – dem Umfang einer Oktave.

A 3: Gemäß $\lambda = d \cdot g/a$ sind Wellenlänge und Streifenabstand proportional. Bei halber Wellenlänge halbiert sich der Streifenabstand.

A 4: a) Die Huygens-Zentren sind immer noch kohärente Quellen (gleiche Frequenz), aber nicht mehr in Phase. Wenn man für einen Zielpunkt die zur Wegdifferenz gehörige Phasendifferenz bestimmt hat, muss man noch zusätzlich die Phasendifferenz zwischen den beiden Quellen berücksichtigen. Die Mittelsenkrechte der Geraden $\overline{Q_1Q_2}$ ist nur dann Symmetrieachse des Interferenzfeldes, wenn die Phasendifferenz der beiden Erreger ein Vielfaches von 2 π ist. Bei einer Phasendifferenz von π sind im Interferenzfeld Knotenlinien und Linien maximaler Verstärkung vertauscht.

b) Eine geänderte Zeichnung zum Doppelspaltversuch mit Mikrowellen zeigt die in a) begründete Vorhersage:

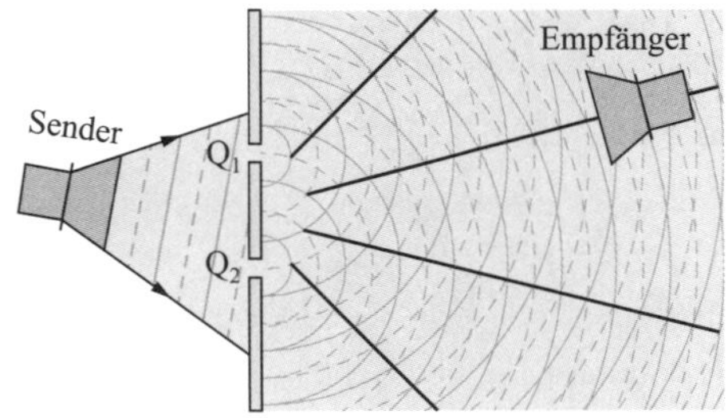

Gezeichnet ist der Fall, dass Q_1 und Q_2 gegenphasig erregt werden. Das maßstabsgenaue Zeichnen der Kreiswellensysteme ist allerdings zeitaufwändig.
Man kann mit Geometrie-Software ein dynamisches Zeigerbild zeichnen:

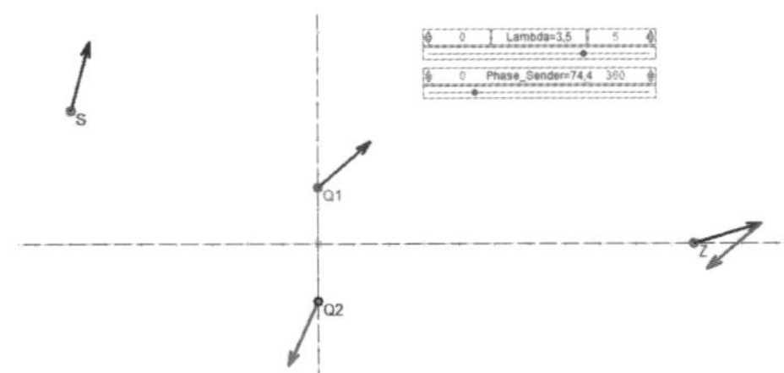

S und Z können beliebig verschoben werden, Q_1 längs der gestrichelten Linie, Q_2 bewegt sich spiegelbildlich. An den Schiebereglern kann man die Wellenlänge einstellen und die Phase des Senders verschieben, dann drehen sich alle Zeiger. In der dargestellten Situation schwingen die Huygens-Zentren Q_1 und Q_2 fast gegenphasig. Auf der Symmetrieachse herrscht – bei stets gleichen Wegen von Q_1 und Q_2 – destruktive Interferenz.

Seite 187

A 1: Der Abstand der Spektrallinien ergibt sich aus der Differenz der Positionen der einzelnen Linien:
$\sin \alpha_k = k \cdot \lambda/g$ mit $k = 1, 2, \ldots$ mit $g = 2 \cdot 10^{-6}$ m.
Hieraus folgt: $\alpha_1 = 23{,}0°$ und $\alpha_2 = 51{,}3°$. Der Abstand der Spektrallinien beträgt somit:
$d = 1{,}5\ \text{m} \cdot (\tan \alpha_2 - \tan \alpha_1) = 1{,}24\ \text{m}.$

A 2: Die Gitterkonstante g kann aus dem Abstand $d = 11{,}8$ cm der Spektrallinien 1. Ordnung berechnet werden:

$$\tan \alpha_1 = \frac{d/2}{a} = \frac{11{,}8 \cdot 10^{-2}\ \text{m}}{2 \cdot 1\ \text{m}} = 0{,}059 \Rightarrow \alpha_1 = 3{,}38°$$

$$g = \frac{1 \cdot \lambda}{\sin \alpha_1} = 10\ \mu\text{m}$$

A 3: Die Gitterkonstante beträgt $g = \frac{1}{5000 \cdot 100}$ m = 2 µm. Glühlichtspektrum: 400 nm $\leq \lambda \leq$ 800 nm.

a) $1 \geq \frac{k \cdot \lambda}{g} \Rightarrow 1 \geq \frac{k \cdot 800\ \text{nm}}{2\ \mu\text{m}} \Rightarrow 2{,}5 \geq \text{k}$.

Das sichtbare Spektrum kann bis zur zweiten Ordnung ganz beobachtet werden.

b) $\sin \alpha_k = 1 = \frac{k^* \cdot \lambda}{g}$; $1 \geq \frac{k^*\ 400\ \text{nm}}{2 \cdot 10^{-6}\ \text{m}}$; $k^* \leq 5$

Die Wellenlänge der höchsten Ordnung beträgt $\lambda_{\text{Grenz}} = 400$ nm.

A 4: a) Schirm $a = 2{,}5$ m, $\lambda_1 = 405$ nm (violett), Abstand der beiden Linien 1. Ordnung $2 \cdot d_1 = 40{,}6$ cm.

$\tan \alpha_1 = \frac{40{,}6 \cdot 10^{-2}\ \text{m}}{2 \cdot 2{,}5\ \text{m}} \Rightarrow \alpha_1 = 4{,}64°$.

$g = \frac{\lambda}{\sin \alpha_1} = \frac{405\ \text{nm}}{\sin (4{,}64°)} = 5\ \mu\text{m}$

b) In der ersten Ordnung ist $\alpha_{1V} = 4{,}64°$. Für die grüne Spektrallinie sind

$\sin \alpha_{1g} = \frac{546\ \text{nm}}{5\ \mu\text{m}}$; $\alpha_{1g} = 6{,}27°$.

Lage der grünen Spektrallinie 1. Ordnung:
$d_{1gr} = a \cdot \tan \alpha_{1gr} = 0{,}275$ m, also ist der Abstand der grünen von der violetten Linie in der ersten Ordnung $\Delta d_1 = 27{,}5\ \text{cm} - 20{,}3\ \text{cm} = 7{,}2$ cm. In der zweiten Ordnung ergibt sich für den Abstand $\Delta d_2 = 14{,}9$ cm.

c) Die grüne Linie fällt in das Spektrum der nächst höheren Ordnung, wenn gilt:

$\frac{(k+1) \cdot \lambda_v}{g} \leq \frac{k \cdot \lambda_{gr}}{g} \Rightarrow k + 1 \leq k \cdot \frac{546\ \text{nm}}{405\ \text{nm}} \Rightarrow$

$1 \leq 0{,}348 \cdot k \Rightarrow k \geq 2{,}87$.

Ab der dritten Ordnung fällt die grüne Linie erstmals in die nächst höhere Ordnung.

A 5 a) Zur Berechnung des Gangunterschiedes $\delta = \delta_2 - \delta_1$ wird zunächst δ_2 aus der Gleichung $\cos \beta = \delta_2/g$ bestimmt, wobei für den Winkel β gilt: $\beta = 90° - (\varphi + \alpha)$. Somit folgt für $\delta_2 = g \cdot \cos \beta = g \cdot \cos(90° - (\varphi + \alpha)) = g \cdot \sin(\varphi + \alpha)$. Die zweite Strecke ergibt sich nun aus $\delta_1 = g \cdot \sin \varphi$. Damit folgt für den Gangunterschied $\delta = g \cdot [\sin(\varphi + \alpha) - \sin \varphi]$.

b) Für $\delta = g \cdot [\sin(\varphi + \alpha) + \sin \varphi]$ ist der entsprechende Verlauf der Strahlen in der Skizze enthalten.

$\delta_1 = g \sin \varphi$

$180° = (90° - \varphi) + \beta + \alpha$; $\beta = 90° + \varphi - \alpha$

$\delta_2 = g \cdot \sin(90° - (90° + \varphi - \alpha)) = g \cdot \sin(\alpha - \varphi)$

Also $\delta = \delta_1 + \delta_2 = g \cdot [\sin(\alpha - \varphi) + \sin \varphi]$

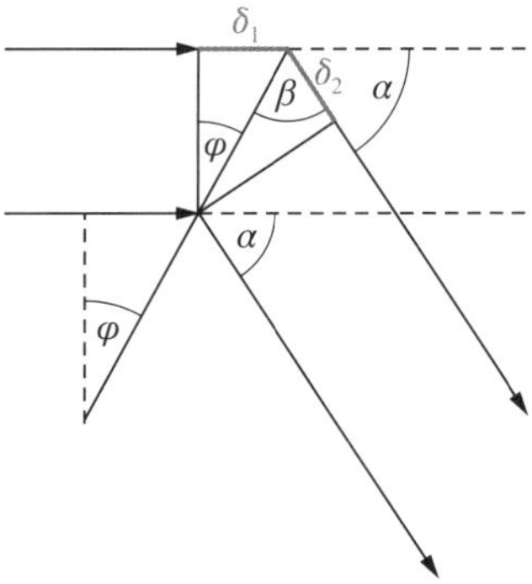

Seite 191

A 1: Einzelspalt: Aus $\sin \alpha_k = k \cdot \lambda/g$ mit $k = 1, 2, \ldots$ folgt: $\alpha_{1r} = 0{,}087\,09°$ und $\alpha_{1b} = 0{,}045\,84°$.
Hieraus folgt
$d_{\text{rot}} = 2 \cdot 1{,}5\ \text{m} \cdot \tan \alpha_{1r} = 4{,}56$ mm;
$d_b = 2 \cdot 1{,}5\ \text{m} \cdot \tan \alpha_{1b} = 2{,}40$ mm.

A 2: Für den Abstand der Dunkelstellen gilt:
$2 \cdot x_1 = 10{,}0$ mm;

$\tan \alpha_1 = \frac{5\ \text{mm}}{3{,}0\ \text{m}} = 0{,}001\,667$; $\lambda = l \cdot \sin \alpha_1 = 500$ nm.

A 3: Die Lage der Dunkelstellen des bei der Beugung am Einfachspalt entstehenden Interferenzmusters hängt von der Wellenlänge ab. An einer Stelle, die z. B. bei rotem Laserlicht als dunkle Streifen auf dem Schirm erscheint, wird in weißem Glühlicht aus der Summe aller Farben nur dieses Rot ausgelöscht (benachbarte Farben werden geschwächt). Das Auge erhält dadurch den Eindruck der Komplementärfarbe Grün. Das gilt auch für alle anderen Farben: es entstehen Mischfarben.

A 4 a) Der Winkelbereich des zentralen Maximums kann wie folgt berechnet werden:

Aus $\lambda = \frac{c}{f} = \frac{1540\ \text{m/s}}{5\ \text{MHz}} = 3{,}08 \cdot 10^{-4}$ m und $\sin \alpha_1 = \frac{1 \cdot \lambda}{l}$

folgt $\alpha = 11{,}8°$. Das zentrale Maximum liegt somit im Winkelbereich $2\,\alpha = 23{,}7°$.

b) Vergrößert man die Breite l des Streifens, so verkleinert sich der Winkelbereich (da $\sin \alpha_1 = 1 \cdot \lambda/l$).

c) Werden fünf solcher Quarzstreifen nebeneinander gelegt, ist

$\sin \alpha^* = \frac{1 \cdot \lambda}{5 \cdot l} \Rightarrow \alpha^* = 2{,}35° \Rightarrow 2\,\alpha^* = 4{,}7°$.

A 5: a) $\lambda = 589$ nm, die Position der hellen Streifen kann aus der Gleichung $\sin \alpha_k = k \cdot \lambda / g$ bestimmt werden, wobei k die Werte k = 1 … 7 annimmt und $g = 0{,}3$ mm beträgt. Da die auftretenden Winkel klein sind, gilt $\sin \alpha_k \approx \tan \alpha_k$ und damit

$$d_k = \tan(\alpha_k) \cdot 2{,}55 \text{ m} \approx \sin(\alpha_k) \cdot 2{,}55 \text{ m}$$
$$= k \cdot \frac{\lambda}{g} \cdot 2{,}55 \text{ m} = k \cdot 0{,}5007 \text{ cm}.$$

Mit dieser Beziehung kann man sich die erste Spalte der folgenden Tabelle sparen.

α_k	$d_k = \tan(\alpha_k) \cdot 2{,}55$ m
$\alpha_1 = 0{,}122°$	$d_1 = 5$ mm
$\alpha_2 = 0{,}225°$	$d_2 = 1$ cm
$\alpha_3 = 0{,}337°$	$d_3 = 1{,}5$ cm
$\alpha_4 = 0{,}450°$	$d_4 = 2{,}0$ cm
$\alpha_5 = 0{,}562°$	$d_5 = 2{,}5$ cm
$\alpha_6 = 0{,}675°$	$d_6 = 3{,}0$ cm
$\alpha_7 = 0{,}787°$	$d_7 = 3{,}5$ cm

b) Die Minima eines einzelnen Spaltes ergeben sich aus:

$$\sin \alpha_k = \frac{k \cdot \lambda}{l} = k \cdot \frac{589 \cdot 10^{-9}\text{ m}}{5 \cdot 10^{-5}\text{ m}} = k \cdot 0{,}011\,78.$$

Für die 1. und 2. Ordnung folgt somit:
$\alpha_1 = 0{,}675°$ und $d_1 = 3$ cm
$\alpha_2 = 1{,}35°$ und $d_2 = 6$ cm

c) Das Maximum mit $d_6 = 0{,}03$ m kann nicht beobachtet werden, da in diese Richtung kein Licht von den Einzelspalten kommt.

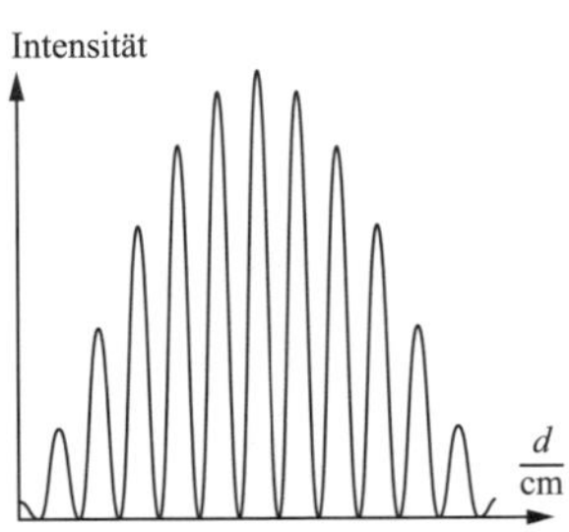

A 6: a)

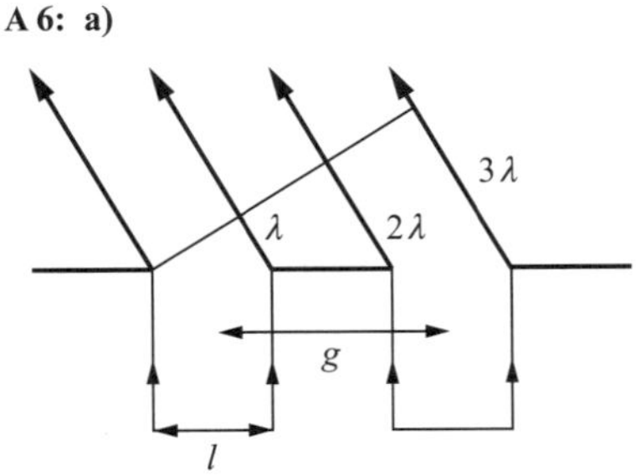

Die Spaltbreite l des Gitters ist hier halb so groß wie die Gitterkonstante g. Nach dem Bild wird jedes zum Maximum 2. Ordnung hinführende Lichtbündel für sich ausgelöscht, da seine Randstrahlen jeweils den Gangunterschied $\delta = \lambda$ haben. Dasselbe geschieht für $\delta = 2\lambda, 3\lambda, \ldots$ also auch für die Maxima 4., 6. … Ordnung des Gitters.

b) Gitter, bei dem die Spaltbreite jeweils der dritte Teil der Gitterkonstanten ist: entsprechend den Überlegungen von a) wird jedes zum Maximum 3. Ordnung hinführende Lichtbündel für sich ausgelöscht, da seine Randstrahlen jeweils den Gangunterschied $\delta = \lambda$ haben. Dasselbe geschieht für $\delta = 2\lambda, 3\lambda, \ldots$, also auch für die Maxima 6., 9., 12. … Ordnung des Gitters.

A 7: a)

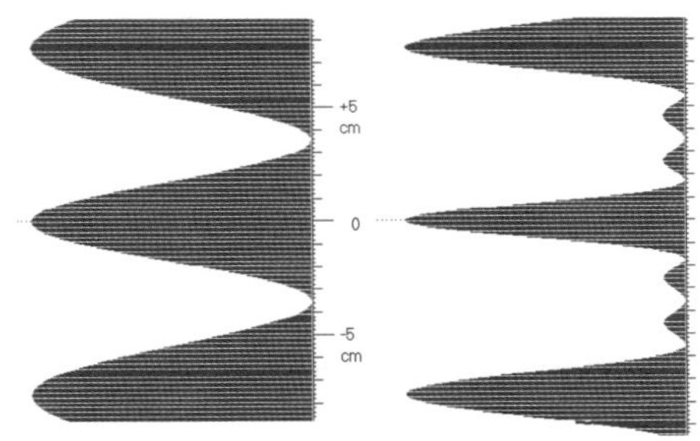

Vergleich von Doppelspalt und Vierfachspalt bei gleicher Spaltbreite ($l = 0{,}05$ cm) und gleichem Spaltabstand: Die Hauptmaxima liegen an den gleichen Stellen. Zwischen den Hauptmaxima liegen beim Vierfachspalt noch zwei Nebenmaxima.
Beim Vierfachspalt befinden sich zwischen zwei Hauptmaxima drei Dunkelstellen, beim Doppelspalt nur eine Dunkelstelle.

b) Die Maxima des 4-fach-Spaltes werden moduliert mit der Einhüllenden des Einzelspaltes. Haben wir nur sehr feine Einzelspalte (anders ausgedrückt: ist das Verhältnis Gitterkonstante/Spaltbreite = g/l groß), so haben wir in einem weiten Bereich Maxima des Vierfachspalts mit etwa gleicher Helligkeit. Insgesamt ist die Gesamtintensität gering, die Einzelmaxima aber scharf ausgeprägt. Fällt das 10. Maximum des Vierfachspalts mit dem ersten Minimum des Einzelspalts zusammen, so haben wir dort eine Dunkelstelle. Geht das Verhältnis gegen 1, so ist in der Geradeausrichtung der größte Teil der Intensität enthalten.

Seite 195

A 1:

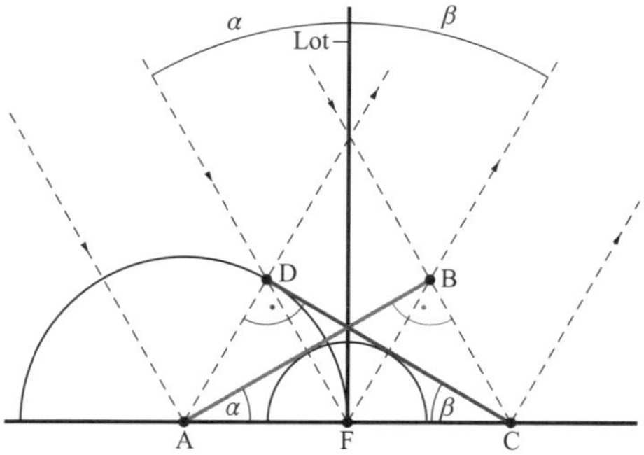

Die rechtwinkligen Dreiecke ACB und ACD haben eine gemeinsame Hypotenuse und gleich lage Katheten (BC = AD, weil die Welle im gleichen Medium hin und zurück läuft) Also sind auch die Winkel α und β gleich groß. Man findet sie als Einfalls- und Ausfallswinkel wieder.

A 2: Man liest im Diagramm ab: $\alpha = 60°$, $\beta = 20°$ und rechnet: $\sin \alpha / \sin \beta = \sin 60° / \sin 20° = 2{,}53$.
Aus $c_{\text{Vakuum}}/c_{\text{Diamant}} = 2{,}53$ folgt dann:
$c_{\text{Diamant}} = 3{,}0 \cdot 10^8 \text{ m s}^{-1}/2{,}53 = 1{,}19 \cdot 10^8 \text{ m s}^{-1}$.

A 3: Um die sehr große Lichtgeschwindigkeit bestimmen zu können, benötigt man sehr große Wegstrecken oder muss sehr kurze Zeiten messen können. Galilei konnte deshalb seine Vermutung einer endlichen Ausbreitungsgeschwindigkeit nicht bestätigen. Dass Licht für seine Ausbreitung Zeit benötigt, ist erstmals mit astronomischen Methoden nachgewiesen worden. Messungen erfolgten so bis etwa 1800 allein mit außerirdischen Messstrecken, danach mit Drehspiegel- und Zahnradmethode auch im irdischen Maßstab.

Seite 201

A 1:

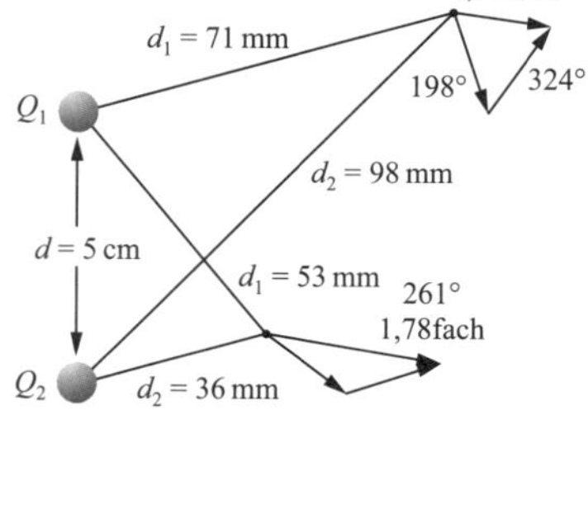

Die Überlagerung der Wellen soll laut Aufgabe zeichnerisch bestimmt werden. Rechnerisch ist dies natürlich auch möglich. Für die Phasen φ_1 (φ_2) an einem beliebigen Punkt im Abstand d_1 (d_2) von Q_1 (Q_2) ergibt sich:

$$\varphi_{1,2} = 2\,\pi \cdot \frac{d_{1,2} - n \cdot \lambda}{\lambda},$$

wobei n so gewählt wird, dass $d_{1,2} - n \cdot \lambda$ kleiner als λ ist. Da beide Wellen die gleiche (ortsunabhängige) Amplitude haben, ergibt sich als Phase der resultierenden Welle:

$$\varphi = \frac{1}{2}(\varphi_1 + \varphi_2).$$

Zur Berechnung der Amplitude A_{ges} wird die Differenz der Phasen $\Delta\varphi = |\varphi_1 - \varphi_2|$ benötigt. Aus dem Sinussatz folgt dann:

$$\frac{A_{\text{ges}}}{\sin(180° - \Delta\varphi)} = \frac{A}{\sin\frac{\Delta\varphi}{2}} \quad \Rightarrow \quad \frac{A_{\text{ges}}}{A} = \frac{\sin \Delta\varphi}{\sin\frac{\Delta\varphi}{2}}.$$

A 2: a) In der Momentaufnahme der Kreiswellensysteme sind – verglichen mit der Standardsituation phasengleicher Sender – für einen der Sender Wellenberge und Wellentäler vertauscht. In der Interferenzstruktur sind Knotenlinien und Linien maximaler Elongation vertauscht.

b) Wenn man ein Interferenzfeld mit zwei Ultraschallsendern erzeugt, die am gleichen Generator angeschlossen sind, kann man für einen der beiden Sender die Anschlüsse umpolen; dann schwingen die beiden Schallgeber gegenphasig.

A 3: Die Wege für die beiden äußeren Spalte sind um $\delta = \sqrt{a^2 + g^2} - a$, zu $\delta = 1$ µm größer als der Weg für den mittleren Spalt. In der Zeigerkette haben erster und dritter Zeiger immer die gleiche Richtung, der zweite ist um $\Delta\varphi = (\delta/\lambda) \cdot 2\,\pi$ voraus.

a) Die Zeigerkette hat maximale Länge (→→→) wenn $\delta = 1 \cdot 10^{-6}$ m ein ganzzahliges Vielfaches der Wellenlänge ist. Im sichtbaren Spektralbereich (400 nm bis 800 nm) tritt dies für die Wellenlänge 500 nm (blaugrün) auf: $1 \cdot 10^{-6} \text{ m}/500 \cdot 10^{-9} \text{ m} = 2$.

b) Die Zeigerkette hat minimale Länge (←→←) für halbzahlige Vielfache der Wellenlänge, also im sichtbaren Spektralbereich für 400 nm (violett und 667 nm (orange).

A 4: Ein Lichtjahr ist die Entfernung, die das Licht in einem Jahr zurücklegt. Lichtgeschwindigkeit beträgt $c_0 = 2{,}997\,924\,58 \cdot 10^8$ m/s. Für die einzelnen Längen ergeben sich somit folgende Entfernungen:

Zeit	Entfernung
1 Lichtjahr	$9{,}46 \cdot 10^{15}$ m
1 Lichtstunde	$1{,}078 \cdot 10^{12}$ m
1 Lichtsekunde	299 792 458 m $\approx 3 \cdot 10^8$ m

Abstand Erde–Mond:
384 400 km ≙ 1,28 Lichtsekunden
Abstand Erde–Sonne:
$149{,}6 \cdot 10^6$ km ≙ $4{,}74 \cdot 10^3$ Lichtsekunden
Dies entspricht 8 Lichtminuten und 19 Lichtsekunden.

A 5: **a)** $\sin \alpha_k = k \cdot \lambda/g = k \cdot (3{,}2\text{ cm}/4\text{ cm}) = k \cdot 0{,}8$
(k = 0, 1, 2, 3, …)
$\sin \alpha_0 = 0 \cdot 0{,}8;\ \alpha_0 = 0°$,
$\sin \alpha_1 = 1 \cdot 0{,}8;\ \alpha_1 = 53{,}1°$,
$\sin \alpha_2 = 2 \cdot 0{,}8$; kein α_2!
b) $k = 2$ ist nicht mehr möglich, $\sin \alpha_2$ müsste den Wert 1,87 haben. Der Spaltabstand ist kleiner als die doppelte Wellenlänge. Deshalb kann für keinen Zielpunkt der Wegunterschied doppelt so groß wie die Wellenlänge sein.

A 6:

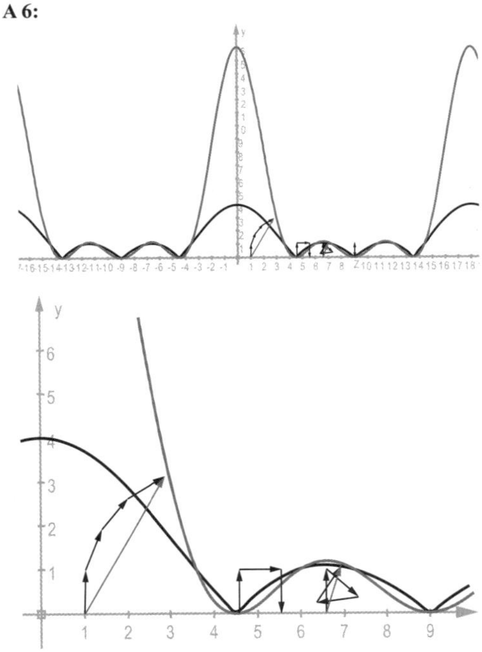

Die Bilder zeigen Zeigerketten für ausgewählte Zielpunkte sowie das *a*-*A*- und das *a*-A^2-Diagramm. Minima treten auf, wenn die vier Zeiger ein Quadrat bilden oder wenn die Zeiger paarweise gegenphasig sind. Dazwischen gibt es jeweils eine Zeigerfigur, bei der drei der vier Zeiger näherungsweise ein geschlossenes Dreieck bilden.

A 7: Wenn man die Beugungsversuche am Spalt und am Gitter in Wasser ausführt, ändert sich in den Formeln die Wellenlänge. Da Wasser eine Brechungszahl größer als Eins besitzt, wird die Wellenlänge gemäß λ/n reduziert.

Seite 205

A 1: Eine Umdrehung der Messschraube entspricht $5 \cdot 10^{-3}$ mm $= 5 \cdot 10^{-6}$ m. Beim Verschieben des Spiegels um $\lambda/2$ wechselt die Helligkeit von Dunkel über Hell nach Dunkel ab, also $16 \cdot \lambda/2 = 5 \cdot 10^{-6}$ m oder $\lambda = 625$ nm.

A 2: Geschwindigkeit des Spiegels $v = 6 \cdot 10^{-6}$ m/s. Beim Verschieben des Spiegels um $\lambda/2 = \frac{1}{2} \cdot 633$ nm $= 316{,}5$ nm wechselt die Helligkeit von Maximum über Minimum zum Maximum. In 1 s verschiebt sich der Spiegel um $v \cdot t = 6 \cdot 10^{-6}$ m. Der Wechsel Hell-Dunkel-Hell findet also in einer Sekunde 19-mal statt: $6 \cdot 10^{-6}\text{ m}/316{,}5\text{ nm} \sim 19$.

A 3: Vakuumkammer mit $l = 5$ cm, $\lambda_{\text{vakuum}} = 589$ nm, $n_{\text{Luft}} = 1{,}0003$. Die Wellenlänge in Luft ist $\lambda_{\text{Luft}} = \lambda_{\text{vakuum}}/n$. Die Kammer wird beim Hin- und Rückweg vom Licht durchlaufen. Auf der Strecke $2 \cdot l$ sind im Vakuum $2 \cdot l/\lambda_{\text{vakuum}}$, in Luft $2 \cdot l/\lambda_{\text{Luft}}$ Wellenlängen enthalten. Der Gangunterschied beträgt also:

$$2 \cdot \frac{l}{\lambda_{\text{Luft}}} - 2 \cdot \frac{l}{\lambda_{\text{Vakuum}}}$$

$$= 2 \cdot l \cdot \left(\frac{1}{\lambda_{\text{Luft}}} - \frac{1}{\lambda_{\text{Vakuum}}}\right) = 2 \cdot l \cdot \left(\frac{n}{\lambda_{\text{Vakuum}}} - \frac{1}{\lambda_{\text{Vakuum}}}\right)$$

$$= \frac{2 \cdot l}{\lambda_{\text{Vakuum}}} (n - 1) = 51$$

Beim Einströmen der Luft wechselt die Intensität 51-mal Hell-Dunkel-Hell.

A 4: Beide Interferometer überlagern Lichtbündel, die durch Strahlteiler aus einem Lichtbündel erzeugt werden. Aufgrund von Interferenzen kann man kleine Abstände oder Brechzahlunterschiede sehr genau messen. Beim Mach-Zehnder-Interferometer sind die beiden Lichtwege räumlich getrennt, während beim Michelson-Interferometer die Messstrecke zweimal durchlaufen wird. Mit dem Michelson-Interferometer kann man durch Verschieben eines Spiegels kleine Längenänderungen messen. Ein Teil des Lichts geht beim Michelson-Interferometer in die Lichtquelle zurück.

Seite 213

A 1: Das Kontrastmittel absorbiert die Röntgenstrahlung mehr als es das umgebende Gewebe tut. Deshalb erscheinen Magen und Darm im Röntgenschattenbild dunkler als die Umgebung.

Seite 217

A 1: Der Phasensprung, der bei der Reflexion an der Oberfläche des Kryoliths entsteht, und der Phasensprung bei der Reflexion am Glas heben sich gerade auf. Die Schichtdicke von Kryolith muss $\lambda_S/4$ sein, also

$$d = \frac{\lambda}{4 \cdot n} = \frac{540\ \text{nm}}{4 \cdot 1{,}33} \approx 102\ \text{nm}.$$

A 2: Seifenfilm $n = 1{,}33$, $\lambda = 633$ nm. Das rote Licht wird beim Übergang Luft/Seifenfilm mit einem Phasensprung von π (entspricht einem Gangunterschied von $\lambda/2$) reflektiert (Strahl S_1). An der Grenzfläche Seifenfilm/Luft tritt bei Reflexion kein Phasensprung auf. Ist die Dicke der Seifenschicht $\lambda_S/4$ mit $\lambda_S = \lambda/n$ und durchläuft der Strahl die Schicht auf dem Hin- und Rückweg (Strahl S_2), so tritt ein resultierender Gangunterschied von $2 \cdot \pi$ (bzw. λ) auf, das reflektierte Licht wird verstärkt.

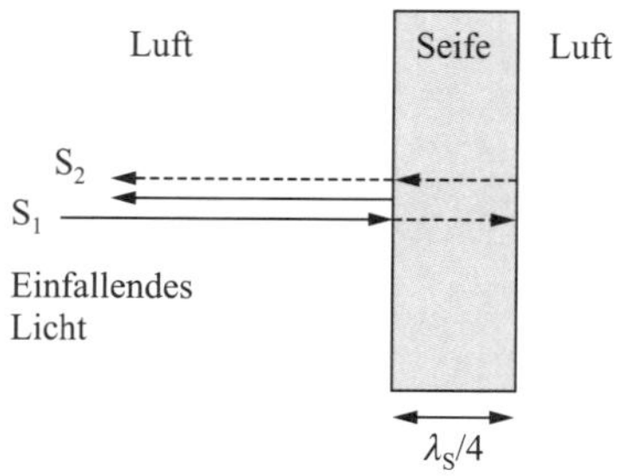

Schichtdicke mindestens $\lambda_S/4 = \lambda/(4 \cdot n) = 119$ nm.

A 3: Die Phasensprünge bei der Reflexion am Kerosin und am Wasser heben sich auf. Die Schichtdicke muss also $\frac{1}{2}\lambda_S$; λ_S; $\frac{3}{2}\lambda_S$; … sein. Der Gangunterschied ist jeweils λ_S, $2\lambda_S$, $3\lambda_S$ …
Hieraus folgt:

$$d_k = k \cdot \frac{\lambda_S}{2} = k \cdot 225\ \text{nm mit } k = 1, 2, 3, \ldots$$

Seite 224

A 1: Wenn man die Beugungsversuche am Spalt und Gitter im Wasser ausführt, ändert sich in den Formeln die Wellenlänge $\lambda_{\text{Wasser}} = \lambda/n$. Da die Wellenlänge in Wasser kleiner ist als in Luft, rücken die Interferenzstreifen näher zusammen. Für die Zahl k der Maxima gilt: $k \leq g/\lambda$. So ist auch die Zahl der Maxima in Wasser größer. Über den Helligkeitsmaxima im Wasser werden (auseinandergezogene) Maxima in Luft sichtbar, wenn das Wasser ausläuft.

A 2: a) Man kann die Strahlenoptik als einen Grenzfall der allgemeingültigen Wellenoptik auffassen, da typische Wellenerscheinungen wie Interferenz und Beugung (z. B. bei Abbildung durch Linsen, Spiegel, Blenden usw.) nur eine untergeordnete Rolle spielen, da deren Abmessungen groß gegenüber der Wellenlänge des Lichts sind. Eine Quelle Q kann man bei Schall viel schlechter orten als bei Licht, da die Wellenlänge des Schalls viel größer ist als die von Licht und Schall sich deshalb nicht so scharf bündeln lässt.
b) Die Fledermaus benutzt zur akustischen Orientierung Ultraschall kleiner Wellenlänge. Wegen der kurzen Wellenlänge sind Ultraschallwellen wie Licht scharf zu bündeln. Bei Hörschall wäre die Orientierung viel schlechter.
c) Annahme: Der Handybesitzer befindet sich im Fernfeld, d. h. $\vec{E}$ und $\vec{B}$ stehen senkrecht zur Ausbreitungsrichtung (HEW: Homogene Ebene Welle). Der Besitzer richtet nun sein Handy mit der Antennenrichtung senkrecht von sich weg, dann kommt die Welle aus der Richtung, bei der kein Empfang auftritt, da die Antenne in Längsrichtung keinen Empfang hat.

A 3: a) Beim Doppelspalt geht nur wenig Licht durch die beiden engen Spalte. Das Interferenzmuster ist nur lichtschwach. Zudem sind die Maxima nicht scharf, wodurch die Intensität zusätzlich geschwächt wird. Die Abstände zwischen den einzelnen Maxima und damit die Wellenlänge des Lichtes kann man nur relativ ungenau ermitteln.
Ein optisches Gitter besteht aus sehr vielen engen Spalten, die in gleichen Abständen nebeneinander angeordnet sind. Die Helligkeitsmaxima sind umso schmaler und lichtstärker, je größer die Zahl der an der Interferenz beteiligten Spalte ist. Je kleiner die Gitterkonstante g, desto größer wird der Abstand der Helligkeitsmaxima und desto genauer kann man die Wellenlänge bestimmen.

b) Ja, sie sind zulässig. Für den Fehler von λ ist nur der relative Fehler $\Delta d/d$ der Schirmentfernung wichtig, z. B. $\Delta a/a = 2$ cm/2 m = 0,01 = 1 %. λ kann so etwa im Bereich $\lambda = (600 \pm 6)$ nm liegen.

A 4: a) Für das Maximum k-ter Ordnung von $\lambda_2 = \lambda_1 + \Delta\lambda$ gilt:

$$\frac{k \cdot (\lambda_1 + \Delta\lambda)}{g} = \sin \alpha_k.$$

Für das Minimum $(k + 1)$-ter Ordnung von λ_1 gilt:

$$\frac{(2\,(k+1) - 1) \cdot \lambda_1}{2\,g} = \sin \alpha_{k+1}.$$

Im Grenzfall, also

$$\frac{k \cdot (\lambda_1 + \Delta\lambda)}{g} = \frac{(2\,k + 1)\,\lambda_1}{2\,g}$$

$$k\,\lambda_1 + k\,\Delta\lambda = k\,\lambda_1 + \frac{\lambda_1}{2} \Rightarrow \frac{\lambda_1}{\Delta\lambda} = 2\,k$$

b) Mit $\lambda_1 = 580$ nm folgt für die dritte Ordnung:

$$\Delta\lambda = \frac{\lambda_1}{2\,k} = \frac{580 \text{ nm}}{2 \cdot 3} = 96{,}7 \text{ mm}.$$

Für λ_2 ergibt sich somit: $\lambda_2 = \lambda_1 + \Delta\lambda = 676{,}7$ nm.

A 5: An der Pupille unseres Auges ($l = 3$ mm) findet Beugung statt. Zwei Punkte können dann noch gerade getrennt werden, wenn die Mitte des einen Beugungsscheibchens auf den Rand des anderen fällt. Ist α der Winkel zum ersten Minimum und φ der Winkel der beiden Mittelpunktstrahlen, dann gilt: $\sin \alpha = \lambda/l \approx \alpha$ und $\alpha \approx \varphi$. Nimmt man als mittlere Wellenlänge $\lambda \approx 600$ nm, so ist im Bogenmaß $\varphi \approx 2 \cdot 10^{-4}$.
Zwischen der Entfernung a und dem Scheinwerferabstand x besteht die Beziehung $\varphi = x/a$ und
$a = x/\varphi = 1{,}5$ m$/2 \cdot 10^{-4}$ m = 7500 m = 7,5 km.
(Berücksichtigt man den Faktor 1,22 des Beugungsscheibchen, so ergibt sich die Entfernung 6 km.)

A 6: Für den geänderten Aufbau ergibt sich als Gangunterschied

$$\delta = s \cdot (n - 1)$$
$$= 6{,}93 \cdot 10^{-3} \text{ mm} \cdot (1{,}5 - 1) = 3465 \text{ nm} = 5{,}5\,\lambda.$$

Im Interferenzmuster vertauschen sich Maxima und Minima.

A 7: Prinzipiell lassen sich auch für Schallwellen Gitter bauen. Bei einer Wellenlänge von typischerweise

$$\lambda = c/f = \frac{340 \text{ m/s}}{440 \text{ Hz}} = 77 \text{ cm}$$

wären hierzu Gitterkonstanten in der Größenordnung von 0,5 m bis 1 m erforderlich. Dies bedeutet aber, dass der Beobachtungsabstand bei vielen Metern liegen müsste. Die Maxima beim Gitter sind umso schärfer ausgeprägt, je mehr Gitteröffnungen an der Beugung beteiligt sind. Schon bei 10 Gitteröffnungen wäre die Breite des Gitters 7,7 m. Es ist nur sehr schwer möglich für solch eine Breite eine ebene Welle herzustellen.

A 8: Bei Schallwellen gibt es keine Polarisation, da es sich um Längswellen handelt.
In der Fotografie ist ein Polarisationsfilter sehr nützlich, da störende Lichtreflexe (Sonnenlicht auf der Wasseroberfläche) stark vermindert werden.
Vom Herd eines Erdbebens breiten sich mechanische Längs- und Querwellen nach allen Richtungen aus. Die Querkomponente der Erdbebenwelle könnte polarisiert werden.

A 9: Hinter der ersten Folie sei die Intensität E, hinter der zweiten ist sie dann $E \cdot \cos \alpha$, hinter der dritten dann $(E \cdot \cos \alpha) \cdot \sin \alpha$. Die Intensität ist dann $I = I_0 \cdot (\cos \alpha \cdot \sin \alpha)^2$.

A 10: Dazu muss man durch die zu prüfende Folie polarisiertes Licht gehen lassen, von dem die Richtung des $\vec{E}$-Vektors bekannt ist. Ein solches Licht erhält man z. B., wenn man genau senkrecht auf ein Lichtbündel blickt, das durch ein trübes Medium geht. Das daran gestreute Licht ist linear polarisiert; die Richtung seines $\vec{E}$-Vektors geht aus dem Bild für V1 (Lehrbuch Seite 216) hervor.
Eine weitere Möglichkeit besteht darin, ein Lichtbündel unter dem Brewster-Winkel $\alpha = 56°$ auf eine Glasplatte fallen zu lassen. Das reflektierte Licht ist linear polarisiert. Die Schwingungsebene seines $\vec{E}$-Vektors verläuft senkrecht zum reflektierten Strahl und senkrecht zur Ebene, die dieser zusammen mit dem einfallenden Strahl bildet (vgl. Bild zu V2, Lehrbuch Seite 209).

A 11: $\lambda = 154$ pm; $g = \frac{1}{5000}$ cm $= 2 \cdot 10^{-6}$ m; k-tes Maximum bei $\sin \alpha_k = k \cdot \lambda/g = k \cdot 0{,}000077 \Rightarrow \alpha_1 = 0{,}0044°$. Für den Streifenabstand ergibt sich: $\Delta d = a \cdot \lambda/g = 77$ µm, er kann dann so nicht beobachtet werden.

A 12: Ein Reflexionsgitter reflektiert nur für einen festen Winkel bestimmte Wellenlängen, ein Spiegel reflektiert alle Wellenlängen. Beim Reflexionsgitter können auch unter Winkeln, die nicht dem Reflexionsgesetz entsprechen, Intensitäten beobachtet werden.

A 13: Auch für Schallwellen gilt das Huygens-Prinzip und so gilt auch für Schallwellen das Reflexionsgesetz.

Für Ultraschall lässt sich das leicht demonstrieren, bei Schallwellen mit Wellenlängen im Bereich von 1 m ist es schwierig eine ebene Welle herzustellen.

A 14: a)

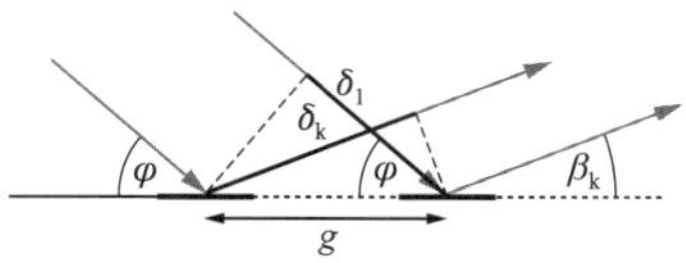

Für $\beta_k < \varphi$ ist der resultierende Wegunterschied $\delta = \delta_k - \delta_1 = g \cdot \cos\beta - g \cdot \cos\varphi$.
Beträgt $\delta = k \cdot \lambda$ mit $k = 0, 1, 2, \ldots$, so tritt konstruktive Interferenz auf:
$g \cos\beta_k - g \cos\varphi = k \cdot \lambda$, oder:
$\cos\beta_k = \cos\varphi + k \cdot \lambda/g$.
Entsprechend für $\beta_k > \varphi$: $\cos\beta_k = \cos\varphi - k \cdot \lambda/g$.
b) Der Winkel α, d. h. die Differenz der Winkel φ und β_1, beträgt: $\alpha = \varphi - \beta_1 = \varphi - \operatorname{arc\,cos}(\cos\varphi + \lambda/g)$. Ist $\varphi = 60°$ und $g = 1{,}6$ µm, so erhalten wir: $\alpha = 33{,}6°$.
c) Durch den streifenden Lichteinfall wird die Gitterkonstante effektiv verkleinert, sodass auch kürzere Wellenlängen stark gebeugt werden.

A 15: Aus der Bragg'schen Reflexionsbedingung $2\,d \cdot \sin\alpha = k \cdot \lambda$, $k = 1, 2, 3\ldots$ folgt:

$$\sin\varphi = \frac{k \cdot \lambda}{2 \cdot d} = k \cdot \frac{3{,}2\ \text{cm}}{8\ \text{cm}} = k \cdot 0{,}4.$$

Die Glanzwinkel (Reflexionsmaxima) betragen somit: $\varphi = 23{,}6°$ ($k = 1$) und $\varphi = 53{,}1°$ ($k = 2$).

A 16: Michelson-Interferometer: $\Delta s = 2{,}74 \cdot 10^{-5}$ m, 98 Paare von hell-dunkel Ringen. Der Lichtweg ändert sich um $2 \cdot \Delta s = 5{,}48 \cdot 10^{-5}\ \text{m} = 98 \cdot \lambda \Rightarrow \lambda = 559$ nm.

A 17: Auch hier gilt die Formel für die Bragg'sche Reflexionsbedingung $2\,d \cdot \sin\varphi = k \cdot \lambda$, ($k = 1, 2, 3, \ldots$)
Hieraus folgt $k = 2\,d \cdot \sin\varphi/\lambda$. Die höchste Ordnung, die noch beobachtet werden kann, ist somit:

$$k_{\text{max}} = \frac{2\,d}{\lambda} = \frac{2 \cdot 2\ \mu\text{m}}{500\ \text{nm}} = 8.$$

In der Regel ist die Lichtstärke gering, weil die „Gitterstäbe" sehr viel Fläche einnehmen bzw. abschatten.

STRAHLUNGSPHYSIK UND KLIMA

Seite 233

Projekt

zu 1: Ohne Einheit: Flächeninhalt unter der Kurve für den Schwarzen Körper: etwa 80 Flächeneinheiten, für Wolfram etwa 14 Flächeneinheiten; der Absorptionsgrad für Wolfram ergibt sich damit zu $\alpha \approx 0{,}175$. Dies ist nur eine grobe Schätzung. Literaturangaben zufolge ist für Wolfram bei 2000 K der Absorptionsgrad $\alpha = 0{,}259$.

zu 2: $S = \sigma\, T^4 = 5{,}67 \cdot 10^{-8}\ \mathrm{W/(m^2\,K^4)} \cdot (2000\ \mathrm{K})^4$
$= 907\,200\ \mathrm{W/m^2}$.

zu 3: Der Grafik entnimmt man die Wellenlänge $\lambda_m \approx 1300$ nm für Wolfram. Die Konstante des Wien'schen Verschiebungsgesetzes beträgt also für Wolfram $1300\ \mathrm{nm} \cdot 2000\ \mathrm{K} = 2600\ \mu\mathrm{m\,K}$, fast 300 nm K weniger als nach dem Wien'schen Verschiebungsgesetz.

zu 4: Nach dem Wien'schen Verschiebungsgesetz folgt

$$\lambda_{max} = \frac{2880\ \mu\mathrm{m\,K}}{2000\ \mathrm{K}} = 1440\ \mathrm{nm}.$$

A 1: Die zu S_o und S_α gehörenden Leistungen werden mit P_o bzw. P_α bezeichnet. Wegen des Energieerhaltungssatzes gilt $P_o = P_\alpha$ oder $S_o\, A_s = S_\alpha\, A$. Daraus folgt:

$$S_\alpha = S_o \frac{A_s}{A} = S_o \cdot \cos \alpha.$$

A 2: Die Solarkonstante des Mars' ergibt sich aus der Beziehung $S_{Mars}\, r_{Mars}^2 = S_E\, r_E^2$. Durch Umformung erhält man

$$S_{Mars} = S_E \left(\frac{r_E}{r_{Mars}}\right)^2 = 1370\ \frac{\mathrm{W}}{\mathrm{m^2}} \left(\frac{1}{1{,}5}\right)^2 = 609\ \frac{\mathrm{W}}{\mathrm{m^2}}.$$

Die von der Sonne bestrahlte Oberfläche des Mars' ist $A_{Mars} = \pi\,(0{,}53\, R_E)^2 = 3{,}58 \cdot 10^{13}\ \mathrm{m^2}$.
Damit folgt:
$P_M = S_{Mars} \cdot A_{Mars} = 2{,}18 \cdot 10^{16}\ \mathrm{W} = 12{,}5\ \%\ P_{Erde}$.

A 3: a) Man benötigt die Gleichungen $P = S\,A$ und $S = \sigma\, T^4$. Damit gilt $P = \sigma\, T^4\, A = \sigma\, T^4\, a^2$.
Dies ergibt

Temperatur	6000 K	525 °C	20 °C	−196 °C
P in W	0,73	$2{,}3 \cdot 10^{-4}$	$4{,}2 \cdot 10^{-6}$	$2{,}0 \cdot 10^{-8}$

b) Durch Auflösen obiger Gleichung nach a erhält man

Temperatur	6000 K	525 °C	20 °C	−196 °C
Seitenlänge a	0,12 mm	6,6 mm	4,9 cm	70,6 cm

A 4: $P = S \cdot A = \sigma \cdot T^4 \cdot A$
$= 5{,}67 \cdot 10^{-8}\ \mathrm{W/(m^2\,K^4)} \cdot [(210 + 273)\ \mathrm{K}]^4 \cdot 0{,}135\ \mathrm{m^2}$
$= 417$ W.

A 5: a) $\lambda_m = \frac{2880\ \mu\mathrm{m\,K}}{9900\ \mathrm{K}} = 291\ \mathrm{nm}.$

Es handelt sich um ultraviolettes Licht.

b) An der Oberfläche ist die Leistungsdichte des Sirius:

$S_{Sirius} = \sigma \cdot T^4 = 5{,}67 \cdot 10^{-8}\ \mathrm{W/(m^2\,K^4)} \cdot (9900\ \mathrm{K})^4$
$= 5{,}45 \cdot 10^8\ \mathrm{W/m^2}$.

Die Strahlungsleistung des Sirius ist damit

$P_{Sirius} = S_{Sirius}\, A_{Sirius} = S_{Sirius}\, 4\,\pi\, R_{Sirius}^2$
$= 5{,}45 \cdot 10^8\ \mathrm{W/m^2} \cdot 4\,\pi \cdot (1{,}191 \cdot 10^9\ \mathrm{m})^2$
$= 9{,}71 \cdot 10^{27}\ \mathrm{W} = 25{,}4\ P_{Sonne}$.

c) Die Leistungsdichte $S_{E,S}$, die wir auf der Erde von Sirius empfangen, ist

$$S_{E,S} = \frac{P_{Sirius}}{4\,\pi\, r_{Sirius}^2} = 1{,}17 \cdot 10^{-7}\ \frac{\mathrm{W}}{\mathrm{m^2}}.$$

Dabei ist r_{Sirius} der Abstand des Sirius von uns.

Seite 239

Projekt

(Zu Aufgaben, die sich auf gesellschaftliche und politische Aspekte beziehen, werden keine Lösungen angegeben.)

zu 1 und 2: Rückgänge des arktischen Eises gab es in *Interglazialen* (Zwischeneiszeiten). Die bekannteste Zwischeneiszeit ist die Eem-Warmzeit. Sie begann vor 130 000 Jahren und endete 115 000 Jahre vor heute. Das Temperaturmaximum lag damals um 2 °C höher, als die heutige Durchschnittstemperatur in Mitteleuropa beträgt. Als Ursache für Interglaziale wird heute eine Veränderung der Stärke der Sonnenbestrahlung angenommen, hervorgerufen durch langfristige Veränderungen der Bahn der Erde um die Sonne. Genaueres findet man im Internet u. a. unter den Stichwörtern Quartär, Interglaziale, Milanković-Theorie, Insolation.

In fernerer Vergangenheit gab es aber auch Erdzeitalter wie das *Tertiär*, in denen auf der ganzen Erde ein warmes Klima herrschte und in denen die Pole eisfrei waren. Als Grund für das warme Klima nimmt man heute an, dass es zu jenen Erdzeitaltern keine größeren Landmassen in der Nähe der Pole gab. Es konnten sich im Winter keine größeren Schneeflächen bilden, welche Sonnenlicht in den Weltraum reflektieren. Der Anteil der Strahlungsenergie der Sonne, welcher vom Erdboden thermalisiert wurde, war also größer als heute. Informieren Sie sich auch im Internet z. B. unter den Stichwörtern Tertiär, Kontinentalverschiebung.

zu 3: Natürliche Quellen für CO_2 in der Atmosphäre sind: Vulkanismus, Atmungsvorgänge von Tieren, Pflanzen, Pilzen, Stoffwechselvorgänge bei Mikroorganismen, Feuer, z. B. Wald- und Steppenbrände.

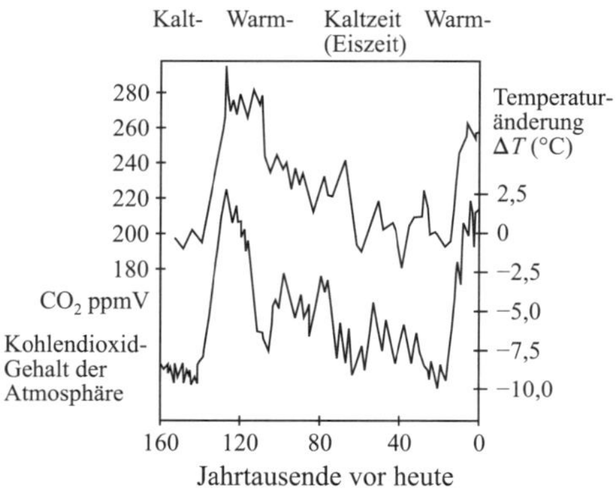

Die Grafik zeigt Schwankungen des CO_2-Gehalts der Atmosphäre in der Vergangenheit und die damit korrespondierenden Temperaturänderungen.

zu 4, 5 und 6: Küstenbereich: Das schnelle Schmelzen des Grönlandeises hätte einen Anstieg des Meeresspiegels von einigen Metern zur Folge. Wie viele Meter es genau sein werden, darüber herrscht noch Uneinigkeit unter den Klimaforschern. Jedenfalls würde der höhere Meeresspiegel Küstenstädte wie Hamburg und Bremen, die zum Teil auf Meeresniveau liegen, bedrohen. An der ganzen Küste müssten die Deiche erheblich erhöht werden. Die Halligen vor der Nordseeküste Schleswig-Holsteins müssten aufgegeben werden.

Binnenland: Durch den Anstieg des Meeresspiegels könnte das Flusswasser teilweise nicht mehr ablaufen und würde auch im Binnenland größere Flächen der norddeutschen Tiefebene überschwemmen.

Es gibt aber noch einen anderen Effekt: Wenn das Grönlandeis schmilzt, entsteht Süßwasser. Der bedeutende Eintrag von Süßwasser in den Nordatlantik würde einen Antriebsmechanismus des Golfstroms lahm legen und diese warme Meeresströmung nach Süden ablenken. Die Folge wären wesentlich kältere Winter in ganz Mitteleuropa.

zu 7 und 8: Hier könnte man etwa die Bedrohung der Inseln im Pazifischen Ozean (z. B. Tuvalu, Vanuatu …) oder im Indischen Ozean (Malediven) anführen. Weitere Inseln im Pazifik versalzen aufgrund des Anstiegs des Meeresspiegels.

Auch das Abbrechen riesiger Eisflächen vom Schelfeis der Antarktis wird teilweise auf die globale Erwärmung zurückgeführt.

Seite 240

A 1: Der von der Mondoberfläche nicht reflektierte Anteil der Sonnenstrahlung ist 93 %. Folglich ist die mittlere Leistungsdichte der Strahlungsabgabe der Mondoberfläche $S_1 = \frac{1}{4} \cdot 0{,}93 \cdot S_E = 318{,}5\ \text{W/m}^2$.
Nach dem Stefan-Boltzmann-Gesetz ist die Durchschnittstemperatur des Mondes damit

$$T = \sqrt[4]{\frac{S_1}{\sigma}} = \sqrt[4]{\frac{318{,}5\ \text{W/m}^2}{5{,}67 \cdot 10^{-8}\ \text{W/(m}^2\,\text{K}^4)}} = 273{,}8\ \text{K} \approx 0{,}6\ °\text{C}.$$

A 2: Die Solarkonstante des Merkur ergibt sich aus

$$S_{\text{Merkur}} \cdot r^2_{\text{Merkur}} = S_E \cdot r_E^2 \text{ zu } S_{\text{Merkur}} = S_E \frac{r_E^2}{r^2_{\text{Merkur}}}.$$

(r_E ist der mittlere Abstand der Erde von der Sonne, also 149,6 Millionen km.)
Die mittlere Leistungsdichte der Strahlungsabgabe der Merkuroberfläche ist $S_1 = \frac{1}{4} \cdot 0{,}94 \cdot S_M = 2149\ \text{W/m}^2$. Damit ist

$$T = \sqrt[4]{\frac{S_1}{\sigma}} = \sqrt[4]{\frac{2149\ \text{W/m}^2}{5{,}67 \cdot 10^{-8}\ \text{W/(m}^2\,\text{K}^4)}} = 441{,}2\ \text{K} \approx 168\ °\text{C}.$$

A 3: a) Die Sternkonstante S_{Pl} (analog zur Solarkonstante) des Planeten ist

$$S = \frac{P_{\text{Gliese581}}}{4\,\pi\, r^2_{\text{Pl}}} = \frac{\frac{1}{50} \cdot 3{,}82 \cdot 10^{26}\ \text{W}}{4\,\pi \cdot (1{,}115 \cdot 10^{10}\ \text{m})^2} = 4890\ \frac{\text{W}}{\text{m}^2}.$$

Die mittlere Leistungsdichte der Strahlungsabgabe der Planetenoberfläche ist $S_1 = \frac{1}{4} \cdot S = 1223\ \frac{\text{W}}{\text{m}^2}$. Damit ist

$$T = \sqrt[4]{\frac{S_1}{\sigma}} = \sqrt[4]{\frac{1223\ \text{W/m}^2}{5{,}67 \cdot 10^{-8}\ \text{W/(m}^2\,\text{K}^4)}} = 383\ \text{K} \approx 110\ °\text{C}.$$

b) Bei T = 40 °C = 313 K folgt

$$S_1 = \sigma\, T^4 = 5{,}67 \cdot 10^{-8}\ \frac{\text{W}}{\text{m}^2\,\text{K}^4} \cdot (313\ \text{K})^4 = 544\ \frac{\text{W}}{\text{m}^2}.$$

Auf die Oberfläche der Tagseite des Planeten trifft dann die Leistungsdichte $S_0 = 4\ S_1 = 2176\ \text{W/m}^2$.
Löst man die Gleichung $S_0 = (1 - \alpha)\, S$ nach der Albedo α auf, so erhält man $\alpha = 1 - S_0/S = 55{,}5\ \%$.

c) Wie bei den Rechnungen zu a) und b) folgt jetzt $S = 7335\ \text{W/m}^2$, $S_1 = 1834\ \text{W/m}^2$ und $T = 424\ \text{K} = 151\ °\text{C}$ ohne Berücksichtigung der Albedo und $S_0 = 3264\ \text{W/m}^2$, $S_1 = 816\ \text{W/m}^2$ und $T \approx 346\ \text{K} \approx 73\ °\text{C}$ mit Berücksichtigung der Albedo → b).

A 4: Wegen der hohen Albedo des Schnees im sichtbaren Bereich thermalisiert der Schnee nur wenig Strahlungsenergie von der Sonne am Tage. Daher erwärmt sich die Schneefläche tagsüber nur wenig. Sie strahlt aber sowohl am Tage als auch in der Nacht gut im Infrarotbereich ab. In der Nacht wird innere Energie der Schneefläche zur Erzeugung des abgestrahlten Infrarots verwendet. Die innere Energie nimmt ab, die Temperatur sinkt. Insgesamt ist innerhalb von 24 Stunden die thermalisierte Sonnenenergie geringer als die Energie der abgegebenen IR-Strahlung. Die Temperatur der Flächen sinkt immer mehr.

A 5: Für die Behauptung spricht, dass Staub und Aerosole, besonders Schwefelsäuretröpfchen, in die Atmosphäre gelangen. Dadurch wird die Albedo der Erde erhöht, die Temperatur sinkt.
Gegen die Behauptung spricht, dass bei Vulkanausbrüchen CO_2 und Wasserdampf in die Atmosphäre gelangen. Dies sind beides Treibhausgase. Durch sie sollte die Temperatur steigen.
Gegenwärtig neigt man in der Klimatologie eher zu der Meinung, dass starke vulkanische Aktivität die Temperatur der Erde sinken lässt.
(Dazu wird z. B. angeführt, dass nach dem großen Ausbruch des Pinatubo auf den Philippinen (1991) die globale Temperatur geschätzt um 0,5 Grad geringer war. Der Ausbruch des Vulkans Huaynaputina, eines Anden-Vulkans im Süden Perus, hatte sogar eine Temperaturanomalie von −0,8 K zur Folge. Dies weiß man von der Untersuchung von Baumringen.)

A 6: Methan ist ein starkes Treibhausgas, effektiver noch als CO_2. Durch Freisetzung großer Methanmengen könnte der Klimawandel noch erheblich stärker und schneller erfolgen. (Das ziemlich abrupte Ende der letzten Eiszeit wird heute u. a. auf eine starke Freisetzung von Methan zurückgeführt.)

A 7: Die Sonnenstrahlung wird thermalisiert. Dies führt zu einer Zunahme der inneren Energie des Erdbodens. „Wärme“ bedeutet Transport von Energie, sie kann nicht gespeichert werden.
Der Erdboden und die Atmosphäre geben nicht nur nachts IR-Strahlung ab.
Die klimarelevanten Spurengase (Treibhausgase sind gemeint) reflektieren nicht, Sie absorbieren und thermalisieren IR-Strahlung von der Erde und emittieren ihrerseits IR-Strahlung in alle Richtungen, auch zurück zur Erdoberfläche.
Die nächtliche Abkühlung des Erdbodens wird nicht durch Reflexion von IR-Strahlung von der Atmosphäre reduziert. Die Erdoberfläche thermalisiert auch nachts IR-Strahlung, die in der Atmosphäre entsteht.
Es gibt keine Schicht der klimarelevanten Spurengase. Sie kommen überall in der Atmosphäre vor.
Die Treibhausgase fangen keine Sonnenenergie ein. Vielmehr strahlt die Atmosphäre stets die gleiche Leistung ab, die sie von der Sonne in Form von kurzwelliger Strahlung und vom Erdboden in Form von langwelliger IR-Strahlung empfängt.
Das „Zurückhalten“ von IR-Strahlung bedarf der Erläuterung. Es handelt sich um Absorption und Emission von IR-Strahlung.

RELATIVITÄTSTHEORIE

Seite 243 (nichtrelativistische Rechnung)

A 1: a) Hier genügt es, nichtrelativistisch zu rechnen. Wird der Start des Schallsignals am Zugende durch ein Lichtzeichen angezeigt, so kann ein Beobachter an der Spitze des Zuges die Schalllaufzeit mit seiner Stoppuhr bestimmen, da die Lichtlaufzeit sehr viel kleiner ist als die Genauigkeit solcher Uhren (bei 0,1 s Genauigkeit). Dies gilt auch, wenn der Start durch ein elektrisches Signal an die Zugspitze übermittelt wird, da solche Signale auch fast so schnell wie Licht sind. Wenn zwei Beobachter bei E und S mit normalen Uhren zusammen messen, so müssen ihre Uhren synchronisiert, also vor oder nach der Messung verglichen werden.
b) Beobachter am Bahndamm und Mitfahrende messen für ein bestimmtes Schallsignal die gleiche Laufzeit. Es ist für beide das gleiche Ereignis. (Start wie Ankunft am Ziel werden ihnen durch Lichtsignale übermittelt.)

Zusatz: Liefe der Schall im Innern des fahrenden Zugwagens, so würden beide Beobachter die gleiche Zeit messen. Diese wäre aber kürzer als beim Signal, das in der Außenluft in Fahrtrichtung läuft. Denn für die Beobachter im Zug würden die Schallgeschwindigkeit $c_S = 240$ m/s in der relativ zu ihnen ruhenden Luft gelten, als Laufweg die Wagenlänge L. Für die Beobachter am Bahndamm wäre die Laufstrecke wegen des weiterfahrenden Zieles länger. Sie wäre die Schallgeschwindigkeit $v' = c_S + v_Z$, da für sie die Luft mit v_Z mit dem Zug mitfährt.
Beispiel:
Die im Wagen gemessene Laufzeit ist $t = L/c_S$.
Für die Außenstehenden legt das Ziel in der Zeit t' die Strecke $v_Z \cdot t'$ zurück; die Schallstrecke ist $L' = L + v_Z \cdot t'$; es gilt $t' = L'/v'$, also $t' = (L + v_Z \cdot t'/(c_S + v_Z)$. Daraus folgt zur Bestätigung $t' = L/c_S = t$.

A 2: a) Die Tachoanzeige bleibt auch bei Kurvenfahrt mit konstantem Geschwindigkeitsbetrag konstant. Diese ist aber nach der Newton-Mechanik eine beschleunigte Fahrt, bei der die Insassen Kräfte erfahren, also nicht mehr in einem Inertialsystem sitzen. Bei gleichförmiger, geradliniger Fahrt laufen dagegen Experimente im Innern genauso ab wie auf der Straße. Dann ist auch das fahrende Auto ein Inertialsystem.
b) Beginnt der Apfel nach vorne zu rollen, so bremst das Auto, beginnt er nach hinten zu rollen, wird es schneller. Bei Kurvenfahrt rollt es nach „außen“, auf nicht gerader Bahn.

A 3: a) Der Werfende sieht eine geradlinige Auf- und Abwärtsbewegung mit $v_y = v_o - g\,t$, der Außenstehende eine Wurfbewegung nach vorn (Lehrbuch Seite 454, B1a). v_o ist die Abwurfgeschwindigkeit nach oben relativ zum Werfenden und gilt für beide Beobachter. Die Wurfbewegung setzt sich aus einer Bewegung mit konstanter Horizontalkomponente $v_x = v_z$ und der Vertikalkomponente $v_y = v_o - g\,t$ zusammen (die Zuggeschwindigkeit v_z gilt nur für die Außenstehenden). Für beide Beobachter gilt die gleiche Zeit t (nichtrelativistisch).
b) Das gemeinsame Naturgesetz bezieht sich auf die im Flug allein wirkende Gewichtskraft $F_G = -m\,g$ und gilt wie v_o für beide Beobachter. Beide ermitteln zudem gleiche Wurfhöhe.
Man lese auch im Lehrbuch Seite 454.

Seite 245 (nichtrelativistische Betrachtung)

A 1: a) Für die Außenstehenden gilt:
nach Gl. (2) für die Nacht
$t_N = L/(c + v_E) = 0{,}026\,682\,5$ s,
nach Gl. (1) für den Tag
$t_T = L/(c - v_E) = 0{,}026\,687\,8$ s.
Selbst wenn man annimmt, dass für die Außenstehenden aus irgendwelchen Gründen eine andere Lichtgeschwindigkeit gilt als wir auf der Erde messen, so ändert sich nichts daran, dass für die Außenstehenden $t_N \neq t_T$ ist (dies gilt auch nach der SRT; man muss dort nur die Längenkontraktion beachten).
b) Würde der Sender in Europa nach der Schubstheorie seine Geschwindigkeit 30 000 m/s dem Radiosignal voll mitgeben, so wäre für *Außenstehende* diese bei *Tag* $c_T = c + v_E$. Es würde gelten
$(c + v_E)\,t_T' = L + v_E\,t_T'$, also $\boldsymbol{t_T' = L/c = 0{,}026\,685\,1}$ **s**.
Bei *Nacht* wäre $c_N = c - v_E$ (nach Lehrbuch Seite 244, B3 läuft der Sender in Gegenrichtung zum Signal); es würde gelten
$(c - v_E)\,t_N' = L - v_E\,t_N'$,
also $\boldsymbol{t_N' = L/c = 0{,}026\,685\,1}$ **s** $= \boldsymbol{t_T'}$.
Ulrike sagt, die *Erdbewohner* betrachten sich als ruhend; für diese sind die Sender in Ruhe. Nach der Schubstheorie wäre $v_E = 0$, nach dieser gilt für Erdbewohner wie für Außenstehende $t_T' = t_N' = L/c$.

Zusatz: Da man diesen Wert $L/c = t_T' = t_N'$ auf der Erde tatsächlich beobachtet, könnte die Schubshypothese richtig sein. Tatsächlich rang damit Einstein vor 1905.

Er entschied sich aber 1905 nach genauer Prüfung der Maxwell-Theorie für die universelle Gültigkeit von c (unabhängig von der Geschwindigkeit der Quelle) und erhob sie zu einem allgemeingültigen Postulat. Die erst 1964 von Alväger an π^0-Mesonen ausgeführten und im Lehrbuch in → Interessantes beschriebenen Experimente bestätigen diese Annahme (siehe auch CD → Relativitätstheorie „Zur Entwicklung der SRT"). Da der dort angeführte Michelson-Versuch keinen Unterschied zwischen Tag und Nacht zeigt (genau wie die Schubstheorie), gilt er heute nicht mehr als so entscheidend wie oft angegeben wird (Einstein erwähnte ihn nicht). Dies mag zeigen, wie problembehaftet die Fundierung der SRT ist.

Seite 247 (ab hier relativistische Rechnung)

A 1: a) Bei $\upsilon = 1000$ km/h $= 277{,}8$ m/s gilt für $k = \sqrt{1-(\upsilon/c)^2} = \mathbf{0{,}999\,99} \approx 1$ (Lehrbuch Seite 247, B6, „im täglichen Leben").
Ist $\upsilon = 99{,}9$ % von c, so $\upsilon/c = 0{,}999$, also $k = 0{,}0447$ (Lehrbuch Seite 247, B6 nahe „Licht").

A 2: Die Uhrensynchronisation benutzt die **Invarianz von *c*** für die beiden von der Uhrenmitte ausgehenden Lichtblitze, also das **2. Einstein-Postulat**. Da c für alle Beobachter gleich ist, kann man diese Synchronisierungsvorschrift auch für Lichtuhren einer am Beobachter vorbeifliegenden Rakete benutzen (Lehrbuch Seite 256, B1). Auch benutzt jeder, der seine Zeit an einer relativ zu ihm ruhenden Lichtuhr abliest, diese Invarianz von c. In beiden Fällen wird die Zeitmessung festgelegt, also noch kein Naturgesetz (dieses legt Beziehungen zwischen messbaren Größen fest). Das 1. Einstein-Postulat (gleiche Naturgesetze in allen Inertialsystemen) wird also noch nicht benutzt.

Seite 251 (Zusatzaufgaben)

Z 1: Studieren Sie die dortige Beispielaufgabe und lösen Sie folgende Abwandlung von a) vom zugehörigen Bild:
Bei $t_1' = 0$ fliegt die S'-Uhr U' an der U_A-Uhr der S-Teststrecke U_AU_B vorbei; U_A zeigt auch $t_A = 0$. Bei U_B zeigt U' die S'-Zeit $t_2' = 5$ ns und U_B die S-Zeit $t_B = 8$ ns. Berechnen Sie die Geschwindigkeit von U' und den S-Abstand $L = U_AU_B$. Was misst S' für diese Strecke?
Lösung:
Nach $t_2' = k\, t_B$ ist $k = \sqrt{1-(\upsilon/c)^2} = 5$ ns/8 ns $= 0{,}625$.
Daraus folgt
$\upsilon/c = \beta = \sqrt{1-k^2} = 0{,}78$ und $\upsilon = \beta\, c = 2{,}34 \cdot 10^8$ m/s.
Diese Relativgeschwindigkeit messen beide Beobachter.
Mit der S-Zeit $t_B = 8$ ns beträgt die S-Strecke U_AU_B $L = \upsilon\, t_B = 1{,}87$ m;
Mit der S'-Zeit $t_2' = 5$ ns misst S' die Strecke AB zu $1{,}17$ m $= k \cdot 1{,}87$ m.

Z 2: Bei $t_1' = 0$ fliegt die S'-Uhr U' an der U_A-Uhr der S-Teststrecke $U_AU_B = 1{,}87$ m vorbei; U_A zeigt auch $t_A = 0$. Bei U_A zählt S' 800 Teilchen mit der Halbwertszeit $T_{1/2}' = 1{,}5$ µs und den Ruhemassen $m_0 = 1{,}88 \cdot 10^{-28}$ kg, die er in seinem S'-System mit sich führt. Beim Vorbeiflug an U_B zählt S' nur noch 50 Teilchen. Wie viele Halbwertszeiten und welche S'-Zeit sind für S' abgelaufen? S misst beim Vorbeiflug von U' an U_B die S-Zeit 9 µs. Wie schnell ist U'? Welche Halbwertszeit gibt S für die Teilchen an, welche Masse für 1 Teilchen; wie viele Teilchen könnte S messen?
Lösung:
Nach der S'-Zeit $1 \cdot T_{1/2}' = 1{,}5$ µs sind noch 400 Teilchen, nach $2 \cdot T_{1/2}' = 3{,}0$ µs sind noch 200 Teilchen, nach $4 \cdot T_{1/2}' = 6{,}0$ µs sind nur noch 50 Teilchen vorhanden. Da die S-Zeit 9 µs beträgt, ist $k = 6{,}0$ µs/$9{,}0$ µs $= 0{,}67$, also $\upsilon/c = \beta = \sqrt{1-k^2} = 0{,}745$ und $\upsilon = 2{,}34 \cdot 10^8$ m/s. S misst auch nur 50 Teilchen, schließt auch auf **4 Halbwertszeiten**, die bei ihm aber $t = 9$ µs dauern. Er gibt als Halbwertszeit $T_{1/2} = 2{,}25$ µs, was mit $T_{1/2}'/k = 1{,}5$ µs$/0{,}67 = 2{,}25$ µs übereinstimmt.

Z 3: Beim Übergang in ein anderes Bezugssystem ändern sich die Halbwertszeiten $T_{1/2}$. Einstein stellte aber die SRT auf, damit die Naturgesetze in allen Inertialsystemen gleich sind. Gilt das auch für das hier zuständige Zerfallsgesetz $N(t) = N_0\, e^{-(t \cdot \ln 2/T_{1/2})}$ radioaktiver Substanzen (Lehrbuch Seite 374)?
Lösung:
Die S-Zeit t ist nach $t = t'/k$ verlängert, im gleichen Maße auch die von S ermittelte Halbwertszeit $T_{1/2} = T_{1/2}'/k$. Der Exponent $(t \cdot \ln 2/T_{1/2})$ bleibt erhalten und damit obiges Naturgesetz für den Zerfall. Es ist in allen Inertialsystemen anwendbar. Der Preis dafür ist, dass man beim Übergang in ein anderes System die Zeit t genauso mit dem Faktor k „transformieren" muss, wie die im Nenner stehende Stoff-„konstante" Halbwertszeit $T_{1/2}$. Einstein forderte das mit seinem 1. Postulat. Es bewährte sich bislang bei allen Naturgesetzen. Im Folgenden wird gezeigt, dass sich dabei keine Widersprüche ergeben, weder logischer Art (innerhalb der Theorien, etwa in deren Formeln) noch mit

der Erfahrung. Deshalb ist die SRT einer der Grundpfeiler der Physik, nach Einstein eine „gute Theorie“ (Lehrbuch Seite 254).

Seite 253

A 1: a) $W = 1$ MeV $= 10^6 \cdot 1{,}6 \cdot 10^{-19}$ J $= \mathbf{1{,}6 \cdot 10^{-13}}$ **J** (Elektron durchlief die Spannung 10^6 V).
$m = W/c^2 = 1{,}6 \cdot 10^{-13}$ kg $\cdot$ m$^2 \cdot$ s^{-2}/[9 $\cdot 10^{16}$ (m/s)^2]
$= 1{,}8 \cdot 10^{-30}$ kg.
Da Energie W und Masse m äquivalent sind, ist der Faktor c^2 nur wegen der verschiedenen Einheiten nötig, also wegen des Maßsystems. Man beachte die Einheitenumformung.
b) $W = 1$ kWh $= 10^3 \cdot 3600$ Ws $= 3{,}6 \cdot 10^6$ J (Heizofen mit $P = 1$ kW lief 1 h).
Massenzunahme $m = W/c^2 = \mathbf{4 \cdot 10^{-11}}$ **kg**.
c) $W = m\,c^2 = 10^{-9}$ kg $\cdot\, 9 \cdot 10^{16}$ (m/s)$^2 = \mathbf{9 \cdot 10^{7}}$ **J**.

A 2: Das Energieäquivalent von $m = 1$ kg ist $W = m\,c^2$ $= 1$ kg $\cdot\, 9 \cdot 10^{16}$ (m/s)$^2 = \mathbf{9 \cdot 10^{16}}$ **J** (statt Verbrennungswärme $4 \cdot 10^4$ J; Energieumsatz der BRD in 1 J ist $7 \cdot 10^{19}$ J).

A 3: a) Der Energieumsatz der BRD in 1 J ist äquivalent der Masse
$m = 7 \cdot 10^{19}$ kg $\cdot$ m$^2 \cdot$ s$^{-2}/c^2$
$= 7 \cdot 10^{19}$ kg $\cdot$ m$^2 \cdot$ s^{-2}/[9 $\cdot 10^{16}$ (m/s)^2] $=$ **778 kg**.
Es handelt sich um eine Umsetzung, nicht Neuerzeugung.
b) Die Sonne verliert in 1 s die Masse
$m = W/c^2 = 3 \cdot 10^{26}$ J/[9 $\cdot 10^{16}$ (m/s)^2] $= \mathbf{3{,}3 \cdot 10^{9}}$ **kg**.

A 4: Zugeführte Energie
$W = P\,t = 600$ W $\cdot$ 600 s $= 3{,}6 \cdot 10^5$ J,
äquivalent zu $m = W/c^2 = \mathbf{4 \cdot 10^{-12}}$ **kg**.
Dies ist gegenüber 5 kg Wasser völlig unbedeutend; auch fließt diese „mass-energy“ beim Abkühlen wieder ab.
Zusatz: Jemand führt solche Experimente in einer guten Analysenwaage aus und stellt fest, dass sich die Schale mit dem erwärmten Wasser hebt. Er erklärt die SRT für falsch. Klären Sie ihn auf! – Die umgebende Luft wird auch erwärmt, strömt nach oben, was die empfindliche Waage anzeigt.

Seite 257

A 1: a) Bei $\beta = v/c = 0{,}9$ ist $k = 0{,}436$. Wir messen die Eigenlänge L' von S' auf $k\,L' = 24$ m verkürzt; also $\mathbf{L'} = 24$ m$/k =$ **55 m**. S-Beobachter messen an S' Uhren, die in Bewegungsrichtung den Eigenabstand $L' = 55$ m haben, die Zeitdifferenz $\mathbf{\Delta t'} = L'\,\beta/c =$ **165 ns**. Die hintere S'-Uhr geht vor, da sie zuerst mit $t' = 0$ gestartet wurde. Skizze gemäß Lehrbuch Seite 256, B2. S' sagt, unsere Uhren seien nicht synchron gemäß Lehrbuch Seite 257, B4.
b) Die vordere S'-Uhr U_B' wird gegenüber der hinteren U_A' umso später gestartet, $\Delta t'$ ist umso größer, je weiter die beiden Uhren voneinander entfernt sind (je größer L' ist) und je schneller S' fliegt, je größer β ist (bei $\beta = 0$ wären alle 4 Uhren synchron, $\Delta t' = 0$). Der Faktor c wird bei der Herleitung der Formel auf CD, Kapitel SRT, begründet. Er sorgt zusammen mit β dafür, dass dieser Unterschied, also die Relativität der Gleichzeitigkeit im täglichen Leben, keine Rolle spielt.

A 2: Man muss Anfang und Ende des LKW am Maßstab im gleichen Augenblick messen. Streng genommen können das nur zwei Beobachter mit synchronisierten Uhren. Würde man ein Foto anfertigen, so würden verschiedene Laufzeiten des Lichts von verschiedenen Marken des Maßstabs zum Fotoapparat bei $v = 100$ km/h praktisch keine Rolle spielen.

A 3: B1, B2 und B3 gelten für die gleiche S-Zeit (wurden von Helfern mit Uhren angefertigt, die im S-System synchronisiert wurden), B4 dagegen von Beobachtern, die sich nach S'-Uhren richten. Dies wirkt sich auf Längenmessungen aus, so wie es bei den Myonen, welche die Erdatmosphäre fast mit Lichtgeschwindigkeit durchlaufen, gezeigt wurde. Für mitfliegende Beobachter ist die Atmosphäre erheblich kontrahiert.

Seite 264

A 1: Einwand: Körper „sind“ an sich nicht bewegt, sondern relativ zu einem andern. Es gibt kein absolut ruhendes System, auf das man Bewegungen „objektiv“, „real“ beziehen könnte. Eine Uhr des relativ zu mir bewegten andern Systems tickt langsamer „relativ zu mir“ (gemessen beim Vorbeilauf an meinen synchronisierten Uhren), so wie meine Uhr relativ zur synchronisierten Uhrenreihe des andern langsamer ticken. Diese Aussagen sind „relativistisch“, aber nicht willkürlich. Denn dafür gilt nach der SRT die Formel $t' = k\,t$, die für eine bestimmte Relativgeschwindigkeit v die Umrechnung gestattet. Diese Formel wird ständig experimentell bestätigt, z. B. am GPS-System.

A 2: Bei $v_E = 3 \cdot 10^4$ m/s ist $k = 0{,}999\,999\,995$. Beobachter messen relativ zu sich in ihrer Bewegungsrichtung statt $L' = 12\,740\,000$ m nur $k\,L' =$ **12 739 999,9363 m**, also 0,0637 m = **6,37 cm** weniger (!). Quer dazu bleibt der Erddurchmesser erhalten.
Man misst die Reifen superschneller Autos als Ellipsen, deren jeweiliger vertikaler Durchmesser seine Länge behält. Die Verkürzung der Querdimension bedeutet keine „objektive" Gestaltsänderung. Sie existiert für mitfahrende Beobachter nicht, beeinflusst also das Fahrverhalten nicht.

A 3: a) Skizze siehe Lehrbuch Seite 251.
Rechnung im S-System:
S misst $t = t'/k$, also für die Relativgeschwindigkeit
$v = L/t = L\,k/t' = L\,\sqrt{1 - v^2/c^2}/t'$, d. h.
$v\,t' = L\,\sqrt{1 - v^2/c^2}$ oder quadriert:
$v^2\,t'^2 = L^2 - v^2\,L^2/c^2$ und $v^2\,(t'^2 + L^2/c^2) = L^2$.
Mit $t' = 3$ µs $= 3 \cdot 10^{-6}$ s und $L = 600$ m folgt
$v = 1{,}66 \cdot 10^8$ m/s, also $\beta = 0{,}55$ und $k = 0{,}832$.
Für S' ist die S-Strecke $L = 600$ m auf $L' = k$ L = **499 m** kontrahiert.
Die S-Uhr U_B zeigt beim Vorbeiflug von U' die S Zeit $t_B = t'/k =$ **3,6 µs**.
Rechnung im S'-System:
Dort misst man die S-Strecke $L = 600$ m kontrahiert auf $k\,L$. Da S' diese Laufstrecke in der S'-Zeit $t' = 3$ µs mit der für S und S' geltenden Relativgeschwindigkeit v zurücklegt, gilt $v = k\,L/t' = L\,\sqrt{1 - v^2/c^2}/t'$.
Daraus folgt wie oben $v\,t' = L\,\sqrt{1 - v^2/c^2}$ usw.
b) Im Eigensystem S' ist die dort bei U_B gemessene S'-Zeit $t_2' = 3{,}0$ µs $= 2 \cdot T_{1/2}'$. In diesen zwei Halbwertszeiten nahm die Myonenzahl auf $\frac{1}{4}$ von 900 ab, auf 225 Myonen. Diese Zahl **225** ermittelt auch S; sie unterliegt nicht der SRT („Anzahl bleibt Anzahl"); für ihn sind also auch zwei Halbwertszeiten verstrichen, aber in der längeren Zeit $t_B = 3{,}6$ µs. S ermittelt die Halbwertszeit $T_{1/2} = t_B/2 =$ **1,8 µs** $= T_{1/2}'/k$.
Die mit S' fliegende Masse $m_0 = 1$ kg beträgt für S mehr, nämlich $m = m_0/k =$ **1,2 kg**.

A 4: a) Bewegungsenergie
$W_{kin} = (m - m_0)c^2 = 2\,m_0\,c^2$
(doppelte Ruheenergie $m_0\,c^2$). Daraus folgt
$m/m_0 - 1 = 2$ oder $\boldsymbol{m/m_0 = 3}$,

d. h. $(m_0/k)/m_0 = 1/k = 3$; $k = \frac{1}{3}$

und $\beta = \sqrt{1 - k^2} = 0{,}94$; $v = \beta\,c = 2{,}83 \cdot 10^8$ m/s.
b) $W_{kin} = (m - m_0)\,c^2 = 7 \cdot 10^9$ eV
$= 7 \cdot 10^9 \cdot 1{,}6 \cdot 10^{19}$ Joule $= 1{,}12 \cdot 10^{-9}$ J.
Nach Division mit der Elektronenmasse:
$m_0 = 9{,}1 \cdot 10^{-31}$ kg folgt:
$(m/m_0 - 1)\,c^2 = 1{,}12 \cdot 10^{-9}$ J$/m_0 = 1{,}23 \cdot 10^{21}$ m²/s²,
d. h.: $m/m_0 - 1 = 13\,675$; $m/m_0 = 13\,676 = 1/k$;
die Elektronenmasse ist auf $m = m_0/k = 1{,}25 \cdot 10^{-26}$ kg, d. h. auf das **13 676-fache** angewachsen.
$K = \sqrt{1 - \beta^2} = 7{,}3 \cdot 10^{-5}$, d. h. $\beta = 0{,}999\,999\,997$;
$v = \beta\,c$ bleibt nur wenig unter c.

A 5: a) Ein Raumschiff S' fliegt relativ zu S Beobachtern mit $v = 0{,}8\,c$ nach rechts. Diese messen an einem im Raumschiff ebenfalls nach rechts fliegenden Körper die S-Geschwindigkeit $u = 0{,}95\,c$. Dann gilt nach dem Additionstheorem $u = (v + u')/(1 + v\,u'/c^2)$, nicht $u = v + u'$, wobei u' die Geschwindigkeit des Körpers relativ zum Raumschiff ist. Daraus folgt $u + v\,u'\,u/c^2 = v + u'$ oder $u - v = u'(1 - v\,u/c^2)$, also
$u' = (u - v)/(1 - v\,u/c^2) = 0{,}625\,c = 1{,}875 \cdot 10^8$ m/s.
b) Nun wird von außen $u = 0$ gemessen, der Körper von S als ruhend erachtet. Da das Schiff mit $v = 0{,}8\,c > 0$ nach rechts fliegt, bewegt er sich relativ zum Raumschiff nach links, nach hinten. Es gilt nach $u = 0 = (v + u')/(1 + v\,u'/c^2)$, also
$u' = -v = -0{,}8\,c = -2{,}4 \cdot 10^8$ m/s.

Zusatzaufgaben

Z 1: Studieren Sie das Beispiel zu Programm 10 (Additionstheorem) im Kapitel Relativitätstheorie auf der CD und auch die anderen Programme.

Z 2: Jan sieht in B4 (Lehrbuch Seite 250) Probleme. Er sagt, obwohl die Geschwindigkeit den Wert $v = c$ nicht erreicht, steigt der Impuls $p = m\,v$ linear an. Er grübelt auch über die von Newton aufgestellte Formel $\Delta p = F\,\Delta t$ nach und sagt, wenn in diesem Versuch $p \sim t$ ist, muss F konstant sein. Hat er Recht? Was folgt daraus über die Geschwindigkeitsabhängigkeit der Elektronenladung e? Gilt auch in der SRT, dass ein Elektron nach Durchlaufen der Spannung $U = 2900$ kV die Energie 2900 keV besitzt? Dabei ist die Feldstärke $E = 75$ kV/m. Welche Strecke hat das Elektron zurückgelegt? Können Impuls, Geschwindigkeit und Masse nach $t = 150$ ns Laufzeit bestimmt werden? (Wir benutzen die Werte aus der Simulation zu Programm 5 auf der CD)
Lösung:
$F = e\,E$ ist konstant, falls $E =$ konstant. e ist auch in der SRT konstant – im Gegensatz zu m. Das Elektron hat die Energie $W = U\,e = 2{,}9 \cdot 10^6$ eV. Es gilt $E = U/d = 75$ kV/m. Das Elektron legte die Strecke $d = U/E = 38{,}7$ m mit der Kraft $F = e\,E = 1{,}2 \cdot 10^{-14}$ N zurück. Nach $t = 150$ ns ist der Impuls $p = F\,t$

$= 1{,}8 \cdot 10^{-21}$ N s. Nach der Simulation, nach B4 ist $\upsilon \approx c$; also wuchs die Masse an auf $m = p/\upsilon \approx 6 \cdot 10^{-30}$ kg, d. h. auf das 6,6-fache.

Z 3: Das Bild zu „**Gegenwart und Zukunft**" (Lehrbuch Seite 259) hat eine genauere Betrachtung verdient:

a) Was geben die roten Geraden 1 und 2 an (beachten Sie die Einheiten an der Ordinate) – Was beschreiben ihre rückwärtigen Verlängerungen?

b) Was beschreibt ein beliebiger Punkt dieses Diagramms?

c) Sie bleiben am Ort des NJ-Ereignisses nach der Neujahrsfeier. Wie beschreibt das Diagramm Ihre Zukunft?

d) Wie stellt das Diagramm die Ausbreitung des Schalls (Ihres Silvesterknalls) mit der Geschwindigkeit υ_S dar?

e) Warum ist die *Zukunft* auf den roten rechten Bereich eingegrenzt, die *Vergangenheit* auf den linken blauen?

f) Was gilt für Ereignisse, die auf der vertikalen x/c-Achse liegen, also bei $t = 0$?

g) Warum heißt der ganze grüne Bereich $|x|/c < |t|$ zwischen den Lichtlinien *entfernte Gegenwart*?

Lösung:

a) Licht, das vom Glockenschlag „Neujahrsereignis NJ" ($t = 0$, $x = 0$) längs der positiven und negativen x-Achse ausgeht (nach oben und unten). Dafür gilt $x = \pm c\,t$, also $x/c = \pm t$; es sind die beiden Winkelhalbierenden, da die Hochachse nicht x, sondern x/c angibt. Deren rückwärtige Verlängerungen beschreiben den Lauf von Licht, das beim NJ eintritt.

b) Da jedem Punkt ein t- und ein x-Wert zukommt, beschreibt jeder Punkt ein bestimmtes **Ereignis**, das zur Zeit t am Ort mit der Koordinate x stattfindet, z. B. das Neujahrsereignis NJ mit $x = 0$ und $t = 0$; es handelt sich um das S-System. y- und z-Werte werden nicht beachtet; die Orts-Darstellung ist eindimensional.

c) Die Zukunft eines in NJ *ruhenden* Körpers wird von der t-Achse beschrieben, da dort der Ort x bestehen bleibt; dort gilt $x/c = 0$.

d) Schall breitet sich im Lauf der Zeit t nach $x > 0$ (nach oben) und $x < 0$ (nach unten) aus. Es gilt $x = \pm\, \upsilon_S/t$, also $x/c = \pm\,(\upsilon_S/c)\,t$. Da $\upsilon_S/c = 1{,}1 \cdot 10^{-6}$ ist, sollten die zugehörigen Geraden 4 und 5 sehr viel flacher verlaufen als im Bild.

e) Nach der SRT ist die *Zukunft* des Ereignisses NJ auf alle Ereignisse eingegrenzt, die von NJ aus *kausal* beeinflusst werden können. Dies kann bestenfalls mit Lichtgeschwindigkeit geschehen. Die beeinflussbaren Ereignisse müssen zwischen den beiden roten Licht-Linien $\pm\, x/c = t$ liegen, im rot getönten Bereich „Zukunft". Z. B. kann man mit dem Knall in NJ jemand zur Zeit $t > 0$ wecken, wenn für ihn gilt $x = \pm\, \upsilon_S\, t$ oder $x/c = \pm\,(\upsilon_S/c)\,t$. Dieser Weckvorgang kann auf einer der beiden Geraden 4 und 5 liegen.

Die *Vergangenheit* von NJ umfasst dagegen alle Ereignisse, von denen man kausal auf das Ereignis NJ einwirken kann. Auch dies kann höchstens mit Lichtgeschwindigkeit geschehen, Der blaue Bereich *Vergangenheit* liegt also bei $t < 0$ zwischen den beiden schwarzen Lichtlinien.

f) Auf der x/c-Achse liegen Ereignisse, für die $t = 0$ gilt, die von Ihrem NJ-Ereignis zwar räumlich getrennt sind, mit diesem aber gleichzeitig stattfinden, falls sie relativ zueinander in Ruhe sind (siehe g)). Z. B. können Knaller in benachbarten Häusern gleichzeitig mit ihrem Neujahrsknaller gezündet werden, zur Zeit $t = 0$ an Orten $x/c \neq 0$. Sie können aber in *keinem kausalen Zusammenhang* zueinander stehen, da sich kausale Einflüsse höchstens mit Lichtgeschwindigkeit ausbreiten; das würde Zeit brauchen, was längs der x/c-Achse unmöglich ist. Man spricht von *entfernter Gegenwart.*

g) Warum bezeichnet man auch die grünen Bereiche links und rechts der Hochachse als *„entfernte Gegenwart"*, obwohl dort $t \neq 0$ ist. Wir müssen auch bewegte Beobachter einbeziehen, also die Relativität der Gleichzeitigkeit gemäß $\Delta t' = L'\,\beta/c$ beachten. Unsere ruhenden S-Beobachter (für die das Bild gezeichnet ist) finden z. B. in einer mit $\upsilon/c = \beta$ fliegenden S'-Rakete unterschiedliche S' Zeitangaben. Übernimmt z. B. S' bei $x = 0$ die dortige S-Zeit t, dann zeigt uns in $x \neq 0$ eine um die Raketenlänge $L' = k \cdot x$ entfernte U'-Uhr die um $\Delta t' = L' \cdot \beta/c$ verschobene S'-Zeit $\boldsymbol{t' = 0}$ an. S' feiert dort Neujahr und wähnt sich in *entfernter Gegenwart* zu unserem NJ-Ereignis. Da unsere S-Beobachter dort statt $t' = 0$ die S-Zeit $t = \Delta t'/k$ registrieren, so folgt $\Delta t' = k \cdot t = L' \cdot \beta/c = k \cdot x \cdot \beta/c$. Da stets $\beta < 1$ ist, gilt $k \cdot t > k \cdot x/c$ oder $\boldsymbol{x/c < t}$. Diese *entfernte Gegenwart* umfasst also alle grünen Bereiche $|x|/c < |t|$ um die Ordinate (wir haben nur mit Beträgen gerechnet). Man kann also zu jedem grünen Punkt im Bild einen mit $\upsilon/c = \beta$ fliegenden Beobachter finden, der dort Neujahr feiert. Diese Bereiche liegen außerhalb von „Vergangenheit" und „Zukunft". Von ihnen aus können uns keine Telegramme zum Neujahrsereignis NJ erreichen, wir können dorthin auch keine senden. Dort besteht *entfernte Gegenwart* – ohne die Möglichkeit einer kausalen Einwirkung.

QUANTEN, ATOME, FESTKÖRPER

Seite 267

Was misst man mit Fotozellen?

Beim Fotoeffekt gibt $W_{max} = h \cdot f - W_{A,Cs}$ die Energie $\frac{1}{2} m\, v_{max}^2$ der schnellsten Elektronen an, die von Licht der Frequenz f am bestrahlten Metall Cäsium mit Ablösearbeit $W_{A,Cs}$ ins Vakuum freigesetzt werden. Dies ist die wesentliche Aussage Einsteins. Mit Fotozellen misst man aber nicht W_{max}, sondern die maximale Gegenspannung U_{max}, die zu $I_{Phot} = 0$ führt. Es gilt $e \cdot U_{max} = h \cdot f - W_{A,Ring}$.

$W_{A,Ring}$ ist die Ablösearbeit am nicht bestrahlten Ring. Warum der Unterschied zwischen $W_{A,Ring}$ und $W_{A,Cs}$ meist unbeachtet bleibt, diskutierten wir schon 1979 im Lehrerheft zu Ausgabe A Seite 19 (Schroedel 86159). Das Folgende ist nicht für den Unterricht gedacht, da Kenntnisse aus der Festkörperphysik benutzt werden, die den Fotoeffekt nicht betreffen:

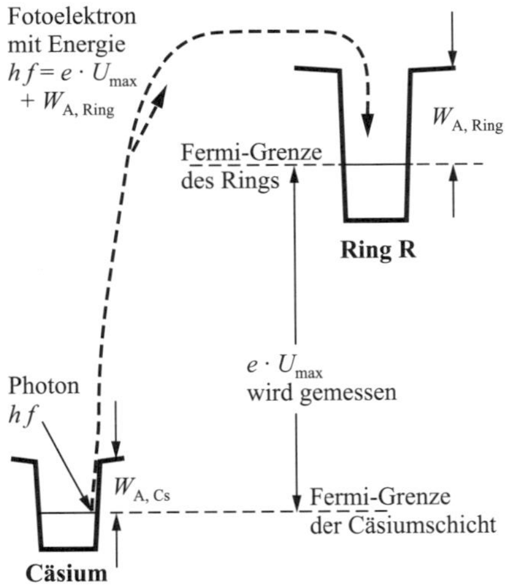

B1: Fotoelektronen aus Cs haben den Ring R aufgeladen. Zwischen deren Fermigrenzen misst man U_{max}, nicht zwischen den Oberflächen. Aufgetragen ist die Elektronenenergie.

Die lichtempfindliche Schicht der Fotozelle besteht z. B. aus Cäsium (Cs). Ihr steht der unbeleuchtete Ring R gegenüber. Diese Metalle werden im vereinfachten Bändermodell von B1 als Potenzialtöpfe dargestellt. Jeder Topf ist mit einem Elektronensee bis zur Fermigrenze gefüllt (Lehrbuch Seite 315). Zwischen beiden Fermigrenzen liegt die gemessene Spannung Umax. In den Kabeln zum Messinstrument berühren sich nur solche „Seen", da Leitungselektronen keine Metalloberfläche verlassen. Beim Austritt von Fotoelektronen ins Vakuum sind dagegen die Ablösearbeiten W_A zwischen Fermigrenze und Metalloberfläche zu beachten.

Denn beim Fotoeffekt an Cäsium werden die Photoelektronen von der Cs-Fermigrenze ins Vakuum „gehoben", wozu die Ablösearbeit $W_{A,Cs}$ nötig ist. Dies ist nach B1 die Differenz zwischen Fermigrenze und Cs-Oberfläche (gilt auch beim glühelektrischen Effekt). Deshalb hat im Vakuum ein Fotoelektron nach Einstein höchstens die kinetische Energie:

$$W_{max} = \frac{1}{2} \cdot m \cdot v_{max}^2 = h \cdot f - W_{A,Cs}. \qquad (1)$$

W_{max} kann man durch Ablenkung in einem B-Feld direkt bestimmen, ohne Ring R. Bei Photozellen müssen aber die Photoelektronen zunächst den isolierten Ring R negativ aufladen. Dazu fliegen sie bildlich gesprochen längs der in B1 strichpunktierten Bahn aus dem Vakuum über den Topfrand von R (beim Absinken auf die dortige Fermigrenze nimmt die innere Energie von R zu). Die gemessene Spannung zwischen den Fermigrenzen in Ring und Cs-Metall steigt auf das Maximum U_{max}, was auf die Quantisierung der Lichtenergie hinweist. Da aber U_{max} zwischen den Fermigrenzen, nicht zwischen den Oberflächen gemessen wird, gilt nach B1:

$$h \cdot f = e \cdot U_{max} + W_{A,Ring}. \qquad (2)$$

Für U_{max} spielt danach die Ablösearbeit $W_{A,Cs}$ an der Cs-Schicht keine Rolle, wohl aber für die Maximalenergie W_{max} im Vakuum nach Gl. 1. Um die für den Fotoeffekt entscheidende Größe W_{max} zu erhalten, setzt man Gl. 2 in Gl. 1 ein:

$$W_{max} = \frac{1}{2} \cdot m \cdot v_{max}^2 = h \cdot f - W_{A,Cs}$$
$$= e \cdot U_{max} + (W_{A,Ring} - W_{A,Cs}). \qquad (3)$$

Die in Gl. 3 auftretende Differenz $W_{A,Ring} - W_{A,Cs}$ gibt die in diesem Zusammenhang wichtige *Kontaktspannung* $U_{Kont} = (W_{A,Ring} - W_{A,Cs})/e$ zwischen den Oberflächen von Ring R und Cs-Schicht. Statt Gl. 3 gilt:

$$h f - W_{A,Cs} = e \cdot (U_{max} + U_{Kont}). \qquad (4)$$

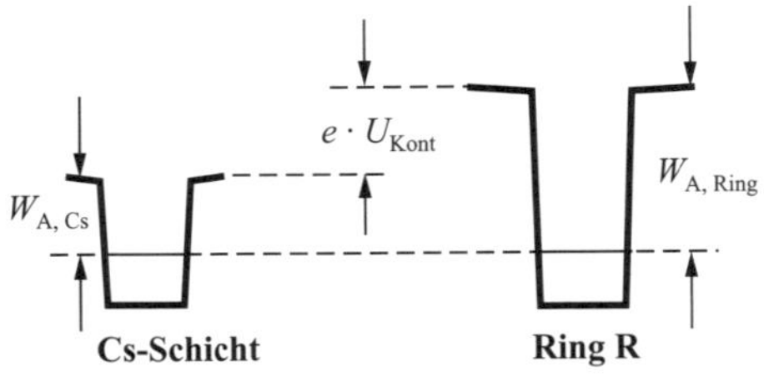

B2: Zwischen Cs-Schicht und Ring wird hier $U = 0$ gemessen.

Zur gemessenen Spannung U_{max} ist die Kontaktspannung U_{Kont} zu addieren. Letztere veranschaulicht B2. Dazu sind Cs-Schicht und Ring zunächst metallisch über einen Spannungsmesser verbunden, der $U = 0$ zeigt. Also liegen beide Fermigrenzen auf gleicher „Energie-Höhe“. Zwischen den *Oberflächen* von Ring und Cs liegt folglich $U_{Kont} = (W_{A,Ring} - W_{A,Cs})/e$ und bildet schon bei $U = 0$ ein elektrisches Feld (Versuche im Lehrerheft zu Ausgabe A Seite 20; Schroedel 86159). Hat sich nach B1 die Spannung U_{max} zwischen beiden Fermigrenzen gebildet, dann bremst das Feld die schnellsten Fotoelektronen ganz ab; dann ist $I_{Phot} = 0$.

Für den Fotoeffekt ist nicht U_{max}, sondern W_{max} maßgebend. W_{max} wird an Fotozellen nach Gl. 3 mit Hilfe von U_{max} gemessen. Dabei ist $W_{max} \approx e \cdot U_{max}$ nur wenn $W_{A,Ring} \approx W_{A,Cs}$, bei $U_{Kont} \approx 0$. Wie erreicht man das? Beim Beleuchten wird die Cs-Schicht erwärmt, dampft im Vakuum Cs ab und überzieht den nicht belichteten kälteren Ring mit Cs (deshalb können sich Messwerte mit der Zeit ändern). Man kann auch vor dem Versuch Cs im Vakuum verdampfen, das sich überall niederschlägt, auch auf dem Ring R (s. Pohl, Optik, § 149). Nach Gl. 3 gilt dann:

$$W_{max} = h \cdot f - W_{A,Cs} \approx e \cdot U_{max} + 0. \quad (5)$$

Danach ist bei Violett ($h \cdot f = h \cdot 7{,}4 \cdot 10^{14}$ Hz $= 3{,}0$ eV) und einem mit Cs ($W_{A,Cs} = 1{,}94$ eV) überzogenen Platinring $U_{max} \approx 1$ V (wir messen 1,02 V; Ring negativ geladen). Bei einem reinen Pt-Ring ($W_{A,Pt} = 5{,}36$ eV) würde man U_{max} erst erreichen, wenn man die Photozelle umpolt, dem Ring positives Potenzial gibt.

Das bedeutet: Die im Lehrbuch Seite 267 in T1 angegebenen Werte sind mit Interferenzfiltern gemessen. Bereits die Existenz maximaler, mit der Lichtfrequenz f steigender Gegenspannungen U_{max} deutet auf Quantisierung der Lichtenergie. Beim Berechnen der Planck-Konstanten h (z. B. aus den Differenzwerten für Blau und Gelb) entfallen $W_{A,Cs}$ und U_{Kont} nach Gl. 4 bzw. Gl. 1 beim Subtrahieren; beide können beliebige Werte haben. Aus dem so korrekt gewonnenen h-Wert folgt etwa der Tabellenwert der Ablösearbeit $W_{A,Cs} \approx 1{,}93$ eV von Cs nach Gl. 1. Dies zeigt, dass der Ring hinreichend mit dem bestrahlten Metall Cs überzogen war, also $U_{Kont} \approx 0$ galt. Die für den Fotoeffekt charakteristische Grenzfrequenz $f_{gr} = WA,Cs/h$ ist dagegen von der Kontaktspannung U_{Kont} nicht betroffen. Die Bestimmung von h am p-n-Übergang von Leuchtdioden fordert noch mehr Einzelheiten aus der Festkörperphysik.

Um Fehlern in Aufgaben zu entgehen, begnügen wir uns mit der Größe W_{max} und lassen die Spannung U_{max} der Fotozelle nicht berechnen. Man braucht nämlich Gl. 3, wenn man in der Aufgabe Kathode und Ring unterschiedliche Oberflächen gibt. Bei Röntgenstrahlen ist die Röhrenspannung U so groß, dass sie ohne Korrektur benutzt werden kann.

Seite 267

A 1: a) Die schnellsten Fotoelektronen haben nach $W_{max} = h f - W_A$ bei Bestrahlung von Na mit Ablösearbeit

$W_A = 2{,}28 \text{ eV} = 2{,}28 \cdot 1{,}6 \cdot 10^{-19} \text{ J} = 3{,}6 \cdot 10^{-19} \text{ J}$

mit UV-Licht der Frequenz

$f = c/\lambda = 3 \cdot 10^8 \text{ m s}^{-1}/100 \cdot 10^{-9} \text{ m}$
$= 3 \cdot 10^{15} \text{ s}^{-1} = 3 \cdot 10^{15} \text{ Hz}$

die Energie

$W_{max} = 6{,}63 \cdot 10^{-34} \text{ J s} \cdot 3 \cdot 10^{15} \text{ s}^{-1} - 3{,}6 \cdot 10^{-19} \text{ J}$
$= 1{,}63 \cdot 10^{-18} \text{ J} = 10{,}2 \text{ eV}.$

Wegen ihrer Masse $m = 9{,}1 \cdot 10^{-31}$ kg ist ihre Geschwindigkeit nach $\frac{1}{2} m\, v_{max}^2 = W_{max}$

$$v_{max} = \sqrt{2\, W_{max}/m}$$
$$= \sqrt{2 \cdot 1{,}63 \cdot 10^{-18} \text{ kg m}^2 \text{ s}^{-2}/9{,}1 \cdot 10^{-31} \text{ kg}}$$
$$= 1{,}89 \cdot 10^6 \text{ m/s}.$$

Bei halber Wellenlänge wäre die Frequenz f doppelt so groß. Da W_A gleich bleibt, ist die Energie W_{max} nicht auch doppelt; sie beträgt

$$W_{max} = 6{,}63 \cdot 10^{-34} \text{ J s} \cdot 6 \cdot 10^{15} \text{ s}^{-1} - 3{,}6 \cdot 10^{-19} \text{ J}$$
$$= 3{,}62 \cdot 10^{-18} \text{ J} = 22{,}6 \text{ eV}.$$

b) Bei der Grenzfrequenz f_{gr} ist $W_{max} = 0$; bei kleineren Lichtfrequenzen gibt es keine Fotoelektronen. Also gilt:

$$f_{gr} = W_A/h = 3{,}6 \cdot 10^{-19} \text{ J}/6{,}63 \cdot 10^{-34} \text{ J s}$$
$$= 5{,}4 \cdot 10^{14} \text{ s}^{-1} = 5{,}4 \cdot 10^{14} \text{ Hz}.$$

(zugehörige Wellenlänge $\lambda_{gr} = c/f_{gr} = 552$ nm)

A 2: Elektronen mit $v = 10^6$ m/s haben die Energie $W_{max} = \frac{1}{2} m\, v^2 = 4{,}5 \cdot 10^{-19}$ J. Da die Ablösearbeit $W_A = 5{,}36 \text{ eV} = 8{,}6 \cdot 10^{-19}$ J beträgt, braucht man Photonen der Energie $h f = W_{max} + W_A = 13{,}1 \cdot 10^{-19}$ J, also Licht der Frequenz $f = 13{,}1 \cdot 10^{-19} \text{ J}/h = 1{,}98 \cdot 10^{15}$ Hz, also $\lambda = 151$ nm.

Die Intensität des Lichts spielt keine Rolle. Sie bestimmt nur die Photonen-Zahl.

Zusatz: Bei Bestrahlung mit dieser Frequenz erhält man auch langsamere Elektronen; man muss die gewünschten aussondern, etwa mit einem Geschwindigkeitsfilter (Lehrbuch Seite 60). Erhöht man f, so werden Elektronen mit $v > 10^6$ m/s abgelöst, aber auch solche mit $v = 10^6$ m/s.

A 3: a) Sonnenbrand entsteht mit UV-Licht, das von Glas absorbiert wird. Auch bei starker Intensität erzeugt das allein durchgelassene sichtbare Licht keinen Sonnenbrand.
b) Mit der Höhe nimmt vor allem die Intensität des UV-Lichts merklich zu.

Seite 269

A 1: a) Experimente zu $W_{max} = h f - W_A$: Man bestrahlt ein Metall (z. B. Cäsium) mit Licht verschiedener Frequenz f und Intensität. Dann findet man eine maximale Spannung U_{max}, bei der die schnellsten aus dem Metall freigesetzten Elektronen gerade noch zur Anode gelangen. (Die zugehörigen Schaltungen werden in A2 benannt).
Man findet einen linearen Zusammenhang zwischen W_{max} und der Frequenz f des Lichts (Lehrbuch Seite 267, B1). Dessen Intensität hat keinen Einfluss. Da h eine vom Metall und vom Licht unabhängige Natur-Konstante ist, betrifft der Term $h f$ die vom Licht gelieferte Energie, unabhängig von dessen Intensität. Dies zwingt zur Aussage, Lichtenergie ist bei Wechselwirkung mit Elektronen in Energie-Quanten der Größe $h f$ wirksam (ob es schon unterwegs „quantisiert" ist, wird im Lehrbuh Seite 268, Ziff. 2 diskutiert). Mit der Intensität des Lichts steigt deren Zahl je Sekunde, nicht aber deren Größe.
b) Man findet eine Grenzfrequenz f_{gr}, unterhalb derer keine Elektronen freigesetzt werden. f_{gr} hängt vom bestrahlten Material ab. Sie gibt die zum Ablösen der Elektronen nötige Energie W_A an; alle Terme in $W_{max} = h f - W_A$ betreffen Energien, und grenzen die Einflüsse von Licht ($h f$) und Material (W_A) klar voneinander ab. Da der Versuch von Hallwachs an Zink nicht mit sichtbarem Licht gelingt, nur mit UV ($\lambda < 400$ nm), ist dessen Grenzfrequenz $f_{gr} > c/400\ \text{nm} = 7{,}5 \cdot 10^{14}$ Hz, die Ablösearbeit $W_A > h f_{gr} = 3{,}1$ eV (Tabellenwerte für Zn: $f_{gr} = 10{,}3 \cdot 10^{14}$ Hz; $W_A = 4{,}27$ eV).
c) h hängt weder vom bestrahlten Material noch vom bestrahlenden Licht oder dessen Frequenz f ab (sonst würde $W_{max} = h f - W_A$ nicht linear von f abhängen), auch nicht von der Lichtintensität.
d) Die Gleichung $W_{max} = h f - W_A$ betrifft nur die schnellsten Elektronen. Da nach Lehrbuch Seite 268, V1 auch langsamere Elektronen auftreten, könnten in Licht der Frequenz f auch Energieportionen wirksam sein mit Energie $W < h f$. Die Experimente an freien K-Atomen legen aber Energieportionen gleicher Größe nahe (Lehrbuch Seite 268, Ziff. 1). Es könnte aber sein, dass die „Zerstückelung" der Energie erst beim Fotoeffekt auftritt, z. B. im Hinblick auf den atomaren Aufbau der Materie (semiklassische Deutung). Dass bereits die Energie des von der Quelle ausgehenden Lichts quantisiert, also in Portionen gleicher Größe $h f$ aufgeteilt ist, wird bei sehr schwachem Licht deutlich (Lehrbuch Seite 268, B1). Fotoelektronen treten sofort auf (nachgewiesen schon nach 1 ns, statt erst nach Stunden).
Der in der klassischen Physik gefundene Energiesatz wird voll übernommen; die Experimente legen aber eine Unterteilung der Lichtenergie in Portionen der Größe $h f$ nahe. Da diese von der aus der klassischen Optik geläufigen Frequenz f abhängen, muss man Welleneigenschaften mit übernehmen. Man kann also nicht sagen, das Licht bestehe aus einem Teilchenstrom (solches postulierte Newton mit seiner Korpuskulartheorie für Licht).
Erst ab hier können wir begründet von der Existenz von Photonen im Lichtstrom sprechen, von einer Quantisierung dessen Energie. Die Versuche an Fotozellen werden teilweise noch klassisch beschrieben ($W_{Elektron} = e\,U$), zwingen uns aber, die Konstante h zu benutzen, die 1900 M. Planck „als Akt der Verzweiflung" einführte, um die Gesetze der Lichtemission glühender Körper zu beschreiben. Doch war er damals weit entfernt, h dem Lichtstrom zuzuweisen. Die Quantentheorie des Lichts wurde auch nach Einsteins Quantenhypothese (1905) erst sehr langsam von der „physical community" anerkannt (erst ab 1922).

A 2: a) W_{max} allein wird nach dem Bild V2 (Lehrbuch Seite 266) ermittelt: Die nötige Gegenspannung U_{max} wird von den schnellsten Elektronen erzeugt.
b) Dass auch langsamere Elektronen entstehen, zeigt V1 (Lehrbuch Seite 268). Man erhöht die Gegenspannung, bis der Fotostrom auf Null absinkt. Dass in Licht der Frequenz f nur Quanten der Energie $h f$ wirksam werden, wird beim Fotoeffekt an freien K-Atomen (Lehrbuch Seite 268, Ziff. 1) deutlich. Dass diese Quanten auch im Lichtstrom vorhanden sind, zeigt B1 (Lehrbuch Seite 268).
c) V2 (Lehrbuch Seite 269) misst die Lichtintensität. Dazu muss gegenüber (b) die angelegte Spannung umgepolt werden, so dass alle freigesetzten Elektronen zur Anode gezogen und gemessen werden. Deren Zahl bestimmt die je Sekunde insgesamt eingesetzte Licht-

intensität. Dabei spielt auch die Frequenz f eine Rolle. Für alle 3 Messungen kann man die gleiche Zelle benutzen, nur die Schaltungen sind verschieden.

A 3: U_{max} ändert sich in Bild zu V1 (Lehrbuch Seite 268) nicht, da Wmax nicht von der Helligkeit abhängt. Doch steigt mit ihr die Zahl der Photonen; alle I_F-Werte werden größer; die Gerade steigt von $I_F = 0$ bei U_{max} aus steiler an.

A 4: a) In Bild B1 (Lehrbuch Seite 268) ist monochromatisches Licht vorausgesetzt. Bei $\lambda = 800$ nm, also $f = c/\lambda = 3{,}7 \cdot 10^{14}$ Hz hat jedes Photon die Energie $W_{Ph} = hf = 2{,}5 \cdot 10^{-19}$ J. Also fallen in 1 s
$n_{Ph} = P_L/W_{Ph} = 0{,}1 \cdot 10^{-3}$ J s^{-1}/2,5 $\cdot 10^{-19}$ J
$= \mathbf{4 \cdot 10^{14}}$ **1/s** (Photonen je Sekunde) ein.
Bei der halben Wellenlänge (400 nm) sind Frequenz und Photonenenergie doppelt, die Photonenzahl je Sekunde ist **halbiert** auf $\mathbf{2 \cdot 10^{14}}$ **1/s**. Die Größe der bestrahlten Metallfläche ist ohne Belang.
b) Bei einer Quantenausbeute von 0,1 % = 0,001 werden bei $\lambda = 800$ nm nur $\mathbf{4 \cdot 10^{11}}$ Elektronen je Sekunde frei, bei $\lambda = 400$ nm nur $\mathbf{2 \cdot 10^{11}}$ Elektronen.

A 5: Die Pupillenfläche beträgt $A = \pi \cdot (3 \cdot 10^{-3}\text{ m})^2 = 2{,}8 \cdot 10^{-5}\text{ m}^2$. Da 1 Photon die Energie $W_{Ph} = hf = h\,c/\lambda = 3{,}3 \cdot 19^{-19}$ J hat, wird die Pupillenöffnung in 1 s von der Lichtenergie
$W_L = 10^{-10}\text{ J s}^{-1}\text{ m}^{-2} \cdot A \cdot 1\text{ s} = 2{,}8 \cdot 10^{-15}$ J,
also von $n_{Ph} = W_L/W_{Ph} = 8500$ Photonen durchsetzt.

Seite 271

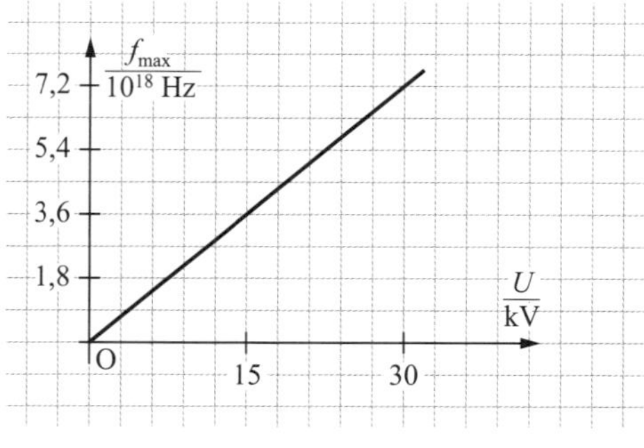

A 1 a) Bei den Röntgenmaxima f_{max} ist die Ablösearbeit W_A gegenüber der hohen Photonenenergie hf vernachlässigt, so dass die Grenzfrequenz im Diagramm und in den Formeln vernachlässigt wird. Die Linearität von f mit U bleibt aber erfüllt. (Gegenüber B1 im Lehrbuch Seite 267 sind die Achsen vertauscht. $U = W_{max}/e = h\,f_{max}/e$ ersetzt $W_{max} = hf - W_A$). Beim vorliegenden Maßstab würden auch die mit Licht gemessenen Werte in das Diagramm passen, aber nicht in Erscheinung treten.
b) In einer 6. Spalte wird die Größe $e\,U/f_{max}$ berechnet.

U in kV	f_{max} in 10^{18} Hz	$h = e\,U/f_{max}$ in 10^{-34} J s	$h = e\,U/f_{max}$ in 10^{-15} eV · s
15	3,6	**6,67**	**4,17**
20	4,8	**6,67**	**4,16**
25	6,1	**6,56**	**4,10**
30	7,2	**6,67**	**4,17**

Da es in der klassischen Physik keine Energie mal Zeit ($W \cdot t$) gibt, wohl aber $P = W/t$, tritt die Einheit J s nicht auf, wohl aber J/s.

A 2: a) Die Grenzfrequenz ist bei $U = 500$ kV nach Gl. (1) $f_{max} = e\,U/h = 1{,}2 \cdot 10^{20}$ Hz, die Grenzwellenlänge $\lambda_{min} = c/f_{max} = 2{,}49 \cdot 10^{-12}$ m = 2,49 pm.
b) Auch in der Fernsehröhre werden Elektronen abgebremst. Bei $U = 22$ kV ist $\lambda_{min} = 56{,}5$ pm.

A 3: Die größten Röntgenphotonen setzen Fotoelektronen frei, deren Energie nur um die hier vernachlässigbare Ablösearbeit verkleinert ist.

A 4: Die Energie der von IR ($\lambda > 800$ nm) erzeugten Fotoelektronen können beim Abbremsen erst dann sichtbares Licht aussenden, wenn sie aus einem E-Feld zusätzliche Energie aufgenommen haben. Bei AgCsO ist die Ablösearbeit $W_A = 1{,}04\text{ eV} = 1{,}66 \cdot 10^{-19}$ J. Folglich muss das nutzbare IR die Grenzfrequenz $f_{gr} > W_A/h = 2{,}5 \cdot 10^{14}$ Hz, also Wellenlängen von $\lambda_{min} < c/f_{gr} = 1{,}2 \cdot 10^{-6}$ m = 1200 nm haben.

Seite 273

A 1: a) Bei $\lambda = 550$ nm hat ein Photon die Energie $W_{Ph} = hf = h\,c/\lambda = 3{,}6 \cdot 10^{-19}$ J. Bei der Strahlungsleistung $P_L = 3{,}9 \cdot 10^{26}$ J/s ist $n_{Ph} = P_L/W_{Ph}$. Je Sekunde werden $1{,}1 \cdot 10^{45}$ Photonen abgegeben.
b) Bei 5 % Wirkungsgrad gibt die 100-W-Lampe je Sekunde die Lichtenergie $W_L = 5$ J ab, in 3000 h also $5\text{ J} \cdot 3000 \cdot 3600 = 5{,}4 \cdot 10^7$ J. Jedes Photon hat bei $\lambda = 500$ nm die Energie
$W_{Ph} = hf = h\,c/\lambda = 4{,}0 \cdot 10^{-19}$ J.
Die emittierte Photonenzahl pro Sekunde ist
$n_{Ph} = W_L/W_{Ph} = 1{,}36 \cdot 10^{26}$.
Jedes hat die Masse
$m_{Ph} = h\,f/c^2 = h/(\lambda\,c) = 4{,}4 \cdot 10^{-36}$ kg.

Die abgestrahlte Masse ist
$m_{gesamt} = n_{Ph} \cdot m_{Ph} = 6{,}0 \cdot 10^{-10}$ kg.
Da schon während des Betriebs Energie und Masse elektrisch zugeführt wurden und der ursprüngliche Zustand nach dem Abkühlen hergestellt ist, hat die Lampe keine Masse verloren.

A 2: Die Wellenlängenzunahme ist $\Delta\lambda = \lambda_C\,(1 - \cos\beta)$ mit $\lambda_C = 2{,}4$ pm.

β	$\Delta\lambda$ in pm beim Compton-Effekt	Anteil des $\Delta\lambda$ von $\lambda = 600$ nm in %
0°	0	0 %
90°	2,4 (λ_C)	0,0004 %
180°	4,8 (2 λ_C)	0,0008 %

A 3: Wenn der Streuwinkel β des Photons von 0° bis 180° steigt, werden in B5 (Lehrbuch Seite 273) die roten Impulsvektoren $\vec{p}$ des gestreuten Elektrons länger und drehen vom Winkel $\alpha = 90°$ nach $\alpha = 0°$. Die Impulsbeträge p der Elektronen und damit deren kinetische Energie $W_{El,kin} = \frac{1}{2}\,m\,v^2 = p^2/2\,m$ werden größer.

Seite 277

Bemerkung:

Die rotierenden Zeiger veranschaulichen die in der Quantenphysik notwendigerweise komplexen Ψ-Funktionen in schulrelevanter Form. Komplexe Wellenfunktionen werden aber schon bei klassischen Wellen wegen der Rechenvorteile benutzt. Deren Darstellung mit Hilfe rotierender Zeiger erweist sich als didaktische Hilfe; Schüler lernen damit umzugehen, sodass der Übergang zu den Ψ-Zeigern als schulgemäßer Ersatz für Ψ-Funktionen leichter fällt. Dabei lassen sich sowohl Gemeinsamkeiten von klassischem und Quanten-Verhalten, als auch abweichende Interpretationen in entscheidenden Punkten klarer herausarbeiten als es mit Worten oder Formeln allein möglich wäre (s. A1 bis A3):

a) Die vektorielle Addition der Zeiger als Ausdruck des *Superpositionsprinzips* gilt in analoger Weise in der klassischen wie in der quantenmechanischen Theorie. So wird dieses Prinzip problemlos zu einem im Buch oft benutzten Fundament der Quantentheorie.

b) Bei klassischen Wellen beschreiben die rotierenden Zeiger die Bahn der Welleteilchen (je nach Projektion mit „auf-ab" oder „hin-her"). Solche Bahnbewegungen sind jedoch bei Quanten schon wegen der UBR nicht erlaubt. Doch genügen die Gleichungen $f = W/h$ und $\lambda = h/p$ nicht, um die rotierenden Zeiger bei Quanten anzuwenden. Deshalb deuten wir das Quadrat $|\Psi|^2$ der Länge $|\Psi|$ der resultierenden Zeiger als *Antreffwahrscheinlichkeit* von Quantenobjekten. Damit findet die *Stochastik* Einzug in die Beschreibung des Quantengeschehens. Zusammen mit (a) wird der Begriff „*unbestimmt im Quantensinn*" eingeführt, im Sinne eines „*Zugleich von mehreren Möglichkeiten*".

c) Damit sind in rotierenden Ψ-Zeigern die klassischen Teilchen- und Wellenbilder in reduzierter Form vereinigt, ihr Entweder-Oder-Gegensatz wird deshalb nicht betont, sondern schon früh überwunden (s. A1).

d) Ein entscheidender Unterschied zwischen den Zeigern der klassischen Wellenlehre und den Ψ-Zeigern besteht darin, dass im klassischen Fall die Zeigerlänge eine jederzeit genau bestimmbare Messgröße darstellt, z. B. den Betrag der elektrischen Feldstärke $E(x,t)$ bei den elektromagnetischen Wellen oder den Schalldruck. Dagegen sind Ψ-Zeiger wie komplexwertige Ψ-Funktionen keiner bestimmten Messgröße zugeordnet (C. F. v. Weizsäcker bezeichnet Ψ als „Wissen"; Lehrbuch Seite 310). Erst $|\Psi|^2$ kann durch Messungen ermittelt werden.

e) Trotzdem rechnet man mit den Ψ-Zeigern *determiniert*, analog zu klassischen Zeigern. An die Stelle der klassischen Wellengleichung tritt die Schrödingergleichung zum Berechnen von Ψ.

f) Mit rotierenden Zeigern werden nicht nur Beugungsexperimente mit Quantenobjekten beschrieben, sondern auch fortschreitende Ψ-Wellen, etwa am Ketterle-Experiment (Lehrbuch Seite 282). Zusammen mit $f = W/h$ und $\lambda = h/p$ bestätigt Programm 8d („Quantenphysik" auf der CD) nicht nur die Unbestimmtheitsrelation an laufenden W*ellenpaketen* quantitativ. Deren Zerfließen zeigt sich in der Simulation ohne Rechnung, auch der Unterschied von Teilchen- und Phasengeschwindigkeit. Programm 8e vertieft dies bei einem negativen Elektronen-Potenzial: Läuft dort ein Elektronenpulk nach rechts, so auch sein Wellenpaket; doch laufen die Ψ-Wellen nach links. Es handelt sich eben nur um Modelle.

g) Insgesamt wird so dem Schüler deutlich: Quantenobjekte sind weder Teilchen noch Wellen, sondern etwas Neues. Auch sind Quantenobjekte weder Ψ-Wellen noch rotierende Zeiger; beides sind nur Modelle zum Beschreiben ihres Verhaltens (Lehrbuch Seite 278). Dies zeigt: Der Mensch kann mit abstrakten, mathematisch fassbaren Symbolen die Natur in viel größerem Umfang beschreiben als mit anschaulichen Vorstellungen oder nur mit Worten.

A 1: a) Das *Teilchenbild* ist mit der **Zeigerlänge** auf die Antreffwahrscheinlichkeit von Quantenobjekten reduziert, der nach Newton bestimmte Bahnverlauf auf eine stochastische Aussage. Die Periodizität des *Wellenbilds* ist auf die **Rotationsfrequenz** f der Zeiger reduziert, welche (zusammen mit der Quantenkonstante h) Energie $W_{Ph} = h f$, Masse $m_{Ph} = h f/c^2$ und Impuls $p_{Ph} = h/\lambda$ der Photonen beschreibt. Das Auf- und Ab einer Welle ist auf die Phase $\varphi = 2 \pi s/\lambda$ im Lokalisationspunkt als **Richtung des Ψ-Zeigers** reduziert.

Beispiel: Bei Doppelspalt-Beugung kann man nicht sagen, das Photon sei durch Spalt 1 oder Spalt 2 geflogen. Statt zwei Elementarwellen addiert man zwei Zeiger und beachtet so das „Ganze". Das Superpositionsprinzip wird von Wellen auf Quantenobjekte übernommen, wo es eine entscheidende Rolle spielt.

b) Mit den Ψ-Zeigern ist das stochastische Verhalten von Quantenobjekten zusätzlich gewonnen. Verloren ist das determinierte Auf und Ab von Wellenteilchen oder Feldstärken.

c) Siehe Lehrbuch Seite 190

A 2: a) Die Newton'sche Mechanik für Massenpunkte beschreibt z. B. die Bewegung eines Planeten; Interferenzeffekte wie bei Licht sind ihr fremd. Deshalb standen sich die *Newton'sche Korpuskulartheorie des Lichts* und die *Huygens-Fresnel'sche Wellentheorie* unversöhnlich gegenüber.

b) Betrachten Sie Bild 3 (Lehrbuch Seite 205) und B2 (Lehrbuch Seite 206) sowie die Dateien 9b und 9d unter „Wellen, Anregungen zum Huygens-Prinzip" (auf der CD).

Michelson-Interferometer: Vergrößert man einen Interferometerarm hinreichend, so interferieren die Teilwellen aus beiden Armen nicht mehr; die Interferenz verschwindet. Man kann dann feststellen, in welcher der beiden verkürzten Teilwellenzüge das Photon lokalisiert ist. Dann ist die „Welcher-Weg-Frage" beantwortbar. Sie kann nicht beantwortet werden, so lange diese Wellenzüge sich ganz oder teilweise überdecken, so dass Interferenz erkennbar ist.

Glimmerblattversuch: (Lehrbuch Seite 206, B2). Das gleiche gilt für die beiden an Vorder- und Rückseite reflektierten Teilwellenzüge. So lange sie sich überlagern, gibt es Interferenzstreifen; man kann nicht sagen, zu welchem Wellenzug das gefundene Photon gehört. Die „Welcher-Weg-Frage" ist nicht beantwortbar. Sie kann beantwortet werden, wenn man die Kohärenzlänge der Wellenzüge einer Quecksilberdampflampe z. B. durch den Dampfdruck in der Lampe verkürzt hat.

c) Betrachten Sie auf der CD die Datei 8d unter „Wellen, Anregungen zum Huygens-Prinzip".

A 3: a) Ein Zugleich der möglichen Wege kommt für den einzelnen Wanderer nicht in Betracht; er ist kein Quantenobjekt, es gibt beim Ziel keine Superposition von Quantenmöglichkeiten, keine Interferenz – im Gegensatz zu Photonen am Doppelspalt. Für den Wanderer gelten die Gesetze der klassischen Physik.

b) Da Lichtquanten eine sehr kurze Wellenlänge λ zugeordnet ist, ändern sich die Phasen $\varphi = 2 \pi s/\lambda$ der Zeiger schon längs winziger Wegstrecken s. Bei Personen entfallen diese Quanteneigenschaften.

c) Wenn einer der beiden Waldwege gesperrt ist, hat das für die Wanderer auf der andern Stelle keinerlei Einfluss. Beim Doppelspalt ändert sich das Interferenzbild wesentlich, wenn man einen Spalt schließt.

Weiteres zu Seite 277:

a) In Experimenten *„mit verzögerter Wahl"* (*delayed choice*) versucht man, Photonen die Eigenschaft zuzusprechen, sich je nach Versuch wie klassische Teilchen oder wie Wellen zu verhalten, diese Entscheidung aber verspätet abzufordern. In einem 2006 ausgeführten Versuch trifft ein Photon nach B1 (Lehrbuch Seite 276) von der Quelle Q auf die Teilerplatte T_1 des vom Knallertest bekannten Interferometers. Erst wenn es T_1 passiert hat, entscheidet man sich, die zweite Teilerplatte T_2 einzusetzen oder sie wegzulassen. Ist sie eingesetzt, so erhält man an T_2 Interferenz. Wie in B1 dargelegt, tritt das Photon nur in den Detektor D_A ein. Also nimmt man an, es habe schon bei T_1 Wellennatur angenommen, so dass die Frage, welchen Weg es geht, (1) *oder* (2), nicht beantwortet werden kann. Fehlt dagegen T_2, so entfällt dort die Interferenz, so als ob das Photon schon bei T_1 Teilchennatur angenommen habe und längs (1) *oder* (2) laufe, also entweder von unten geradlinig in D_B lande oder waagerecht längs (2) in D_A. Stülpt man also dem Photon die beliebte klassische Vorstellung „Teilchen oder Welle" über, so wird es zum Hellseher, der im Voraus weiß, was bei T_2 geschehen wird.

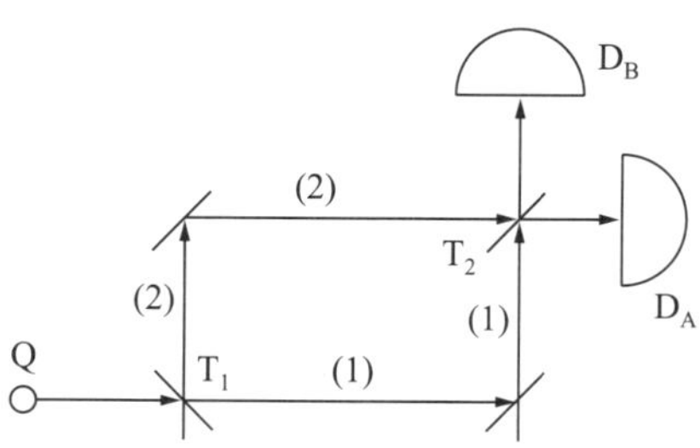

Diese zweifelhafte Deutung im Sinne des Komplementaritätsprinzips entfällt, wenn man schon bei T_1 eine Quantenbeschreibung benutzt, z. B. Ψ-Zeiger. Diese addiert man für die gleichberechtigten Pfad (1) *und* (2) schon ab T_1 (wie beim Doppelspalt), gleichgültig ob man T_2 später einsetzt oder nicht. Trifft das Photon als Quantenobjekt auf das später eingesetzte T_2, so führt diese Superposition wegen Interferenz nur zum Detektor D_A. Hat man T_2 nicht eingesetzt, so wird – wie bei Quanten üblich – eine der beiden Möglichkeiten in der Fortsetzung von (1) *und* (2) zufallsbedingt realisiert; es klickt D_A oder D_B. Die Frage *„klassisches Teilchen oder klassische Welle"* wird dabei nicht gestellt, sondern von vornherein Quantenverhalten angenommen. Modellballast ist abgeworfen; das Photon ist kein Hellseher, der schon bei T_1 im Voraus ahnt, ob T_2 später eingesetzt wird oder nicht.

b) Das gilt auch beim *Quantenradierer* nach B2 (Lehrbuch Seite 276).

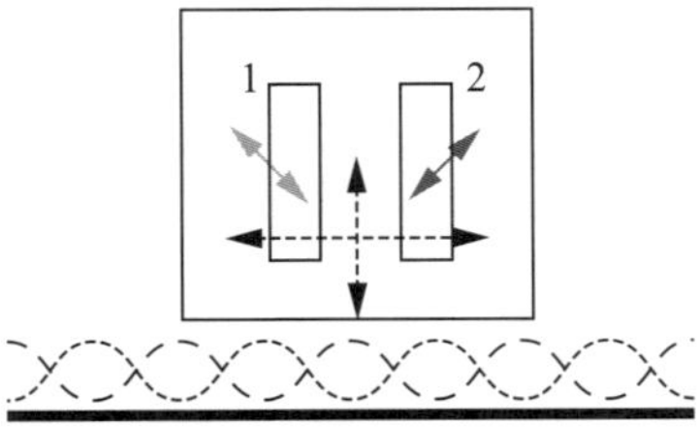

B2: Klassische Erklärung: Hinter dem Doppelspalt überlagern sich zwei gegeneinander versetzte Interferenzstreifen, was fehlende Interferenz vortäuscht.

Vor Spalt 1 und 2 sitzen gekreuzte Polarisationsfolien (↖ und ↗), vertikal polarisiertes Licht fällt ein.

α) Man sieht zunächst auf dem Schirm keine Interferenzstreifen und folgert: Das Photon fliege als *Teilchen* durch *einen* Spalt und ignoriere den andern; die Folien haben die „Welcher-Weg-Frage" (durch Spalt 1 oder 2?) beantwortbar gemacht (leider erfährt man das Ergebnis nicht).

β) Stutzig macht, dass es nach der klassischen Wellentheorie (siehe CD: „Quantenphysik im Unterricht") zwei gegeneinander versetzte Streifensysteme gibt, die sich nach B2 auf dem Schirm zuschütten und so fehlende Interferenz vortäuschen (wird auch an Einzelphoton im Sinne einer Quanten-Deutung experimentell bestätigt). Tatsächlich macht eine dritte, nachträglich vor den Schirm gesetzte Folie (↔ oder ↕) jeweils einen dieser Interferenzstreifen sichtbar. Ist es also sinnvoll zu sagen, die 3. Folie habe die beim Weg durch den Doppelspalt nach (α) gezeigte Teilcheneigenschaft (Spalt 1 *oder* 2) nachträglich *ausradiert* und in eine Welleneigenschaft umgewandelt (Spalt 1 und 2); das Photon habe nachträglich, z. B. durch die 3. Folie, Kenntnis vom Spaltabstand *g* bekommen?

γ) Dreht man anschließend die 3. Folie nach ↖ oder ↗, so zeigt der Schirm eine einwandfreie Einzelspaltinterferenz. Hat man also die Teilcheneigenschaft nach (α) im zuvor durchlaufenen Doppelspalt nachträglich wieder hergestellt?

All dies müsste auch gelten, wenn die 3. Folie „verzögert" angebracht würde, wenn das Photon den Doppelspalt passiert hat, analog zur Teilerplatte T_2 in B1. Wie bei der dortigen Fehldeutung müsste das Photon ein Hellseher sein, der beim Flug durch den Doppelspalt schon weiß, ob und wie eine 3. Folie gesetzt wird. Da diese keinen Einfluss auf den Weg im zuvor durchflogenen Doppelspalt haben kann, hat das Experiment nichts mit der „Welcher-Weg-Frage", nichts mit dem Komplementaritätsprinzip zu tun, auch wenn ein Mach-Zehnder-Interferometer den Doppelspalt ersetzt.

Betrachtet man beim Experiment Einzelphotonen, so braucht man zur Quantenerklärung das schwere Geschütz der *Verschränkung*: Die vom Doppelspalt bekannte Superposition der Ψ-Zeiger beider Spalte besteht unabhängig von der 3. Folie und ist mit Polarisation verschränkt. Dies führt zu gleichen Ergebnissen wie die einfache klassische Erklärung (s. CD).

c) Die Experimente in B1 und B2 bestätigen, was C. Kiefer 2009 in „Quantenkosmos" S. 109 schreibt: *„Der Komplementaritätsbegriff ist auf fundamentaler Ebene überflüssig."* Man sieht heute die Quantenphysik als fundamental an. Im Gegensatz zur *Kopenhagener Deutung* versucht man nicht mehr, sie mit einer Dualität klassischer Wellen und Teilchen zu begründen. Die klassische Physik folgt aus den Quantengesetzen durch Dekohärenz. Die Blickrichtung hat sich in den letzten Jahrzehnten um 180° gedreht. Trotzdem wird man die Schüler weiterhin zunächst mit der klassischen Physik vertraut machen, aber nicht versuchen, deren Vorstellungen den Quantenobjekten überzustülpen.

Seite 279

A 1: Bei der Wellenlänge $\lambda = 400$ nm ist die Energie eines jeden Photons: $W_{Ph} = h f = h\, c/\lambda = 5{,}0 \cdot 10^{-19}$ J.

a) Maximale Energie eines Elektrons bei der Ablösearbeit: $W_A = 1{,}93$ eV $= 3{,}1 \cdot 10^{-19}$ J.

Also $W_{max} = W_{Ph} - W_A = 1{,}9 \cdot 10^{-19}$ J;

$v_{max} = \sqrt{2\, W_{max}/m} = \mathbf{6{,}5 \cdot 10^5\ m/s}$.

Die Photonen geben ihre Energie ab. Diese ist ein Skalar. Der schräge Lichteinfall ist hier ohne Einfluss.

b) Einfallende Lichtenergie in 1 Sekunde:

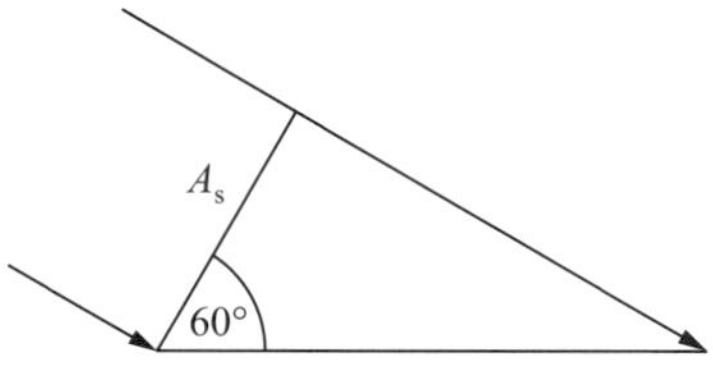

$A = 100\ \text{cm}^2$

Der Querschnitt des einfallenden Lichtbündels ist $A_s = A \cdot \cos 60° = 50\ \text{cm}^2$.

Lichtleistung:

$P_L = A_s \cdot S = 50 \cdot 10^{-4}\ \text{m}^2 \cdot 1000\ \text{J/(s m}^2) = 5\ \text{J/s}$.

Bei der Quantenausbeute η = 10-3¬ werden frei:

$\mathbf{n_{Ph}} = \eta\, P_L / W_{Ph} = 10^{-3} \cdot 5\ \text{J} \cdot \text{s}^{-1} / 5{,}0 \cdot 10^{-19}\ \text{J}$

$= \mathbf{1 \cdot 10^{16}/s}$ (Photonen je Sekunde).

A 2: a) Nach $\Delta\lambda = \lambda_C\,(1 - \cos\beta)$ ist $\Delta\lambda$ am größten bei $\beta = 180°$, bei $\cos\beta = -1$. Da die Compton-Wellenlänge $\lambda_C = 2{,}4$ pm ist, beträgt dort die Wellenlängenzunahme $\Delta\lambda = 2\,\lambda_C = 4{,}8$ pm.

Dies wird an B 5 (Lehrbuch Seite 273) bestätigt. Dort ist der Impulsbetrag $p' = h/\lambda'$ des gestreuten Photons aufgetragen (blaue Pfeile). Bei $\beta = 180°$ ist er am kleinsten gegenüber dem Impulsbetrag p des anfliegenden Photons. Dieses hat im Bild 5 (Lehrbuch Seite 273) die Wellenlänge $\lambda = \lambda_C = 2{,}4$ pm. Sie wird bei $\beta = 180°$ um 4,8 pm auf $3 \cdot 2{,}4$ pm verdreifacht; der Impuls geht auf 1/3 zurück.

b) Die Energie eines Photons ist $W_{Ph} = h\,f = h\,c/\lambda$.

Bei $\lambda = \lambda_C = 2{,}4$ pm ist sie $W_1 = 8{,}3 \cdot 10^{-14}$ J,

bei $\lambda = 2\,\lambda_C = 4{,}8$ pm ist sie $W_2 = 4{,}15 \cdot 10^{-14}$ J.

Es erleidet den Energieverlust

$\Delta W = W_2 - W_1 = 4{,}15 \cdot 10^{-14}$ J.

Da die Energie beim Compton-Stoß erhalten bleibt (er ist elastisch), nimmt das gestoßene Elektron diese Energie auf.

Seite 281

A 1: Kinetische Energie des Protons:

$W_{kin} = e\,U = 1{,}6 \cdot 10^{-19}\ \text{C} \cdot 500 \cdot 10^3\ \text{J/C}$

$= 8{,}0 \cdot 10^{-14}$ J.

Geschwindigkeit des Protons ($m = 1{,}67 \cdot 10^{-27}$ kg):

$v = \sqrt{2\,W_{kin}/m} = 9{,}8 \cdot 10^6$ m/s.

Impuls des Photons: $p = m\,v = 1{,}6 \cdot 10^{-20}$ N s.

deBroglie-Wellenlänge: $\lambda_B = h/p = 4{,}1 \cdot 10^{-14}$ m.

Seite 283

A 1: Die zu A1 von Seite 277 für Photonen gemachten Aussagen in diesem Heft gelten auch für Elektronen und andere Quantenobjekte (Protonen, Neutronen, Atome, Fullerenbälle usw.). Auch deuten Interferenzversuche auf Wellen, die Lokalisation der Quantenobjekte in einem Punkt auf Teilchen hin (auch die Angaben zu Ladung und Masse). Zudem bewährt sich die Superposition rotierender Ψ-Zeiger. Auch bei Elektronen gibt die Zeigerlänge das $|\Psi|^2$, (deren Antreffwahrscheinlichkeit) an, nicht das „Auf und Ab" schwingender Elektronen (s. Ketterle-Experiment). Die Interferenz wird weder von einer Welle noch durch einen bestimmten Bahnverlauf klassischer Teilchen erzeugt (letztere interferieren nicht). Interferenz ist gemäß dem Superpositionsprinzip eine eigenständige Eigenschaft von Quantenobjekten.

A 2: Elektronen ($m = 9{,}1 \cdot 10^{-31}$ kg) haben nach Durchlaufen von $U = 50$ kV die kinetische Energie:

$W_{kin} = e\,U = 1{,}6 \cdot 10^{-19}\ \text{C} \cdot 50 \cdot 10^3\ \text{J/C}$

$= 8{,}0 \cdot 10^{-15}$ J,

die Geschwindigkeit: $v = \sqrt{2\,W_{kin}/m} = 1{,}3 \cdot 10^8$ m/s,

den Impuls $p = m\,v = 1{,}2 \cdot 10^{-22}$ N s,

die deBroglie-Wellenlänge

$\lambda_B = h/p = 5{,}5 \cdot 10^{-12}$ m $= 5{,}5$ pm (Röntgenbereich).

Bei Bragg-Reflexion im Einkristall mit Netzebenenabstand $d = 282$ pm gilt für die Glanzwinkel φ nach B1 (Lehrbuch Seite 214) die Bragg-Gleichung $2\,d \sin\varphi = k\,\lambda$. Man erhält für $k = 1, 2, 3$: $\varphi_1 = 0{,}56°$, $\varphi_2 = 1{,}12°$, $\varphi_3 = 1{,}68°$.

Bei Polykristallen erhält man statt scharfer Linien die Debye-Scherrer-Ringe (Lehrbuch Seite 215) mit den angegebenen Öffnungswinkeln der zugehörigen Kegel.

Seite 285

A 1: Bei $\lambda = 600$ nm haben Photonen den Impuls:

$p = h/\lambda = 1{,}1 \cdot 10^{-27}$ Ns.

Schlüsselloch-Impulsunbestimmtheit:

$\boldsymbol{\Delta p_x} \approx h/10^{-2}\ \text{m} = 6{,}6 \cdot 10^{-32}$ N s; $\mathbf{6 \cdot 10^{-3}}$ **%**

0,01mm-Loch - Impulsunbestimmtheit:

$\boldsymbol{\Delta p_x} \approx h/10^{-5}\ \text{m} = 6{,}6 \cdot 10^{-29}$ N s; **6 %**

Seite 287

A 1: *Protonen* (600 kV) haben nach A1 (Lehrbuch Seite 281) die deBroglie-Wellenlänge $\lambda_B = 4{,}1 \cdot 10^{-14}$ m. Staubkörnchen ($m = 10^{-15}$ kg) haben bei $v = 300$ m/s den Impuls $p = m\,v = 3 \cdot 10^{-13}$ N s und die deBroglie-Wellenlänge $\lambda_B = h/p = 2{,}2 \cdot 10^{-21}$ m.
Bei $g = 10^{-6}$ m ist bei *Protonen* der Beugungswinkel φ in 1. Ordnung (nach $\sin\varphi = \lambda_B/g$): $\varphi = 2{,}3 \cdot 10^{-6}$ °.
In 10. Ordnung ($\sin\varphi = 10 \cdot \lambda_B/g$) ist $\varphi = 2{,}3 \cdot 10^{-5}$ °.
Ablenkung x in 1 m Abstand nach $x_1 = 1\text{ m} \cdot \tan\varphi$:
1. Ordnung $x_1 = 4{,}1 \cdot 10^{-8}$ m
10. Ordnung $x_{10} = 4{,}1 \cdot 10^{-7}$ m
(Näherungsweise ist $\sin\varphi = \tan\varphi$ erlaubt:
$x_{10} = 1\text{ m} \cdot 10 \cdot \lambda_B/g = 4{,}1 \cdot 10^{-7}$ m).
Bei *Staubkörnchen*:
$x_1 = 1\text{ m} \cdot \lambda_B/g = 2{,}2 \cdot 10^{-15}$ m bzw.
$x_{10} = 10 \cdot 1\text{ m} \cdot \lambda_B/g = 2{,}2 \cdot 10^{-14}$ m.
Beide passieren dieses Gitter praktisch geradlinig, wie klassische Teilchen.

A 2: Würde dieses Staubkörnchen Quanteneigenschaften aufweisen, so würde bei der Energie W_L = 1 eV = $1{,}6 \cdot 10^{-19}$ J und der Masse $m = 10^{-15}$ kg nach Gl. 1 die Lokalisationsenergie $W_L = h^2/(8\,m\,L^2)$ betragen. Der Durchmesser des „Quantenkäfigs" wäre ca. $L = h/\sqrt{8\,W_L\,m} = 1{,}8 \cdot 10^{-17}$ m. Dies ist viel kleiner als der mutmaßliche Durchmesser des Staubkorns. Ihm kommen keine Quanteneigenschaften zu.

A 3:

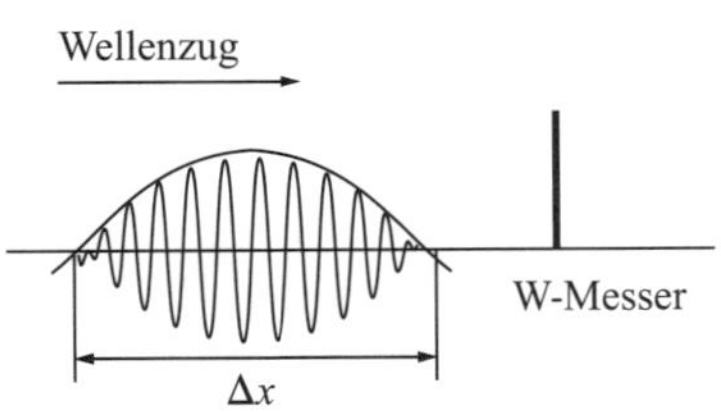

Der Wellenzug läuft in der Zeit $\Delta t = \Delta x/c$ über den Energiemesser hinweg.

Im roten Wellenzug hat ein *Photon* die Ortsunbestimmtheit Δx (Lehrbuch Seite 286, B3). Er läuft in der Zeit Δt mit Geschwindigkeit $c = \Delta x/\Delta t$, dem Impuls $p = h/\lambda$ und der Energie $W = h\,f = h\,c/\lambda = c\,p$ über das Messgerät. Für die Unbestimmtheit der Energie $W = c \cdot p$ gilt $\Delta W = c \cdot \Delta p$ (da c konstant). Eingesetzt in $\Delta x \cdot \Delta p \approx h$ ergibt $c \cdot \Delta t \cdot \Delta W/c \approx h$ oder $\Delta W \cdot \Delta t \approx h$.
Rechnung für *Elektronen*: Es gilt $v = \Delta x/\Delta t = p/m$. Weil sich ein Wellenzug aus einer Superposition von deBroglie-Wellen mit vielen benachbarten Impulsen zusammensetzt, gilt $W(p) = \frac{1}{2}\,m\,v^2 = p^2/(2\,m)$. Seine Energieunbestimmtheit ΔW berechnet sich aus der Ableitung $\Delta W/\Delta p = p/m$ zu $\Delta W = p \cdot \Delta p/m$. Aus $\Delta x \cdot \Delta p \approx h$ folgt durch Einsetzen von $\Delta x = p \cdot \Delta t/m$ und $\Delta p = m \cdot \Delta W/p$ die Relation
$(p\,\Delta t/m) \cdot (m\,\Delta W/p) = \Delta W \cdot \Delta t \approx h$.

Seite 289

Zusatz zum Bohr'schen Atommodell:
Berechnung der Gleichung (5) (Lehrbuch Seite 289): Nach Lehrbuch Seite 25, Beispiel 1 hat das Elektron im Abstand r_n, also bei der Quantenzahl n die potenzielle Energie $W_{pot,n} = q \cdot \varphi = -e^2/(4\,\pi \cdot \varepsilon_o \cdot r_n)$ mit $q = e$. Sie steigt beim Anheben $n_1 \to n_2$ um:
$\Delta W_{pot} = -e^2 \cdot (1/r_2 - 1/r_1)/(4\,\pi \cdot \varepsilon_o) > 0$,
da $r_2 > r_1$ also $1/r_2 - 1/r_1 < 0$.
Die kinetische Energie W_{kin} ändert sich nach Lehrbuch Seite 25 um:

$$\Delta W_{kin} = \frac{1}{2}\,m \cdot (v_2^2 - v_1^2)$$
$$= \frac{1}{2}\,e^2 \cdot (1/r_2 - 1/r_1)/(4\,\pi \cdot \varepsilon_o) < 0$$

(sie nimmt ab).
Die Gesamtenergie steigt um

$$\Delta W = \Delta W_{pot} + \Delta W_{kin}$$
$$= -\frac{1}{2} \cdot e^2 \cdot (1/r_2 - 1/r_1)/(4\,\pi \cdot \varepsilon_o) > 0.$$

Da nach Gl. 3 (Lehrbuch Seite 289):
$r_n = \varepsilon_o\,h^2\,n^2/(\pi\,e^2\,m_e)$ ist, folgt

$$\Delta W = [m_e\,e^4/(8\,\varepsilon_o^2\,h^2)] \cdot (1/n_2^2 - 1/n_1^2)$$
$$= +13{,}6\text{ eV} \cdot (1/n_1^2 - 1/n_2^2) > 0.$$

Es war ein glücklicher Zufall, dass dieser Wert von der Schrödingergleichung bestätigt wird, was wir an Computersimulationen quantitativ nachprüfen (siehe Lehrbuch Seite 301 und zahlreiche CD-Programme).

Seite 291

A 1: Beschleunigungsspannung:
Links: etwas mehr als 4,9 V, da Elektronen kurz vor dem Anodennetz N+ 4,9 eV Energie abgeben.
Rechts: etwas mehr als 4 · 4,9 V, da nach 4maliger Beschleunigung mit je 4,9 V N+ gerade noch durchsetzt wird. – Die Punktabstände Δx nehmen beim Beschleunigen zu, da $v = \Delta x/\Delta t$ wächst. – Bei den ständigen elastischen Stößen der Elektronen mit den Hg-Atomen (ohne Energieabgabe) bleibt der Betrag v erhalten, die Richtung von $\vec{v}$ ändert sich ein wenig; bei den unelastischen Stößen mit Energieabgabe von 4,9 eV sinkt v praktisch auf Null.

A 2: Die Energiezufuhr an die Elektronen im E-Feld beträgt $\Delta W = e\,\Delta U$ und ist wie die angelegte Spannung U nicht quantisiert.

A 3: In der Natur betragen die Quantensprünge bei Emission und Absorption von Licht nur wenige eV. Sie treten ständig auf, unvorstellbar oft. Die Wortwahl „Quantensprung" für seltene Ereignisse des täglichen Lebens weist auf physikalische Unkenntnis.

A 4: In der Na-Dampf-Lampe erfolgen die Energieänderungen der Na-Atome durch Quantensprünge $W_1 \to W_2$ bei zufälligen Elektronen- oder Atomstößen sehr unterschiedlicher Energie W. Der Rücksprung $W_2 \to W_1$ folgt wie beim Franck-Hertz-Versuch unmittelbar nach der energetischen Anregung. Messungen wie beim Franck-Hertz-Versuch sind nicht möglich.

A 5: Photonen gelben Lichts (589 nm) haben die Energie
$W = h\,f = h\,c/\lambda = 3{,}38 \cdot 10^{-19}$ J
$= 3{,}38 \cdot 10^{-19}$ J/1,6 $\cdot 10^{-19}$ J/eV
$= 2{,}1$ eV.
Dies ist die Differenz der zugehörigen Energieniveaus.

Seite 293

A 1: a) Nach $W_n = n^2\,h^2/(8\,m_e\,L^2)$ ist die Topfbreite

$L = n\,h/\sqrt{8\,m_e\,W_n}$.

Bei $n = 5$ und $W_5 = 1$ eV $= 1{,}6 \cdot 10^{-19}$ J ist $L = 3{,}1$ nm.
Bei $n = 4$ hat dieser Topf die Energie $W_4 = 1 \cdot 10^{-19}$ J $= 0{,}63$ eV.
Probe: Da $W \sim n^2$ ist (bei gleichem L) gilt:
1 eV/0,63 eV $\approx 1{,}59 \approx 5^2/4^2$.
Energiedifferenz = Quantenenergie:
$W_5 - W_4 = 1$ eV $- 0{,}63$ eV $= h\,f$,
$f = 0{,}37 \cdot 1{,}6 \cdot 10^{-19}$ J/h $= 8{,}9 \cdot 10^{13}$ Hz
($\lambda = 3{,}4$ µm = 3400 nm, im IR).
b) Beim tiefsten Quantenzustand ist $\lambda/2 = L$ (1/2 Wellenlänge hat Platz im Topf). Bei $n = 0$ wäre keine „de-Broglie-Welle" möglich, im ganzen Topf wäre $\Psi = 0$. Die Lokalisationsenergie $W_L = h^2/(8\,m_e\,L^2)$ ist der kleinste Energiewert (Quantenzahl $n = 1$).
Zusatz: Das Ketterle-Experiment (Lehrbuch Seite 282) zeigt, dass es fortschreitende und stehende Ψ-Wellen gibt, jeweils mit rotierenden Zeigern beschreibbar. Am Quantenpferch bilden eingeschlossene Elektronen eine stehende Ψ-Welle mit messbarer deBroglie-Wellenlänge λ. Da nach dem Franck-Hertz-Versuch solche Elektronen bestimmte Energiewerte annehmen, wird probeweise versucht, mit der klassischen Formel $W_{kin} = p^2/2\,m$ die Energie zu berechnen, obwohl der Impuls nach der UBR die Unbestimmtheit $\Delta p \approx h/L$ hat. In diesem vor 1927 üblichen *halbklassischen* Vorgehen sind klassische und quantenphysikalische Argumente vermischt. Die zur strengen Herleitung (Lehrbuch Seite 299) benutzte Schrödingergleichung enthält nur Energie, keinen Impuls, umgeht also dieses Problem. Sie kann als Grundgleichung der Quantentheorie nicht hergeleitet werden und wurde von Schrödinger „geschickt" erraten und bewährte sich bislang unbeschränkt. Sie zeigt, dass obige Energieformel nur für unendlich hohe Potenzialtöpfe gilt; nur dort gibt es an den Rändern Knoten. Im Lehrbuch Seite 298 und 299 gehen wir mit B1 und B3 zu Töpfen endlicher Höhe Bei $W_{pot} = 100$ eV tunnelt das Elektron noch kaum in das äußere, klassisch wegen $W < W_{pot}$ verbotene Gebiet (Lehrbuch Seite 306), bei $W_{pot} = 2$ eV jedoch sehr stark (s. Programme auf CD). Potenzialtöpfe können also streng genommen nur mit der Schrödingergleichung berechnet werden.

Seite 297

A 1: Um ein Elektron im Topf mit der Länge $L = 1$ nm vom Grundzustand $n = 1$ nach $n = 5$ zu „heben", braucht man die Energie
$\Delta W = (5^2 - 1^2)\,h^2/(8\,m_e\,L^2) = 14{,}5 \cdot 10^{-19}$ J.
Photonen blauen Lichts haben die Energie
$W_b = h\,c/400$ nm $= 5{,}0 \cdot 10^{-19}$ J,
können also nicht „heben". Beim Rücksprung von $n = 5$ nach $n = 4$ wird die Energie
$(5^2 - 4^2)\,h^2/(8\,m_e\,L^2) = 5{,}4 \cdot 10^{-19}$ J
frei. Es liegt noch im UV, hart an der Grenze zum Sichtbaren, ist aber nicht sichtbar. $n = 0$ hat im linearen Topf keine Bedeutung; läge weit unter der Lokalisationsenergie.

A 2: 10 Elektronen besetzen nach dem Pauliprinzip im Grundzustand die Niveaus bis $n = 5$. Um ein Elektron nach $n = 6$ zu „heben", braucht man bei $L = 0{,}2$ nm die Energie $\Delta W = (6^2 - 5^2)\,h^2/(8\,m_e\,L^2) = \mathbf{15 \cdot 10^{-19}}$ **J**.
Photonen roten Lichts haben höchstens die Frequenz $f = c/600$ nm $= 5{,}0 \cdot 10^{14}$ Hz, also die Energie
$\boldsymbol{W_{rot}} = h\,f = \mathbf{3{,}3 \cdot 10^{-19}}$ **J**.
Rotes Licht kann dieses Farbstoffmolekül nicht anregen.

A 3: Wenn man Atomabstand = Atomdurchmesser setzt, ist die Länge der Atomkette $L \approx 18 \cdot 0{,}14$ nm $= 2{,}5 \cdot 10^{-9}$ m. Die Energieniveaus sind
$W_n = n^2\, h^2/(8\, m_e\, L^2) = n^2 \cdot 9{,}7 \cdot 10^{-21}$ J.
Die 18 Elektronen besetzen im Grundzustand nach dem Pauliprinzip bis $n = 9$ mit der Energie
$W_9 = 9^2 \cdot 9{,}7 \cdot 10^{-21}$ J $= 7{,}8 \cdot 10^{-19}$ J.
Gehoben kann von dort ein Elektron z. B. nach $n = 10$ mit $W_{10} = 10^2 \cdot 9{,}7 \cdot 10^{-21}$ J $= 9{,}7 \cdot 10^{-19}$ J; die Differenz ist $\Delta W = W_{10} - W_9 = 1{,}86 \cdot 10^{-19}$ J.
Wird das Elektron in das Niveau mit $n = 11$, mit Energie $W_{11} = 11{,}7 \cdot 10^{-19}$ J „gehoben", so ist die zum Heben nötige Energie $\Delta W = W_{11} - W_9 = 3{,}9 \cdot 10^{-19}$ J.
Beim Anheben nach $n = 12$ (mit $W_{12} = 14 \cdot 10^{-19}$ J) wäre $\Delta W = W_{12} - W_9 = 6{,}2 \cdot 10^{-19}$ J nötig.
Die Energie der Photonen weißen Lichts liegt zwischen $2{,}5 \cdot 10^{-19}$ J (rot) und $5 \cdot 10^{-19}$ J (blau).
Also können Elektronen von $n = 9$ nach $n = 11$ mit der Energie $3{,}9 \cdot 10^{-19}$ J, also der Frequenz $f = 3{,}9 \cdot 10^{-19}$ J/h $= 5{,}9 \cdot 10^{14}$ Hz und $\lambda = 510$ nm (gelb) gehoben werden. Folglich wird Gelb absorbiert; der Farbstoff erscheint in der Komplementärfarbe Blau.

A 4: Z. B. werden die Gasteilchen in der Röhre zur *e*/*m*-Messung auch bei Elektronen, die mit $U > 100$ V auf $W > 100$ eV beschleunigt wurden, zum Leuchten angeregt. Analoges gilt auch in Leuchtstoffröhren. Die Energie dieser Elektronen steigt mit der Spannung U stetig; sie ist also nicht quantisiert, im Gegensatz zur Energie in Atomen und im Licht. Regt z. B. ein Elektron der Energie $W_1 = 100$ eV ein Hg-Atom mit $W_A = 4{,}9$ eV an, so verliert es 4,9 eV und fliegt mit $W_2 = 95{,}1$ eV weiter. Es kann dann weitere Atome anregen, bis es alle Energie verloren hat. Dagegen ist die Energie der im Potenzialtopf eingeschlossenen Elektronen wegen der Randbedingung „Knoten an den Rändern" quantisiert. Solches gilt für Elektronen, die in den freien Raum geschossen werden, nicht.

A 5: Beim Franck-Hertz-Versuch haben die Spannungs-Maxima gleiche Abstände voneinander, analog zu den gleichen Abständen der Stoßfronten in B3 (Lehrbuch Seite 290, rechts). Zudem betrifft die Anregung in diesen Fronten nacheinander andere Atome. Die übereinanderliegenden Energieniveaus im Potenzialtopf haben dagegen verschiedene Abstände. Wie die Spektrallinien z. B. in B4 (Lehrbuch Seite 288) zeigen, gilt dies auch für Atome. Uwe hat nicht Recht.

A 6: Quantenpferch und Ketterle-Experiment zeigen stehende Ψ-Wellen. Deren Darstellung mit rotierenden Zeigern ist die gleiche wie z. B. bei klassischen Seilwellen, jedoch die Deutung der Zeigerlänge eine völlig andere (vgl. Lehrbuch Seite 283 die Zeile (c) mit B2 auf Seite 282): Diese gibt bei klassischen Querwellen die maximale Auslenkung (Amplitude) beim Auf und Ab der Welleteilchen an, bei den Quantenobjekten dagegen deren Antreffwahrscheinlichkeit. Sie zeigt sich bei den zahlreichen Teilchen des Ketterle-Experiments am verdunkelten Schattenbild als größere Teilchen-Dichte. Die Wahrscheinlichkeitsamplitude ist bei stehenden Ψ-Wellen räumlich „gewellt", bei fortschreitenden jedoch konstant. Im Gegensatz zu klassischen Wellen gibt es bei Quanten keine Bahnbewegung, kein „Auf-Ab", kein „Hin und Her". Eine solche Bahnbewegung der Quantenteilchen ist nach der Unbestimmtheitsrelation verboten (A7b).

A 7: a) Die UBR macht keine Aussage über einen Einzelvorgang, sondern nur über die Streubereiche bei zahlreichen Experimenten mit gleich („identisch") präparierten Quantenobjekten. Bei einer Spaltbreite von $\Delta x = 10\,\lambda$ ist der Streubereich des Querimpulses $\Delta p_x \approx h/\Delta x = h/10\,\lambda$. Mit $p = h/\lambda$ folgt $\Delta p_x \approx p/10$, der Streubereich ist also nicht unbedeutend.
b) Die Luftteilchen bei Schall führen eine Bahnbewegung aus, bei der in jedem Augenblick Ort x und Impuls p_x in Schallrichtung scharf bestimmt sind. Nach der UBR gilt das für Quantenobjekte nicht (dort sind beide Begriffe nicht einmal zugleich definierbar, sie „existieren" nicht zugleich). Das Zeigermodell musste umgedeutet werden von der Beschreibung einer klassischen Bahnbewegung auf eine Antreffwahrscheinlichkeit von Quantenobjekten. Damit hat es eine andere Bedeutung bekommen.

Seite 298

Bemerkungen zur Schrödingergleichung:
$$\Psi(x)'' = 8 \cdot \pi^2 \cdot m_e/h^2 [W - W_{pot}] \cdot \Psi(x) = C\,[W - W_{pot}] \cdot \Psi(x).$$
a) Dort werden beide Energiewerte zunächst in der Einheit J = kg m^2 s^{-2} angegeben. Da wir bei den Beispielen die Einheit 1 eV $= 1\, e \cdot (1$ J/C$) = 1{,}6 \cdot 10^{-19}$ J (wegen $e = 1{,}6 \cdot 10^{-19}$ C) benutzen, kann für die Konstante C geschrieben werden:
$C = 8 \cdot \pi^2 \cdot m_e/h^2$
$= 1{,}63 \cdot 10^{38}$ kg/(J · s)^2
$= 1{,}63 \cdot 10^{38}$ 1/(J · m^2)
$= 1{,}63 \cdot 10^{38}$ 1/(1 eV m^2/1,6 · 10^{-19})
$= 2{,}62 \cdot 10^{19}$ 1/(eV · m^2).
Da $\Psi(x)''$ als 2. Ableitung nach x die Einheit 1/m^2 hat (2-mal Division mit Δx), stimmt die Schrödin-

gergleichung mit diesem Faktor C, wenn man die Energiewerte W und W_{pot} in eV angibt. Dies ist im folgenden Text stets der Fall. Im Lehrbuch ist das e in $C = 8 \cdot \pi^2 \cdot e \cdot m_e/h^2$ zu streichen, auch im Merksatz von Seite 299!

b) Wie oben beim Potenzialtopf gesagt, enthält die Schrödingergleichung den unbestimmten Impuls nicht ($\Delta p_x \approx h/\Delta x > 0$). Bei halbklassischer Betrachtung des Topfes tritt er aber in $W_{kin} = \frac{1}{2}\, m\, v^2 = p^2/(2\, m)$ auf. Nach der Quantentheorie ist nur die Gesamtenergie in den hier betrachteten stationären Zuständen ($\Delta t \to \infty$) ($\Delta W \approx h/\Delta t \to 0$) scharf, nicht aber die kinetische Energie.

Für die potenzielle Energie W_{pot} setzt man beim Aufstellen der Schrödingergleichung beim H-Atom $W_{pot} = -K/r$ ein, also den Wert, den das Elektron als punktförmiges Teilchen hätte, wenn es sich exakt im Kernabstand r befände. Nach der Lösung findet man aber $\Psi(x)$ über einen breiten Bereich gestreut. Dort ist W_{pot} genau so unbestimmt wie W_{kin}. Erst die Summe, die Gesamtenergie W, ist als Eigenwert scharf bestimmt.

Seite 303

A 1: Bei Kupfer mit Ordnungszahl $Z = 29$ und $n = 3$ (Tabelle Lehrbuch Seite 474) ist nach Gl. 4:

$f = (Z-1)^2 \cdot (13{,}6\ \text{eV}/h) \cdot (1/1^2 - 1/n^2)$
$= (Z-1)^2 \cdot (13{,}6 \cdot 1{,}6 \cdot 10^{-19}\ \text{J}/h) \cdot (1/1^2 - 1/n^2)$
$= 2{,}29 \cdot 10^{18}$ Hz.

Dazu gehört $\lambda = c/f = 0{,}13$ nm. Dies bestätigt die linke charakteristische Röntgenlinie in B5 (Lehrbuch Seite 303).

Zusatz: In der Legende zu B5 ist die Spannung $U = 38$ kV der Röntgenröhre vermerkt. Diese hat auf die charakteristischen Röntgenlinien keinen Einfluss, sondern bestimmt die linke Grenze f_{gr} des Bremsspektrums. Dafür gilt $h\, f_{gr} = e\, U$, also $f_{gr} = 9{,}2 \cdot 10^{18}$ Hz, also $\lambda_{gr} = c/f_{gr} = 0{,}033$ nm, was B5 bestätigt.

A 2: a) Für Uran ($Z = 92$) gilt für den Sprung $n = 3 \to n = 1$ nach Gl. 4:

$f_3 = 91^2 \cdot 13{,}6 \cdot 1{,}6 \cdot 10^{-19}/h \cdot (1 - 1/9)$
$= 2{,}7 \cdot 10^{19} \cdot 0{,}89$ Hz
$= 2{,}4 \cdot 10^{19}$ Hz;

$\lambda_3 = 12{,}5$ pm.

Bei $n = 4 \to n = 1$ gilt

$f_4 = 2{,}7 \cdot 10^{19} \cdot (1 - 1/16)$
$= 2{,}55 \cdot 10^{19}$ Hz;

$\lambda_3 = 11{,}8$ pm.

b) *Energieniveau:*
ist der Eigenwert W_n der Energie im Zustand mit der jeweiligen Quantenzahl, hier bei $n = 3$ und $n = 4$ und Ordnungszahl Z (Kernladung $Z\, e$). Hierfür gilt $W_n = -Z_2 \cdot 13{,}6\ \text{eV}/n^2$. Beim H-Atom mit 1 Elektron im Feld der Kernladung $Z\, e = 1$ e ist $W_n = -13{,}6\ \text{eV}/n^2$.

Orbital:
ist der Aufenthaltsbereich der Elektronen (s. Lehrbuch Seite 301 B5 und Seite 304 B4). Da Atome keine prinzipiellen Grenzen haben, nimmt man in der Chemie dafür den Bereich um den Kern mit Antreffwahrscheinlichkeit $|\Psi|^2$ von ca. 95 %. Mit wachsender Quantenzahl n, also steigendem Niveau, wird dieser Bereich größer. Dies zeigen die Orbitalbilder auf CD.

Spektrallinien:
entstehen beim Sprung eines Elektrons im Atom zwischen zwei Quantenzahlen n_1 und n_2, also zwischen den Energieniveaus W_{n1} und W_{n2} (Emission bei ↓, Absorption bei ↑). Man gibt deren Frequenz $f = \Delta W/h$ bzw. Wellenlänge $\lambda = c/f$ an.

Für Atome mit $Z \gg 1$ gilt bei charakteristischen Röntgenlinien: Beim Sprung in eine Lücke der K-Schale ($n = 1$) schirmt das dort verbliebene Elektron die Kernladung $Z \cdot e$ um 1 e ab, sodass die Spektrallinien den Faktor $(Z-1)^2$ erhalten; dort gilt:

$f_{K,n} = (Z-1)^2 \cdot 13{,}6\ \text{eV}/h \cdot (1/1^2 - 1/n^2)$.

Zusatz:
Warum tritt hier $(Z-1)^2$ statt $Z-1$ auf? Die potenzielle Energie für ein Elektron im Potenzialfeld des Kerns mit Ladung $Z\, e$ ist $W_{pot} = -Z\, e^2/(4\, \pi\, \varepsilon_0\, r) \sim Z$ (nicht $\sim Z^2$). Das $\sim Z$ gilt aber nur, wenn der Kernabstand r konstant bleibt. Die Z-fache Kernladung zieht aber die Elektronen stärker zum Kern hin, r nimmt ab. Dies senkt den negativen Wert von W_{pot} stärker ab: $W_n = -13{,}6\ \text{eV}/n^2$ wird mit Z^2 multipliziert. Bei $Z = 2$ ist $W_1 = 4 \cdot 13{,}6$ eV. Um dies mit der Schrödingergleichung am Computer zu bestätigen verdopple man im Programm „5a) H-Atom; $n = 1$" auf der CD unter „Schrödinger" die für die potenzielle Energie zuständige Zelle 8C auf 1,43996E−09. Damit ein Eigenwert gefunden werden kann, muss man Zelle 11C auf −54,30865-C12/1000000) vervierfachen. Man erhält so den tiefsten Eigenwert mit $n = 1$ bei doppelter Kernladung $Z = 2$.

Seite 313

A 1: a) Die Beschreibung eines Bahnverlaufs fordert für jeden Bahnpunkt exakte Angaben zu Ort und Impuls. Beide sind bei Quanten nicht zugleich bestimmt;

die Elektronenbahnen im Mikrobereich hat Heisenberg „geschlachtet“.

b) Bei stehenden Ψ-Wellen – etwa beim Ketterle-Experiment – beschreibt die Zeigerlänge nicht ein Hin- und Herschwingen der Ionen, sondern deren stochastisches Verhalten, die Antreffwahrscheinlichkeit. Die Phase braucht man, um deren periodische Anordnung zu beschreiben. Misst man $|\Psi|^2$ beim Quantenpferch (Lehrbuch Seite 292, B1), so erhält man eine „eingefrorene stehende Welle“. Sie erinnert an Wellpapier, an Wellblech, das räumlich gesehen gewellt ist, zeitlich gesehen aber nicht schwingt.

A 2: Die Superposition von Quantenmöglichkeiten zeigt sich z. B. bei der Erklärung der Doppelspaltinterferenz, wenn man die rotierenden Zeiger für beide mögliche Pfade addiert. Bei klassischen Wellen addiert man die rotierenden Zeiger im Zielpunkt für die beiden eintreffenden sinusförmigen Elongationen der aus den Spalten quellenden Elementarwellen.

A 3: Schrödingers Katze ist mit dem α-Teilchen aus dem radioaktiven Atomkern verschränkt (Schrödinger sagte „verbandelt“). Dessen Zerfalls-Möglichkeiten „ja“ *und* „zugleich nein“ bedeutet wegen des Koppelmechanismus für die Katze „tot“ *und* „zugleich lebend“, eine gemeinsame Ψ-Funktion, ein gemeinsames „unbestimmt im Quantensinn“. Auch die beiden gemeinsam erzeugten Photonen unterliegen einer gemeinsamen Ψ-Funktion, stellen ein „Ganzes“ dar; ihre Polarisationsrichtungen sind zwar bis zur Messung unbestimmt, aber aneinander gekoppelt, auch unterwegs, in beliebiger Entfernung.

A 4: a) Die Energieniveaus des Potenzialtopfs der Breite L sind $(n^2 h^2)/(8\, m\, L^2)$; der Abstand vom n-ten zum $(n+1)$-ten beträgt:

$\Delta W = (n^2 + 2\,n + 1 - n^2) \cdot h^2/(8\, m\, L^2)$

$\quad = \mathbf{(2\,n+1) \cdot h^2/(8\, m\, L^2)}$.

b) Bei $L = 1{,}2$ nm wird Licht mit $\lambda = 527$ nm, also $W_{\text{Photon}} = h\,c/\lambda = 3{,}77 \cdot 10^{-19}$ J absorbiert. Also gilt $\Delta W = (2\,n+1) \cdot h^2/(8\, m\, L^2) = 3{,}77 \cdot 10^{-19}$ J. Also $2\,n + 1 = 9{,}00$; $n = 4$. Das Farbstoffmolekül hat 8 Elektronen; sie besetzen im Grundzustand die 4 tiefsten Niveaus.

$\Psi(x)$-Funktion: Sitzt der linke Rand des Topfs nach B5 (Lehrbuch Seite 313) bei $x = 0$, so gilt:

$\Psi(x) = \Psi_0 \cdot \sin(k\,x) = 0$ für $x = L$ oder $k \cdot L = n \cdot \pi$, also $k = n \cdot \pi/L$.

Für $n = 4$: $\Psi_4(x) = \Psi_0 \cdot \sin(4\,\pi \cdot x/L)$ hat bei $x = 0$ und $x = L = 1{,}2 \cdot 10^{-9}$ m den Wert 0, also einen Knoten, desgleichen bei $n = 5$ mit $\Psi_5(x) = \Psi_0 \cdot \sin(5\,\pi \cdot x/L)$.

A 5: a) Quantenpferch und Ketterle-Experiment zeigen einen wellenförmigen Verlauf der zeitunabhängigen Funktion $\Psi(x)$. Die Funktion ist starr gewellt wie Wellpappe – im Gegensatz zu stehenden klassischen Wellen, bei denen Teilchen schwingen, also einer Zeitfunktion $\Psi(x, t)$ unterliegen.

b) Aus $\Psi(x) = \Psi_0 \cdot \sin(k\,x)$ folgt

$\Psi(x)'' = -k^2 \cdot \Psi_0 \cdot \sin(k\,x)$.

Eingesetzt in die zeitunabhängige Schrödingergleichung $\Psi(x)'' = -C \cdot (W - W_{\text{pot}}) \cdot \Psi(x)$ ergibt dies $k^2 = C \cdot (W - W_{\text{pot}})$. Da x entfallen ist, und k und C positive Konstanten sind, gilt dies für alle x im Bereich $W > W_{\text{pot}}$ = konstant, z. B. beim Potenzialtopf im Innern für $W_{\text{pot}} = 0$ und $W > 0$. Außerhalb ist $\Psi(x) = 0$.

c) Da bei $x = 0$ Knoten sind, gilt die sin-Funktion $\Psi(x) = \Psi_0 \cdot \sin(k\,x)$. Bei $x = 1$ nm sind Knoten für $n = 1$ bei $k_1 \cdot 1\text{ nm} = \pi$, also $k_1 = \pi/1$ nm, $\Psi_1(x) = \Psi_0 \cdot \sin(\pi \cdot x/1\text{ nm})$;

$n = 2$ bei $k_2 \cdot 1\text{ nm} = 2\,\pi$, also $k_2 = 2\,\pi/1$ nm, $\Psi_2(x) = \Psi_0 \cdot \sin(2\,\pi \cdot x/1\text{ nm})$;

$n = 3$ bei $k_3 \cdot 1\text{ nm} = 3\,\pi$, also $k_3 = 3\,\pi/1$ nm, $\Psi_3(x) = \Psi_0 \cdot \sin(3\,\pi \cdot x/1\text{ nm})$;

allgemein: bei $k_n \cdot 1\text{ nm} = n\,\pi$, also $k_3 = n\,\pi/1$ nm.

Eigenwerte:

$W_1 = 1^2 \cdot h^2/(8\,m\,L^2) = 0{,}60 \cdot 10^{-19}\text{ J} = 0{,}38$ eV

$W_2 = 2^2 \cdot h^2/(8\,m\,L^2) = 2{,}41 \cdot 10^{-19}\text{ J} = 1{,}51$ eV

$W_3 = 3^2 \cdot h^2/(8\,m\,L^2) = 5{,}43 \cdot 10^{-19}\text{ J} = 3{,}40$ eV

Einsetzen in Schrödingergleichung (Lehrbuch Seite 298): $\Psi(x)'' = -C \cdot (W - W_{\text{pot}}) \cdot \Psi(x)$ mit $C = 2{,}62 \cdot 10^{19}\ 1/(\text{eV} \cdot \text{m}^2)$.

Im Topf ist $W_{\text{pot}} = 0$. Bei $n = 3$ ist $W_3 = 3{,}40$ eV; $\Psi(x) = \Psi_0 \cdot \sin(3\,\pi \cdot x/1\text{ nm})$.

Also gilt $\Psi(x)'' = (3\,\pi/1\text{ nm})^2 \cdot \Psi_0 \cdot \sin(3\,\pi \cdot x/1\text{ nm})$, folglich

$-(3\,\pi/1\text{ nm})^2 \cdot \Psi_0 \cdot \sin(3\,\pi \cdot x/1\text{ nm}) =$

$-2{,}62 \cdot 10^{19}\ 1/(\text{eV m}^2) \cdot 3{,}40\text{ eV} \cdot \Psi_0 \cdot \sin(3\,\pi \cdot x/1\text{ nm})$

Dies gilt für jedes x (die sin-Glieder entfallen). Damit folgt:

$-(3\,\pi/1\text{ nm})^2$

$= -C \cdot W = -2{,}62 \cdot 10^{19}\ 1/(\text{eV m}^2) \cdot 3{,}40$ eV

oder $8{,}9 \cdot 10^{19}\ 1/\text{m}^2 = 8{,}9 \cdot 10^{19}\ 1/\text{m}^2$.

A 6: Im Potenzialtopf (Lehrbuch Seite 313, B5) steigt nach $\Psi(x)'' = -C \cdot (W - W_{\text{pot}}) \cdot \Psi(x)$ (Schrödingergleichung) der Betrag der 2. Ableitung $\Psi(x)''$ mit dem Eigenwert W, also der Quantenzahl n, da $W_{\text{pot}} = 0$ konstant ist. Folglich ändert sich die 1. Ableitung stärker, wenn x zunimmt; die $\Psi(x)$-Kurven sind stärker gekrümmt. In einem Topf mit schrägen Wänden (s. CD) und im H-Atom braucht das nicht zu gelten, da dort W_{pot} sich im ganzen Bereich ändert (Lehrbuch Seite 312, B2).

A 7: Die Photonenenergie sichtbaren Lichts ist höchstens $W = h\,c/\lambda_{violett} = 3{,}1$ eV. Zum Anregen des H-Atoms im Grundzustand braucht man aber
$W_{1\to 2} = -3{,}41 \text{ eV} - (-13{,}6) \text{ eV} = 10{,}2$ eV.
Sichtbares Licht wird nicht absorbiert, durchsetzt also atomaren Wasserstoff ungehindert. (Dies gilt auch für H_2, N_2, O_2; die 3-atomigen Treibhausgase CO_2, CH_4 und H_2O absorbieren aber im IR bei 0,1 eV, während sie auf sichtbares Licht kaum ansprechen, also auch durchsichtig sind.)

A 8: a) In B2 (Lehrbuch Seite 312) werden die kugelsymmetrischen $\Psi(r)$-Funktionen für $n = 1$, 2 und 3 als Kurven dargestellt; $\Psi(r)$ hat Maxima und Minima. B3 zeigt links für $n = 2$, rechts für $n = 3$, die 2 bzw. 3 Maxima von $|\Psi|^2$; links bei ca. 1000facher Wiederholung der Lokalisation des Elektrons um den Kern; rechts geben die Kugelflächen die 3 Maxima von $|\Psi_3|^2$ an.
b) Beim Quantensprung von n = 3 nach n = 2 wird die Energie
$\Delta W = W_3 - W_2$
$= -13{,}6 \text{ eV} \cdot (1/3^2 - 1/2^2) = 1{,}89$ eV
$= 3{,}02 \cdot 10^{-19}$ eV
frei; für das Photon gilt $f = \Delta W/h = 4{,}55 \cdot 10^{14}$ Hz; $\lambda = c/f = 658$ nm. Da das Elektron im Niveau $n = 2$ landet, gehört es zur **Balmer-Serie**.

A 9: a) Der Tunneleffekt tritt auf, wenn Elektronen in einen Energiebereich, in einen „Wall" eindringen, dessen „Energie-Höhe" W_{pot} größer als ihre Eigenenergie W ist. Dieses „Tunneln" geschieht in B2 (Lehrbuch Seite 312) jeweils rechts von den Punkten der grünen $W_{pot}(r)$-Kurve. Dann ist in der Schrödingergleichung $W_{pot} > W$, sodass $\Psi(r)''$ das gleiche Vorzeichen wie $\Psi(r)$ hat. Bei $n = 1$ und $n = 3$ ist $\Psi(r) > 0$, also auch $\Psi(r)'' > 0$; die $\Psi(r)$-Kurve geht von rechts gekrümmt nach links gekrümmt über. Bei $n = 1$ ist es gerade umgekehrt. Diese „Tunnel"-Bereiche spielen wegen $\Psi(r) \to 0$ eine untergeordnete Rolle. Man erklärt sie bisweilen mit Unschärfen der Energie nach $\Delta W \cdot \Delta t \approx h$, mit sog. „Heisenberg-Kredit".
b) In unendlich hohen Potenzialtöpfen (außen $W_{pot} \to \infty$) liegen die Knoten an den Topfwänden; das Elektron tunnelt nicht nach außen. (Auf der CD finden sich Lösungen der Schrödingergleichung auch für endlich hohe Töpfe. Dort zeigt sich ein kurzes „Tunneln" des Elektrons nach außen.)

A 10: a) Das Ion He^+ besteht wie das H-Atom aus 1 Elektron, hat aber doppelte Kernladung; hier gilt $Z = 2$ (s. Röntgenspektren).
b) Wird das Ion angeregt, so ist die K-Schale leer. Fällt in diese das Elektron wie bei Röntgenspektren aus höheren Niveaus, so gibt es dort keine Abschirmung durch ein schon bestehendes Elektron, das -1 in $(Z-1)^2$ entfällt.
(Die Energie $W_n = -Z^2 \cdot 13{,}6 \text{ eV}/n^2$ ist 4-fach. Zur Begründung für Z^2 lese man den Zusatz zu Aufgabe A2 von Seite 303 hier in diesem Buch.)
c) Bei $n = 1$ ist:
$W_1 = -4 \cdot 13{,}6 \text{ eV}/1^2 = -54{,}4 \text{ eV} = -8{,}7 \cdot 10^{-18}$ J.
Bei $n = 2$ ist:
$W_2 = -4 \cdot 13{,}6 \text{ eV}/2^2 = -13{,}6 \text{ eV} = -2{,}17 \cdot 10^{-18}$ J.
Bei $n = 3$ ist:
$W_3 = -4 \cdot 13{,}6 \text{ eV}/3^2 = -6{,}0 \text{ eV} = -0{,}97 \cdot 10^{-18}$ J.
Beim Quantensprung $n = 2 \to 1$ ist
$\Delta W = W_2 - W_1 = [-2{,}17 - (-8{,}7)] \cdot 10^{-18}$ J
$= 6{,}53 \cdot 10^{-18}$ J; $\lambda_{2\to 1} = c/(\Delta W/h) = 30{,}5$ nm
bei $n = 3 \to 1$ gilt
$\Delta W = W_3 - W_1 = [-0{,}97 - (-8{,}7)] \cdot 10^{-18}$ J
$= 7{,}73 \cdot 10^{-18}$ J; $\lambda_{2\to 1} = c/(\Delta W/h) = 25{,}7$ nm

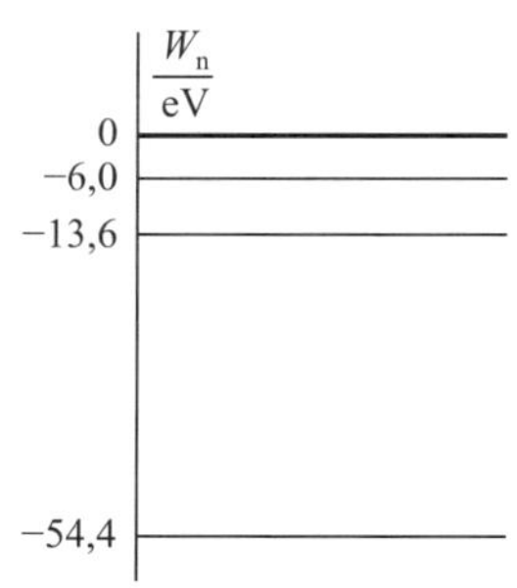

Energieniveaus von He^+

A 11: Die Energie-Formel für die Lymanserie lautet $W_n = -13{,}6/n^2$, für charakteristische Röntgenstrahlung $W_n = -(Z-1)^2 \cdot 13{,}6/n^2$. Der Faktor $(Z-1)^2$ bei Röntgenspektren wird im Zusatz zu Aufgabe A2 von Seite 303 (hier in diesem Buch) erläutert. Z wird bei $Z > 2$ um 1 verkleinert, da das Elektron in eine Lücke der K-Schale springt. Das dort schon vorhandene Elektron schirmt bei diesem Sprung die Kernladung $Z\,e$ um 1 Elementarladung e ab.
Bei Kupfer ist $Z = 29$. Zum „Heben" von $n = 1$ nach $n = 2$ braucht man die Energie:
$W_{1\to 2} = (29-1)^2 \cdot 13{,}6 \text{ eV} \cdot (1/1^2 - 1/2^2)$
$= 7997 \text{ eV} = 1{,}28 \cdot 10^{-15}$ J.
Man braucht zum Beschleunigen des Elektrons die Spannung $U = W_{1\to 2}/e = 7997$ V.

A 12: a) Bei $n = 5$ ist die größte Nebenquantenzahl $l_{max} = 4$. Dafür gibt es $2\,l + 1 = 9$ Möglichkeiten für die magnetische Quantenzahl m. Jede kann mit 2 Elektronen mit den Spins $+\frac{1}{2}$ und $-\frac{1}{2}$ besetzt werden. Das Orbital mit $n = 5$ und $l = 4$ kann also maximal mit 18 Elektronen besetzt sein.

b) Bei $l = 3$, $l = 2$, $l = 1$ und $l = 0$ gibt es 14, 10, 6 und 2 Möglichkeiten Die maximale Elektronenzahl bei voller Besetzung aller Zustände bis $n = 5$ ist also 18 + 14 + 10 + 6 + 2 = $\mathbf{2\,n^2}$ = 50.

Seite 317

A 1: *Metalle* wie Na haben eine ungerade Zahl von Atomen. Deshalb ist das oberste Band nur halb gefüllt. Ohne E-Feld laufen gleich viele Elektronen nach allen Seiten, die Stromstärke ist $I = 0$. Ein von außen angelegtes E-Feld sorgt für Überschuss in einer Richtung; dann ist $I \neq 0$.
Silizium hat eine gerade Zahl von Elektronen, das oberste Band ist gefüllt. Elektronen können sich auch bei $E \neq 0$ nicht bewegen. In *Fotodioden* heben Photonen genügender Energie einige Elektronen über die Bandlücke in das nächste Band; Leitfähigkeit ist nun in beiden Bändern möglich. In *Heißleitern* ist dies auch bei genügend hoher Temperatur der Fall, auch beim *Dotieren* mit z. B. As (gibt n-Halbleiter) oder Al (gibt p-Haltleiter mit Löcherleitung).
Zink hat zwar eine gerade Zahl von Elektronen je Atom, jedoch *überlappen* sich zwei Bänder, die Bandlücke entfällt. Beide Bänder tragen zur Leitfähigkeit bei.

A 2: Die bei $T > 0$ K bestehende *innere Energie* hebt im n- wie im p-Halbleiter auch einige Elektronen vom obersten Valenzband in das darüber liegende Leitungsband; der n-Halbleiter erhält im Leitungsband mehr freie Elektronen, der p-Halbleiter im obersten Valenzband mehr freie Löcher.
Bei einem Fotowiderstand geschieht dies auch bei $T \approx 0$ K durch Anheben von Elektronen aus dem Valenz- in das Leitungsband, falls Photonen genügender Energie einfallen.

A 3: Reine Leiter enthalten in jedem inneren Bezirk gleich viele Plus- wie Minusladungen; diese sind elektrisch neutral. Überschussladungen gibt es nur an der Oberfläche. Anheben von Elektronen oder Dotieren mit As oder Al sind innere Vorgange, die an der Neutralität nichts ändern. (Am p-n-Übergang von Dioden (Lehrbuch Seite 318) stehen sich im Inneren gleich große, entgegengesetzte Raumladungen gegenüber. Deren Ausdehnung ist sehr klein, sodass im Inneren insgesamt die Ladungssumme Null ist.)

Seite 326

A 1: a)

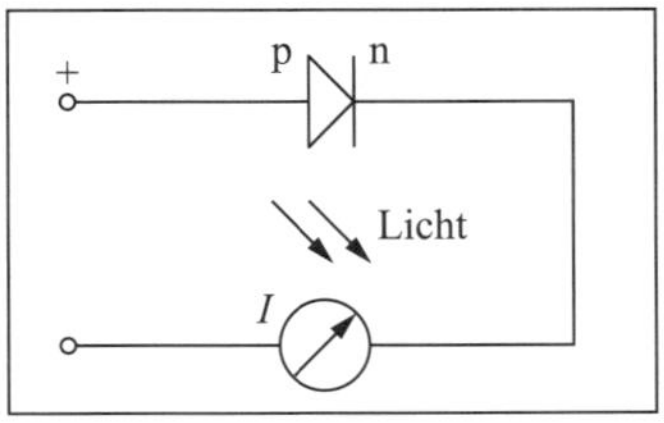

Da der Pluspol von U am p-Halbleiter der Leuchtdiode liegt, fließt Strom.

b) Siehe B1 im Lehrbuch auf Seite 316. Der Effekt wird im Lehrbuch auf Seite 271 erklärt und im Lehrbuch auf Seite 318 in B4 rechts für einfache Fälle in geeigneten Materialien dargestellt (z. B. in Gallium-Arsenid, GaAs): Damit bei Durchlasspolung der Strom I zu fließen beginnt, braucht man die Schwellenspannung U_S der Kennlinie, die vom Diodenmaterial abhängt. Sie hebt ein Elektron mit der Energie $W = e\,U_S$ energetisch an. Fällt es wieder zurück, entsteht in der Leuchtdiode ein Photon der Frequenz $f = W/h = e\,U_S/h$ und der Wellenlänge $\lambda = c/f = c\,h/(e\,U_S) = C/U_S$ mit der Konstanten $C = c\,h/e = 1{,}24 \cdot 10^{-6}$ m · V = $1{,}24 \cdot 10^3$ nm · V.
In der Abb. zu A1 (Lehrbuch Seite 326) erfolgt die Lichtemission von links nach rechts:
bei $U_{S1} = 1{,}6$ V, $\lambda_1 = C/1{,}6$ V = 777 nm (dunkelrot)
bei $U_{S2} = 1{,}75$ V, $\lambda_2 = C/1{,}75$ V = 710 nm (rot)
bei $U_{S3} = 1{,}85$ V, $\lambda_3 = C/1{,}85$ V = 672 nm (rot)
bei $U_{S4} = 3{,}1$ V, $\lambda_4 = C/3{,}1$ V = 401 nm (violett).
Die Farben sind der Spektraltafel (Lehrbuch Seite 485) entnommen.

A 2: Um sichtbares Licht im ganzen Bereich der Photonenenergie von Blau (500 nm; $W_{phot} = 2{,}5$ eV) bis Rot (800 nm; $W_{phot} = 1{,}5$ eV) durch Fluoreszenz zu erzeugen, braucht man Photonen mit höherer Energie, also von Blau oder Violett.
Erklärung an Hand von B2b (Lehrbuch Seite 295).

A 3: Schaltung des npn-Transistors nach B2 (Lehrbuch Seite 320).
Da der Kollektor C als n-Halbleiter am Pluspol liegt, müsste der Transistor sperren (siehe Lehrbuch Seite 318, B4 links). Der Emitter als n-Halbleiter liegt aber am Minuspol und grenzt an die Basis, ein p Halbleiter. Dieser Übergang lässt Elektronen vom Emitter in die Basis fließen. Da diese sehr dünn ist, gelangen sie kaum zum seitlich liegenden Basisanschluss, sondern zumeist zum Kollektor C, der am Pluspol liegt. Sie fließen ungehindert in diesen.

A 4: a) Die scharfen Linien des charakteristischen Röntgenspektrums entstehen durch Quantensprünge zwischen scharfen Energie-Niveaus des Anodenmaterials der Röntgenröhre (bei Energiedifferenz ΔW ist $f = \Delta W/h$). Der breite Spektralbereich des kontinuierlichen Röntgenbremsspektrums entsteht durch Elektronen, die ihre Energie beim Abbremsen in mehreren Stufen ΔW abgeben. Auch dafür gilt obige Formel, wobei ΔW beliebige, kontinuierlich verteilte Energiedifferenzen zwischen $e\,U$ und 0 sind (U ist die Röhren-Spannung). Die scharfe Grenze dieses Bremsspektrums entsteht, wenn $e\,U$ in 1 Stufe umgesetzt wird nach $f_{Gr} = e\,U/h$.
b) Da die Grenzwellenlänge des kontinuierlichen Spektrums $\lambda_{Gr} = 0{,}02$ nm ist, liegt die Spannung $U = f_{Gr}\,h/e = c\,h/(\lambda_{Gr}\,e) = 62$ kV an der Röhre.
c) Für die Glanzwinkel φ bei den Wellenlängen $\lambda_1 = 0{,}0612$ nm und $\lambda_2 = 0{,}0741$ nm gilt beim Netzebenenabstand $d = 0{,}282$ nm in 1. Ordnung:
$2\,d \sin\varphi = \lambda$; also $\varphi_1 = 6{,}23°$ und $\varphi_2 = 7{,}55°$.
d) Ihre Frequenzen sind beim Übergang 3→1:
$f_1 = c/\lambda_1 = 4{,}9 \cdot 10^{18}$ Hz
$= (Z-1)^2 \cdot (13{,}6 \cdot 1{,}6 \cdot 10^{-19}\text{ J/h})\,(1/1^2 - 1/3^2)$,
also: $Z - 1 = 41$; $Z = 42$; es handelt sich um Molybdän (Lehrbuch Seite 474, Tabelle).
Zur Kontrolle:
Beim Übergang 2→1
$f_2 = c/\lambda_2 = 4{,}05 \cdot 10^{18}$ Hz
$= (Z-1)^2 \cdot (13{,}6 \cdot 1{,}6 \cdot 10^{-19}\text{ J/h})\,(1/1^2 - 1/2^2)$,
also: $Z - 1 = 40{,}5 \approx 41$; $Z = 42$.

THERMODYNAMIK UND ENTROPIE

Seite 330

A 1: 101 325 Pa = 0,101 325 MPa
= 1013,25 hPa
= 10,1325 N/cm²;
101 325 Pa entsprechen 1,013 25 bar.

A 2: Die Massen 12,0 g Kohlenstoff des Kohlenstoffisotops ^{12}C, 32,0 g gasförmigen Sauerstoffs und 2,02 g gasförmigen Wasserstoffs entsprechen den molaren Massen der jeweiligen Stoffe. Somit enthalten obige Massen dieser Stoffe jeweils 1,00 mol Teilchen. 1,00 mol Teilchen entsprechen einer Teilchenzahl von $6{,}02 \cdot 10^{23}$ Kohlenstoffatomen, Sauerstoff- oder Wasserstoffmolekülen in obigen Massen.

A 3: Trockene Luft enthält etwa 75,5 % Stickstoff, 23,1 % Sauerstoff, 1,3 % Argon (in Massenanteilen) sowie weitere Gase in Spuren. Nimmt man beispielsweise ein Volumen Luft von 10,0 ℓ, so besitzt dieses bei einem Atmosphärendruck von 1013 hPa und einer Temperatur von 20 °C eine Masse von 12,0 g. Die Massen m der einzelnen Gase werden aus den Massenanteilen, die resultierenden Stoffmengen mit $n = m/M$ aus den molaren Massen M bestimmt. *Hinweis:* Alle benötigten Werte werden zum Beispiel in Chemielehrbüchern oder im Internet gefunden.

Stoff	M in g/mol	m in g	n in mol
Stickstoff (N_2)	28,0	9,06	$3{,}24 \cdot 10^{-1}$
Sauerstoff (O_2)	32,0	2,77	$8{,}66 \cdot 10^{-2}$
Argon (Ar)	39,9	0,156	$3{,}91 \cdot 10^{-3}$

A 4: Die Werte der Massen m von 1 mol der Stoffe werden aus den jeweiligen molaren Massen gewonnen. Die Volumina erhält man nach Umformung der Gleichung für die Dichte ρ: $V = m/\rho$. Siehe den *Hinweis* in A 3.

Stoff	m (1 mol) in g	ρ in g/cm³	V in cm³
C (Graphit)	12,0	2,25	5,33
S	32,1	2,06	15,6
H_2O	18,0	0,998	18,0
Mg	24,3	1,74	14,0
Cu	65,5	8,93	7,33
Pb	207	11,4	18,2
Fe	55,8	7,87	7,09
Hg	201	13,5	14,9

Seite 331

A 5: Da die Temperatur konstant bleibt (isothermer Prozess), gilt das Gesetz von Boyle und Mariotte $p \cdot V$ = konstant. Also nehmen die 20 ℓ Stickstoff bei 200 bar bei Atmosphärendruck (etwa 1,01 bar) 20 ℓ · 200 bar/1,01 bar = 3960 ℓ ein. Man kann der 20-ℓ-Flasche also 3940 ℓ Stickstoff entnehmen.

A 6: Auch hier gilt das Gesetz von Boyle und Mariotte. Die ursprünglichen 50 ℓ Luft bei 3,5 bar nehmen bei 4,5 bar das Volumen V = 60 ℓ · 3,5 bar/4,5 bar = 39 ℓ ein, also müssen noch 11 ℓ Luft bei 4,5 bar geliefert werden, dies entspricht 11 ℓ · 4,5 bar/1,0 bar = 50 ℓ bei 1,0 bar Druck.

Seite 333

A 1: Für einen isobaren Prozess gilt $V_A/T_A = V_E/T_E$. $V_A/T_A = V_A \cdot (1 - 23\,\%)/T_E$ und somit $T_E = 0{,}77 \cdot T_A$.

A 2: Bei isochoren Prozessen gilt $p_A/T_A = p_E/T_E$. Nach Umrechnung der Temperaturen ϑ in thermodynamische Temperaturen T erhält man für den Druck $p_E = p_A \cdot T_E/T_A$ = 200 bar · 313 K/293 K = 214 bar.

Seite 335

A 1: Für die Dichte gilt $\rho = m/V$. Gleichzeitig gilt die thermische Zustandsgleichung für ideale Gase $p_V = n\,R\,T = (m/M)\,R\,T$ oder $p\,M/R = (m/V) \cdot T = \rho\,T$. M ist die (mittlere) molare Masse von Luft. Da M ebenso wie R und p (isobarer Prozess) eine konstante Größe ist, kann man schreiben $\rho_A\,T_A = \rho_E\,T_E$ oder $\rho_E = \rho_A\,T_A/T_E$, also nach Umrechnung der Temperaturen ϑ in thermodynamische Temperaturen T:

ρ (293 K) = 1,29 g · dm⁻³ · 273 K/293 K
= 1,20 g · dm⁻³,
ρ (203 K) = 1,73 g · dm⁻³,
ρ (373 K) = 0,944 g · dm⁻³.

A 2: Mit der thermischen Zustandsgleichung für ideale Gase wird für die Stoffmenge in dem Gasvolumen erhalten:

$$n = \frac{p\,V}{R\,T} = \frac{1{,}0 \cdot 10^{-2}\,\mathrm{N/m^2} \cdot 1{,}0 \cdot 10^{-6}\,\mathrm{m^3}}{8{,}3\,\mathrm{N\,m\,K^{-1}\,mol^{-1}} \cdot 273\,\mathrm{K}} = 4{,}4 \cdot 10^{-14}\,\mathrm{mol}.$$

In 1,0 cm³ befinden sich:

$$N = n \cdot N_A = 4{,}4 \cdot 10^{-14}\,\mathrm{mol} \cdot 6{,}0 \cdot 10^{23}\,\mathrm{mol^{-1}}$$
$$= 2{,}6 \cdot 10^{10}\ \text{Gasteilchen.}$$

A 3: a) Die Stoffmenge der Füllung mit Wasserstoff ergibt sich aus der thermischen Zustandsgleichung für ideale Gase zu:

$$n = \frac{p\,V}{R\,T} = \frac{1{,}01 \cdot 10^5\ \text{Pa} \cdot 190 \cdot 10^3\ \text{m}^3}{8{,}31\ \text{J K}^{-1}\ \text{mol}^{-1} \cdot 298\ \text{K}} = 7{,}75 \cdot 10^6\ \text{mol}$$

und die Masse zu:

$$m\,(H_2) = n\,M = 7{,}75 \cdot 10^6\ \text{mol} \cdot 2{,}02\ \text{g} \cdot \text{mol}^{-1} = 1{,}57 \cdot 10^4\ \text{kg}.$$

b) Da in der ersten Gleichung der Teilaufgabe a) keine stoffspezifischen Größen vorkommen, muss die Stoffmenge für Luft dieselbe sein; also ergibt sich die Masse der Luft zu m (Luft) = $2{,}23 \cdot 10^5$ kg.

c) Die Masse der Last, die mit einer Füllung von Wasserstoffgas maximal gehoben werden kann, entspricht der Differenz aus der Masse der verdrängten Luft und der Masse der Gasfüllung des Luftschiffs:
$m = m\,(\text{Luft}) - m\,(H_2) = 2{,}07 \cdot 10^5$ kg.

Seite 339

A 1: Unter der Annahme, dass eine Scheibe Brot eine Masse von etwa 50 g hat, entsprechen die Brennwerte direkt den angegebenen Werten. Bei vollständiger Umsetzung ergibt sich bei einer angenommenen Masse des Wanderers von $m = 80$ kg mit der Höhenenergie $W_H = m\,g\,h$ für die erreichbaren Höhen
$h\,(\text{Brot}) = 920\ \text{kJ}/(80\ \text{kg} \cdot 9{,}8\ \text{N kg}^{-1}) = 1{,}2 \cdot 10^3$ m
und h (Schokolade) = $2{,}9 \cdot 10^3$ m.

A 2: Die Höhenenergie wird wieder vollständig in Höhenenergie umgewandelt. Die Springerin ($m_1 = 50$ kg) springt aus einer Höhe $h_0 = 2{,}0$ m und wirft am tiefsten Punkt die beiden Hanteln ($2\,m_2 = 10$ kg) so ab, dass diese anschließend weder Lage- noch Bewegungsenergie besitzen. Somit ergibt sich für die Höhenenergien vor und nach dem Abwurf der Hanteln
$(m_1 + 2\,m_2) \cdot g\,h_0 = m_1\,g\,h$, und damit:
$h = (m_1 + 2\,m_2) \cdot h_0/m_1 = 2{,}4$ m.

A 3: Bei dieser Aufgabe soll diskutiert werden, wie physikalische Systeme sinnvoll so konstruiert werden, dass sie die für die Beschreibung und Untersuchung der Systeme benötigten Wechselwirkungen enthalten. Im Folgenden werden mögliche Beispiele für die Festlegung der Systemgrenzen bei den unterschiedlichen Systemen angegeben.
Fadenpendel: Pendelkörper mit Masse, Pendelfaden mit oder ohne Masse, Aufhängung (Reibung), Luft (Reibung), Gewichtskraft zur Konstruktion der Rückstellkraft als Eigenschaft des Systems oder zusätzlich Erde (Gewichtskraft aus Wechselwirkung Masse Erde/Masse Pendelkörper); Kompass: Magnetnadel, Lager (Reibung), Magnetfeld der Erde; Solarzelle in Stromkreis: Solarzelle (elektrische Quelle), Leitungen (elektrischer Widerstand), elektrischer Verbraucher (zum Beispiel Glühlampe); Mond auf Umlaufbahn: Mond mit Masse, Erde mit Masse, weitere Himmelskörper, die die Umlaufbahn aufgrund der Gravitationswechselwirkung stören.
Meist vereinfacht man die Systeme und vernachlässigt Wechselwirkungen, die zum Beispiel zu Reibung führen.

Seite 343

A 1: a) Der Vorgang ist reversibel, da der Umkehrvorgang, das Aufsteigen der Stahlkugel, in der Natur ebenfalls vorkommt.

b) Der Vorgang ist irreversibel, da es nicht vorkommt, dass sich die Bremsen eines Autos abkühlen und die dabei frei werdende Energie in Bewegungsenergie umgewandelt wird.

c) Der Vorgang ist reversibel, denn das Gas kann auch wieder durch (rasche) Expansion in den Anfangszustand zurückkehren, ohne dass im Gas oder in der Umgebung eine erkennbare Änderung eingetreten ist. Vgl. Lehrbuch Seite 347, Ziffer 8 zu adiabatischen Prozessen.

d) Der Vorgang ist irreversibel, denn das Wasser wird von selbst nicht wieder in die Schale zurückfinden.

e) Der Vorgang ist irreversibel, denn eine Entmischung von heißem und kaltem Wasser kann nicht erreicht werden, ohne dass (z. B. bei einer Wärmepumpe, Lehrbuch Seite 351, Ziffer 5) in der Umgebung bleibende Änderungen eintreten.

f) Der Vorgang ist irreversibel, denn der Umkehrvorgang zur Verbrennung des Treibstoffs in der Rakete findet in der Natur nicht statt.

Seite 345

A 1:

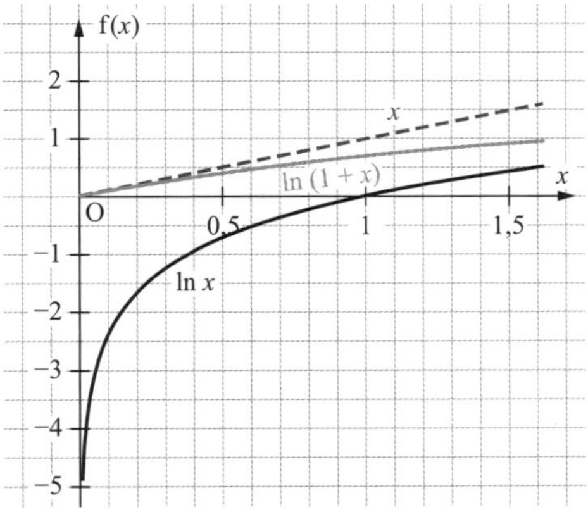

Das Diagramm zeigt, dass für $x = \Delta T/T < 0{,}5$ die Differenz $x - \ln(1 + x) < 0{,}1$ ist. Erhöht man somit die Temperatur eines idealen einatomigen Gases von 300 K auf 450 K, also um 150 K, so beträgt der relative Fehler bei der Berechnung der Entropieänderung nach der Näherungsformel
[150/300 − ln (1 + 150/300)]/ln (1 + 150/300)
= (0,5 − ln 1,5)/ln 1,5 ≈ 23 %.

A 2: Berechnung anhand Formel (1), Lehrbuch S. 344:

$$\Delta S_T = \frac{3}{2} R \cdot n \cdot \ln \frac{T_2}{T_1} = 1{,}5 \cdot 8{,}31 \cdot 25 \cdot \ln \frac{312}{298} \text{ J K}^{-1}$$
$$= 14{,}31 \text{ J K}^{-1}$$

Berechnung mit der Wärmezufuhr Q:

$$Q = \frac{3}{2} R \cdot n \cdot \Delta T = 1{,}5 \cdot 8{,}31 \cdot 25 \cdot 15 \text{ J} = 4674 \text{ J}$$

$$\Delta S_T = \frac{Q}{T} = \frac{4674}{298} \text{ J K}^{-1} = 15{,}68 \text{ J K}^{-1}$$

Die Formel $\Delta S_T = Q/T$ ist nur dann exakt, wenn die Wärme Q bei der *konstanten* Temperatur T zugeführt wird.

A 3: Die Mischungstemperatur beträgt 110 °C = 383 K.
Entropiewachstum beim Erwärmen der kälteren Luft:

$$\Delta S_{T1} = \frac{5}{2} \cdot 8{,}31 \cdot \ln \frac{383}{293} \text{ J K}^{-1} = 5{,}56 \text{ J K}^{-1}.$$

Entropieabnahme beim Abkühlen der wärmeren Luft:

$$\Delta S_{T2} = \frac{5}{2} \cdot 8{,}31 \cdot \ln \frac{383}{473} \text{ J K}^{-1} = -4{,}38 \text{ J K}^{-1}.$$

Entropiewachstum insgesamt:

$$\Delta S = \Delta S_{T1} + \Delta S_{T2} = 1{,}18 \text{ J K}^{-1}.$$

Die Entropie nimmt insgesamt zu, der Vorgang ist also irreversibel.

Seite 347

A 1: Bei der adiabatischen Kompression von Luft gilt:

$$\Delta S_T = -\Delta S_V \Rightarrow \frac{5}{2} R \cdot n \cdot \ln \frac{T_2}{T_1} = -R \cdot n \cdot \ln \frac{V_2}{V_1}$$

Damit ist

$$\frac{V_2}{V_1} = \left(\frac{T_2}{T_1}\right)^{\frac{5}{2}} = \left(\frac{298}{1273}\right)^{2{,}5} = 0{,}026 = 1 : 37{,}7$$

Da nicht reine Luft, sondern ein Diesel-Luftgemisch komprimiert wird, ist dies nur eine Näherungsrechnung.

A 2: Gewittervorgänge sind irreversibel, also muss die Entropie insgesamt zunehmen. Zwar sollte die Entropie der Luft in der aufsteigenden Wolke allein aufgrund der Abkühlung abnehmen; tatsächlich steigt die Entropie beim Aufsteigen jedoch an, da der Luftdruck mit der Höhe abnimmt und da somit das Volumen der Luft stark zunimmt.

A 3: Auch in der Chemie gilt der zweite Hauptsatz: eine Reaktion kann nur ablaufen, wenn dabei die Gesamtentropie nicht abnimmt (Lehrbuch Seite 353). Die Zunahme $\Delta S_T = Q/T$ muss beim Rosten von Eisen mindestens die Abnahme $\Delta S_V = R \cdot \ln(V_2/V_1)$ pro mol kompensieren, damit die chemische Reaktion ablaufen kann. Damit wird

$$Q \geq -R \cdot T \cdot \ln \frac{V_2}{V_1} = -8{,}31 \cdot 298 \cdot \ln \frac{1}{28\,000} \text{ J}$$
$$= 25{,}36 \text{ kJ}.$$

Tatsächlich wird beim „Rosten", also bei der Bildung von Fe_2O_3, wesentlich mehr Energie (genauer „Enthalpie", vgl. Lehrbuch Seite 353) freigesetzt, die Reaktion ist somit irreversibel. Allerdings wirkt die Abnahme der Volumenentropie „dämpfend" auf den Ablauf der Reaktion.

Seite 349

A 1: Entropieabgabe des Glühdrahts pro s:

$$\Delta S_h = \frac{2000}{1073} \text{ J K}^{-1} = 1{,}86 \text{ J K}^{-1}$$

Entropieaufnahme der Zimmerluft pro s:

$$\Delta S_t = \frac{2000}{293} \text{ J K}^{-1} = 6{,}83 \text{ J K}^{-1}$$

Vergeudete Arbeit W_{verg} pro s:

$W_{verg} = 293\ \text{K} \cdot (6{,}83\ \text{J K}^{-1} - 1{,}86\ \text{J K}^{-1}) = 1456\ \text{J}$

Alternative Berechnung:

$W_{verg} = 2000\ \text{J} \cdot \left(1 - \frac{293}{1073}\right) = 1455\ \text{J}$

Möglicher Wirkungsgrad:

$\eta = 1 - \frac{293}{1073} = 0{,}73$

A 2: Energiefluss durch die Wand: $P = 30$ kW.
Entropieaufnahme der Innenwand pro s:

$\Delta S_h = \frac{30\,000}{293}\ \text{J K}^{-1} = 102{,}39\ \text{J K}^{-1}$

Entropieabgabe der Außenwand pro s:

$\Delta S_t = \frac{30\,000}{263}\ \text{J K}^{-1} = 114{,}07\ \text{J K}^{-1}$

Entropieentstehung pro h in der Wand:

$3600 \cdot (114{,}07\ \text{J K}^{-1} - 102{,}39\ \text{J K}^{-1}) = 42\,042{,}39\ \text{J K}^{-1}$

A 3: Annahmen zur Abschätzung des menschlichen thermodynamischen Wirkungsgrads:
Körpertemperatur: $T_h = 37\ °\text{C} = 310$ K, Außentemperatur an der Haut $T_t = 10\ °\text{C} = 283$ K.
Damit ergibt sich der menschliche Wirkungsgrad zu

$\eta = 1 - \frac{283}{300} = 0{,}09.$

Die verfügbare Arbeit wäre im Idealfall

$W = 0{,}09 \cdot 1\ \text{kWh} = 0{,}09\ \text{kWh}.$

Falls die Außentemperatur über 37 °C steigen würde, könnte der Mensch aufgrund der Bilanz der Temperaturentropie keine Arbeit verrichten. Tatsächlich wird die im Körper bei der „Verbrennung" der Nährstoffe entstehende Entropie durch Verdunstung in Volumenentropie des Wasserdampfs umgewandelt und auch dann nach außen abgeführt, wenn die Außentemperatur über der Körpertemperatur liegt.

Seite 351

A 1: Im Idealfall gilt für die pro s benötigte Arbeit W:

$W = Q_h \cdot \left(1 - \frac{T_t}{T_h}\right).$

Damit wird $Q_h = \frac{5\ \text{J}}{1 - \frac{279}{295}} = 5\ \text{J} \cdot 20{,}92 = 104{,}64\ \text{J}.$

Pro h wird somit die Arbeit $W = 5\ \text{J} \cdot 3600 = 18$ kJ benötigt, dem Zimmer wird die Wärme $104{,}64\ \text{J} \cdot 3600 = 376{,}71$ kJ zugeführt. Dem Innenraum des Kühlschranks wird die Wärme $376{,}71\ \text{kJ} - 18\ \text{kJ} = 358{,}71$ kJ entnommen.

A 2: Wir berechnen das Entropiewachstum ΔS_a beim Arbeitstakt des idealen Stirlingmotors:

$\Delta S_a = R \cdot n \cdot \ln \frac{V_2}{V_1} = 8{,}31 \cdot 0{,}01 \cdot \ln 2\ \text{J K}^{-1}$
$= 0{,}0576\ \text{J K}^{-1}$

Nun ist die Entropieänderung beim Arbeitstakt so groß wie die beim Verdichtungstakt:

$\Delta S_a = \Delta S_c = \frac{Q_t}{T_t}$, woraus folgt:

$Q_t = \Delta S_c \cdot T_t = 0{,}0576 \cdot 300\ \text{J} = 17{,}28\ \text{J}.$

Die pro s entstehende Abwärme ist also bei $f = 2$ Hz $Q = 2 \cdot Q_t = 34{,}56$ J. Die nutzbare Arbeit pro s ist also

$W = Q_h - Q = 100\ \text{J} - 34{,}56\ \text{J} = 65{,}44\ \text{J}.$

Der Wirkungsgrad ist somit

$\eta = \frac{W}{Q_h} = \frac{65{,}44}{100} = 0{,}65.$

Dieser Wirkungsgrad ist bei realen Stirlingmotoren nicht erreichbar.
Zusatz: Berechnung von T_h:

$T_h = \frac{Q_h}{2 \cdot Q_t} \cdot T_t = \frac{100}{34{,}56} \cdot 300\ \text{K} = 868\ \text{K} = 595\ °\text{C}.$

Seite 352

A 1:

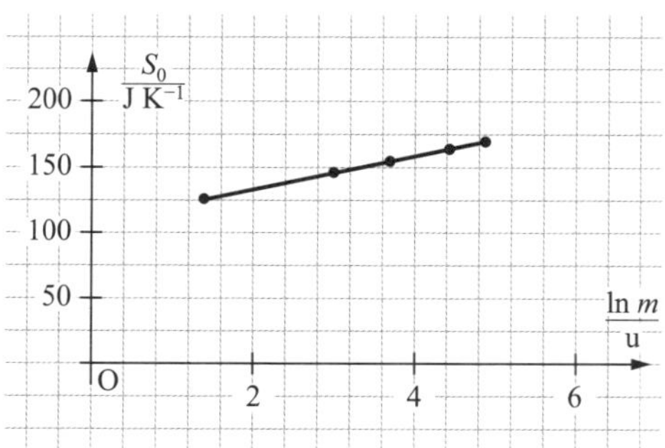

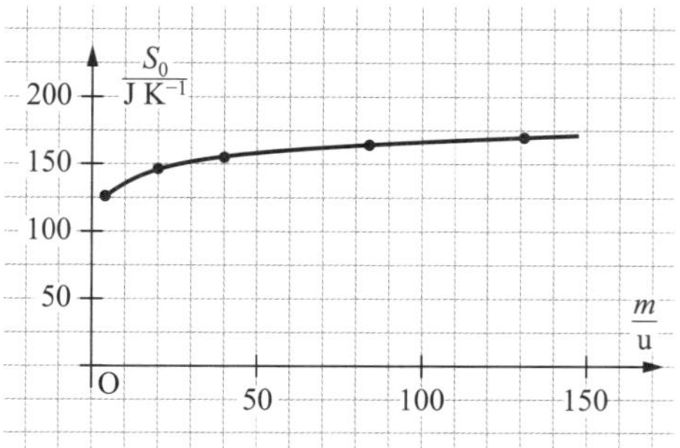

Das Diagramm oben zeigt den linearen Zusammenhang zwischen ln (m/u) und S_0. Man erhält die Gleichung
$S_0 = a \cdot \ln (m/u) + b$
$= 12{,}5 \text{ J K}^{-1} \cdot \ln (m/u) + 108{,}8 \text{ J K}^{-1}$.
Man vergleiche a mit dem theoretischen Wert für ein mol Edelgas: $a_{\text{theo}} = \frac{3}{2} \cdot R = 12{,}45 \text{ J K}^{-1}$ (vgl. (1) im Lehrbuch Seite 358).

Seite 359

A 1: Alle aufgezählten Vorgänge laufen von selbst ab, wenn die Entropie der betrachteten Systeme und der Umgebung insgesamt anwächst. Die Systeme verharren im Endzustand, wenn die Gesamtentropie ihr Maximum erreicht hat.

- Bei der Diffusion wächst das Volumen von Gasen und damit die Volumenentropie (Lehrbuch Seite 346).
- Die Zeigerbewegung erwärmt (unmerklich) die Umgebung erhöht so die Entropie (Lehrbuch Seite 344).
- Beim Temperaturausgleich wächst die Entropie des kühleren Teilsystems stärker an als die des wärmeren Teilsystems abnimmt (Lehrbuch Seite 345).
- Der Gasdruck ist unmittelbarer Ausdruck des Bestrebens eines Gases, seine Volumenentropie zu erhöhen (Lehrbuch Seite 347).
- Chemische Reaktionen laufen umso heftiger ab, je stärker dabei die Gesamtentropie zunimmt (Lehrbuch Seite 353).
- Der osmotische Druck ist Folge des Bestrebens zweier Teilsysteme, ihre Konzentrationen anzugleichen; dabei wächst die Gesamtentropie, hier die Shannon-Entropie (Lehrbuch Seite 354).
- Bei der Vermischung von Bestandteilen wächst die Shannon-Entropie an (Lehrbuch Seite 354), ebenso bei der Verunreinigung von Kristallen.
- Bei der Nervenleitung (Lehrbuch Seite 357) wird zunächst unter Energieaufwand ein Ungleichgewicht der Ionen innerhalb und außerhalb der Zellmembran hergestellt (Natrium-Kalium-Pumpe); dabei sinkt die Shannon-Entropie, aber nicht die Gesamtentropie, da der Vorgang der Ionentrennung Temperaturentropie erzeugt. Beim Öffnen der Poren diffundieren die Kaliumionen nach außen, wodurch die Shannon-Entropie rasch anwächst.
- Die DNS ist bei höheren Temperaturen gefährdet (Lehrbuch Seite 357), da dann ein höherer Bruchteil der Wasserstoffbrückenbindungen in den „Sprossen“ der DNS aufgebrochen ist. Dieser Bruchteil ergibt sich aus dem Boltzmann-Faktor, der das Entropiemaximum eines Systems und somit seinen Zustand im thermodynamischen Gleichgewicht darstellt.
- Der Druckaufbau in der Atmosphäre (Lehrbuch Seite 356) lässt sich bei konstant gedachter Temperatur mit Hilfe des Boltzmann-Faktors, also unter der Bedingung berechnen, dass die Entropie maximal ist und somit thermodynamisches Gleichgewicht herrscht.
- Der Dampfdruck über einer Flüssigkeit resultiert aus dem hohen Wachstum der Volumenentropie beim Übergang vom flüssigen in den gasförmigen Aggregatzustand (Lehrbuch Seite 352). Allerdings kann die Abnahme der Temperaturentropie bei der Verdunstung als „Bremse“ wirken.
- Der Ozongehalt der Luft (Lehrbuch Seite 356) wird durch den Boltzmann-Faktor geregelt, somit durch das Entropiemaximum bezüglich des relativen Anteils der beiden Moleküle O_2 und O_3.
- Auch den Anteil der gegen die Magnetisierungsrichtung umgeklappten Elementarmagnete bestimmt der Boltzmann-Faktor (Lehrbuch Seite 355).
- Der Wirkungsgrad von Turbinen (Lehrbuch Seite 348) als Wärmekraftmaschinen ergibt sich aus der Bedingung, dass die Entropie der zugeführten Wärme nicht vernichtet werden kann, sondern zusammen mit der Abwärme wieder abgeführt werden muss.
- Wärmepumpen (Lehrbuch Seite 351) arbeiten gegen das Prinzip des Temperaturausgleichs; die Entropie nimmt nur deshalb nicht ab, weil mehr Wärme bei der hohen Temperatur abgegeben wird als dem kalten Reservoir entnommen wird, wobei wertvolle zugeführte Arbeit „mit Entropie verschmutzt wird“.

Seite 358

Fachliche Informationen

Die Entropie eines idealen einatomigen Gases im thermodynamischen Gleichgewicht lässt sich berechnen mit Hilfe der Formel von Sackur-Tetrode:

$$S = \frac{5}{2} k_B N + k_B N \cdot \ln \frac{V(2\pi m k_B T)^{\frac{3}{2}}}{h^3 N}$$

Hier ist k_B die Boltzmann-Konstante, N die Teilchenzahl, V das Gasvolumen, m die Teilchenmasse, T die Temperatur des Gases und h die Planck'sche Konstante. Verwendet man die Molzahl n, die Avogadro-Konstante N_A und die Gaskonstante R, wobei $n \cdot R = k_B \cdot N$ gilt, so kann man schreiben

$$S = \frac{5}{2} n R + n R \cdot \ln \frac{V(2\pi m k_B T)^{\frac{3}{2}}}{n \cdot h^3 N_A}$$

Das Argument der Logarithmusfunktion ist tatsächlich dimensionslos: Zähler und Nenner besitzen beide die Dimension $(\mathrm{J\,s})^3$. Man kann den Logarithmus teilweise in eine Summe zerlegen:

$$S = \frac{3}{2}\, n\, R \cdot \ln T + n\, R \cdot \ln \frac{V}{n} + \frac{3}{2}\, n\, R \cdot \ln m + n \cdot \mathrm{const},$$

wobei $\mathrm{const} = \frac{5}{2}\, R + R \cdot \ln \frac{(2\,\pi\, k_B)^{\frac{3}{2}}}{h_3\, N_A}$ ist.

Man hat somit die fehlenden Dimensionen in den Logarithmen der ersten drei Summanden in die Konstante gepackt.

Man liest hieraus die im Text besprochene logarithmische Abhängigkeit der Entropie von der Temperatur T, („Temperaturentropie"), vom Volumen V („Volumenentropie") und von der Masse m ab. Den Wert der im Text (Lehrbuch Seite 358, Gleichung (1)) angegebenen Konstanten erhält man, wenn man die Masse in Vielfachen von u misst und $\frac{3}{2} \cdot R \cdot \ln u$ zur Konstanten hinzufügt.

Es stellt einen der Triumphe der Quantenmechanik dar, dass diese Formel es erlaubt, die Entropien der Edelgase (vgl. Lehrbuch Seite 352) in sehr guter Übereinstimmung mit kalorisch erhaltenen Messwerten zu berechnen.

Zusatz zum theoretischen Hintergrund

Die Formel von Sackur-Tetrode erscheint in Lehrbüchern der Thermodynamik in zahlreichen weiteren Darstellungen, die zusätzliche, im Schulbuch nur teilweise verwendete thermodynamische Begriffe benutzen:

- Mithilfe der „thermodynamischen Zustandssumme"

  $$Z = \frac{V\,(2\,\pi\, m\, k_B\, T)^{\frac{3}{2}}}{h^3}$$

  lässt sich S schreiben

  $$S = \frac{5}{2}\, k_B \cdot V + k_B\, N \cdot \ln \frac{Z}{N}$$

- Die Zustandssumme gibt die Anzahl der adiabatisch erreichbaren Zellen im quantenmechanisch „gerasterten" Einteilchen-Phasenraum an:

  $$\frac{Z}{N} = \frac{\Delta x^3 \cdot \Delta p_x^3}{h^3},$$

  sodass (vgl. Lehrbuch Seite 358)

  $$S = k_B\, N \cdot \left(\frac{5}{2} + \ln \frac{\Delta x^3 \cdot \Delta p_x^3}{h^3}\right)$$

- Mithilfe der Konzentration $c = N/V$ und der „Quantenkonzentration"

  $$c_0 = \frac{(2\,\pi\, m\, k_B\, T)^{\frac{3}{2}}}{h^3}$$

  kann man schreiben

  $$S = \frac{5}{2}\, k_B\, N - k_B\, N \cdot \ln \frac{c}{c_0}$$

- Mithilfe des chemischen Potenzials

  $$\mu = k_B \cdot T \cdot \ln \frac{c}{c_0} = -k_B \cdot T \cdot \ln \frac{Z}{N}$$

  kann man schreiben

  $$S = \frac{5}{2}\, k_B\, N - \frac{N \cdot \mu}{T}$$

- Mithilfe der inneren Energie des idealen Gases

  $$U = \frac{3}{2}\, k_B\, N \cdot t$$

  lässt sich S ferner schreiben

  $$S = \frac{U}{T} + k_B\, N - \frac{N \cdot \mu}{T}.$$

- Unter Verwendung der Gasgleichung $p \cdot V = k_B N \cdot T$ erhält man

  $$S = \frac{U}{T} + \frac{p \cdot V}{T} - \frac{N \cdot \mu}{T}$$

- Unter Verwendung der „Enthalpie" $H = U + p \cdot V$ erhält man

  $$S \cdot T = H - N \cdot \mu$$

- Mithilfe des Begriffs der „Freien Enthalpie" $G = N \cdot \mu$ erhält man ferner

  $$G = H - T \cdot S.$$

Die große Vielfalt dieser historisch gewachsenen Begriffe erschwert bisweilen das Verständnis der zentralen Aussage des 2. Hauptsatzes in den unterschiedlichen Anwendungen.

KERNPHYSIK

Seite 363

A1: Die Spuren sind nach links gekrümmt, d.h. die α-Teilchen erfuhren in dem Magnetfeld eine Kraft nach links. Aufgrund der Dreifingerregel der linken Hand müssen sie deshalb positiv geladen sein.
Die zwei ganzen sichtbaren Spuren sind gleich lang, d.h. die zwei α-Teilchen, die die Spuren erzeugten, hatten beim Start dieselbe Energie.

A2: Aus der Tatsache, dass die β-Teilchen im Magnetfeld Kreise beschreiben, folgt, dass sie geladen sein müssen.
Ein geladenes Teilchen, das senkrecht in ein konstantes Magnetfeld eingeschossen wird, beschreibt einen Kreis, dessen Radius von der Geschwindigkeit und damit der kinetischen Energie des Teilchens abhängt. Da die β-Teilchen, welche ein radioaktives Präparat aussendet, in einem Magnetfeld Kreise mit verschiedenen Radien beschreiben, müssen sie folglich unterschiedliche kinetische Energie beim Austritt aus dem radioaktiven Präparat haben.

A3: Massivere Spuren bedeuten, dass pro cm Wegstrecke von den α-Teilchen im Gas der Nebelkammer mehr Ionenpaare pro cm Wegstrecke gebildet werden als von den β-Teilchen. Da die Teilchen gleiche Anfangsenergie hatten, sind deshalb die Spuren der β-Teilchen länger als die der α-Teilchen.
Weitere Überlegung: Fliegt ein Teilchen schneller als ein anderes an einem Molekül vorbei, hat es weniger Zeit mit diesem zu wechselwirken und es zu ionisieren. Es wird also pro cm Wegstrecke weniger Ionenpaare bilden. Man kann daher vermuten, dass bei gleicher Anfangsenergie der α- und β-Teilchen die α- Teilchen langsamer sind und demzufolge eine größere Masse als die β-Teilchen besitzen.

A4: Vorteile der *Nebelkammer:* Sie macht die Bahn einzelner Teilchen sichtbar und lässt Aussagen über die Energie der Teilchen zu. Außerdem kann man α- und β-Teilchen anhand der Spuren unterscheiden.
Vorteile des *Zählrohrs:* Es registriert im Gegensatz zur Nebelkammer ohne Unterbrechung Strahlung. Dazu ist es handlicher und mit ihm lässt sich verhältnismäßig einfach feststellen, ob ein Stoff Strahlung aussendet oder nicht. Das Zählrohr registriert auch Strahlung, die in der Nebelkammer kaum nachweisbar ist. Die grobe Unterscheidung von α-, β- und γ-Strahlung gelingt allerdings nur zusammen mit Papier, Aluminium und Blei. Aussagen zur Energie der Teilchen lassen sich allerdings mit dem Geiger-Müller-Zählrohr nicht treffen.

A5: Da die Wellenlänge der γ-Strahlung nach Voraussetzung etwa dieselbe Frequenz wie Röntgenstrahlung haben soll, können alle für Röntgenstrahlung bekannten Methoden zur Wellenlängenmessung verwendet werden. Zur Bestimmung der Wellenlänge eignet sich insbesondere die Bragg'sche Drehkristallmethode: Die γ-Strahlung wird an einem Kristall reflektiert und die Intensität der reflektierten Strahlung als Funktion des Drehwinkels des Kristalls aufgetragen. Ist die Gitterkonstante des Kristalls bekannt, so lässt sich hieraus die Wellenlänge der γ- bzw. Röntgenstrahlung ermitteln.

A6: a) Der absolute Fehler der Messung ist durch die Standardabweichung der Poissonverteilung gegeben. Er beträgt $\sqrt{400} = 20$ bzw. $\sqrt{40\,000} = 200$. Die relativen Fehler betragen $1/\sqrt{400} = 0{,}05$ bzw. 5 % und $1/\sqrt{40\,000} = 0{,}005$ bzw. 0,5 %.
b) Um eine Genauigkeit von 1 % zu erzielen, müssen $1/(0{,}01)^2 = 10\,000$ Ereignisse gezählt werden. Bei einer Zählrate von 1605 Impulsen in 3 min = 535 Impulsen/min ist eine Messdauer von 10 000/535 min = 18,7 Minuten nötig.

A7: a) Die absoluten Fehler betragen $\sqrt{2520} = 50{,}2$ und $\sqrt{2380} = 48{,}8$. Das Signifikanzniveau beträgt somit $50{,}2 + 48{,}8 = 99$. Der tatsächlich gemessene Unterschied beträgt $2520 - 2380 = 140$. Es trat somit eine signifikante Abschwächung ein.
b) Die absoluten Fehler betragen $\sqrt{253} = 15{,}9$ und $\sqrt{241} = 15{,}5$. Die Summe der absoluten Fehler $15{,}9 + 15{,}5 = 31{,}4$ ist wesentlich größer als der Unterschied $253 - 241 = 12$ in den Messwerten. Der Unterschied in den Zählraten ist daher nicht signifikant.

Seite 365

A1: Rechnet man zunächst nicht relativistisch mit der Ruhemasse des α-Teilchens $m_0 = 4{,}002\,603\,3$ u $= 4{,}002\,603\,3 \cdot 931{,}494$ MeV/c^2 = 3728 MeV/c^2 (die Werte stehen im Lehrbuch auf den Seiten 473 und 474, Anhang), so findet man:

$$v = \sqrt{\frac{2 \cdot W_{kin}}{m_0}} = \sqrt{\frac{2 \cdot 7{,}7\text{ MeV}}{3728\text{ MeV}} \cdot c^2} = 0{,}064 \cdot c$$
$$= 1{,}92 \cdot 10^7\text{ m/s}.$$

Rechnet man relativistisch, gilt mit der Ruheenergie des α-Teilchens $W_0 = m_0 \cdot c^2 = 3278$ MeV:

$$W_{kin} = W - W_0 = m \cdot c^2 - m_0 \cdot c^2 = \frac{W_0}{\sqrt{1-(v/c)^2}} - W_0.$$

Löst man diese Gleichung nach v auf, ergibt sich:

$$v = c \cdot \sqrt{1 - 1/(1 + W_{kin}/W_0)^2} \text{ oder}$$

$$v = c \cdot \sqrt{1 - \frac{1}{\left(1 + \frac{7{,}7\text{ MeV}}{3728\text{ MeV}}\right)^2}} = 0{,}064 \cdot c.$$

Man kann also bei α-Teilchen, deren kinetische Energie sich in der Größenordung 10 MeV bewegt, klassisch rechnen.

A2: a

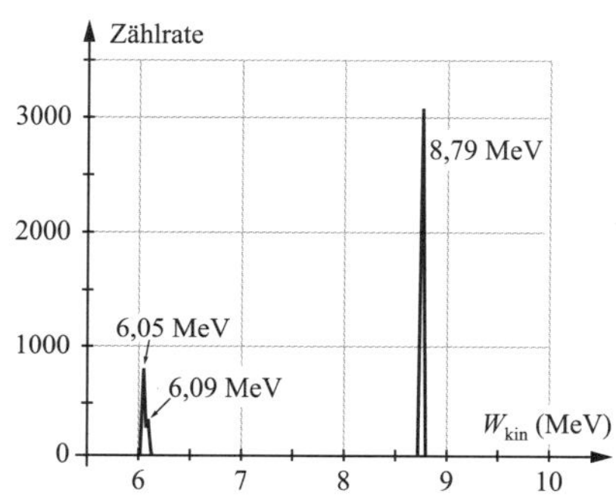

b) Das Bild der Nebelkammer wird aus dicken Spuren mit etwa 5 cm und etwa 8,4 cm Länge bestehen.
Hinweis: Pb-212 selbst ist ein β^--Strahler, aber seine Folgeprodukte Bi-212 ($W_{\alpha 1} = 6{,}05$ MeV und $W_{\alpha 2} = 6{,}09$ MeV) und Po-212 ($W_\alpha = 8{,}79$ MeV) sind α-Strahler. Pb-212 selbst tritt in der Zerfallsreihe von Th-232 auf.

A3: a) Die Reichweite der α-Teilchen von Po-212 beträgt 8,6 cm in Luft und 106 μm in Gewebe. Die Reichweite der α-Teilchen von Po-210 beträgt ca. 3,7 cm in Luft und 46 μm in Gewebe.
b) 3,0 MeV. α-Strahlung dieser Energie hat in Luft eine Reichweite von 2 cm.
c) Für Aluminium ergibt sich eine Reichweite von 54 μm für die α-Strahlung von Po-212 und von 27 μm für die α-Strahlung von Po-210. Die empfindliche Schicht des Halbleiterzählers sollte daher eine Dicke von mindestens 55 μm haben.

Seite 367

A1: a) Da es β^--Teilchen sind, die die Spuren hervorgerufen haben, und die Bahnen nach links gekrümmt sind, muss das Magnetfeld aus der Tafelebene herausweisen.
Es treten Bahnen mit unterschiedlicher Krümmung (unterschiedlichem Radius) auf. Folglich sendet B-210 β^--Teilchen unterschiedlicher Energie aus.

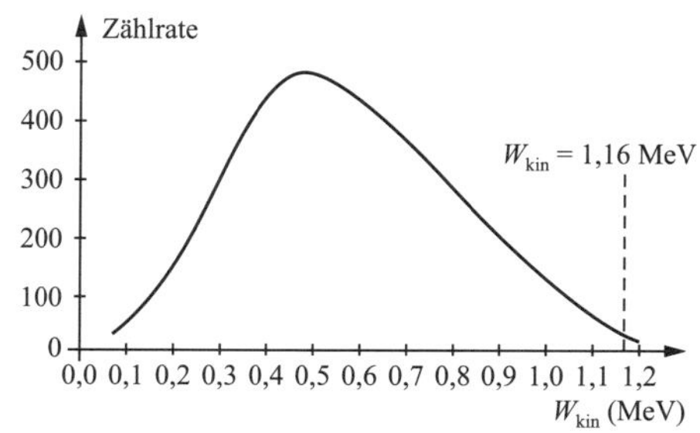

A2: Die Reichweite beträgt in Luft ca. 8 m, in Gewebe 1,3 cm, in Aluminium 0,45 cm und in Blei 14 mm.

A3: Nicht relativistisch ergibt sich mit der Ruhemasse $m_0 = 9{,}11 \cdot 10^{-31}$ kg $= 511$ keV$/c^2$ die Geschwindigkeit zu:

$$v = \frac{p}{m_0} = \frac{e}{m_0} \cdot B \cdot r$$
$$= \frac{1{,}60 \cdot 10^{-19}\text{ C}}{9{,}11 \cdot 10^{-31}\text{ kg}} \cdot 0{,}07\ T \cdot 0{,}05\text{ m}$$
$$= 6{,}1 \cdot 10^8\ \frac{\text{m}}{\text{s}} \approx 2 \cdot c$$

Dieser Wert ist viel zu groß! Er darf nicht größer als die Lichtgeschwindigkeit c sein. Man muss also relativistisch rechnen. Es ergibt sich (Herleitung Lehrbuch Seite 367, Vertiefung):

$$W_{kin} = \sqrt{W_0^2 + e^2 \cdot c^2 \cdot (B \cdot r)^2} - W_0$$
$$= \sqrt{511^2\text{ keV}^2 + 1{,}68 \cdot 10^{-13}\text{ J}^2} - 511\text{ keV}$$
$$= \sqrt{261\,121\text{ keV}^2 + 1\,102\,500\text{keV}^2} - 511\text{ keV}$$
$$= 656\text{ keV}$$

und damit für die Geschwindigkeit v:

$$v = c \cdot \sqrt{1 - \frac{1}{\left(1 + \frac{W_{kin}}{W_0}\right)^2}} = \text{c} \cdot \sqrt{1 - \frac{1}{\left(1 + \frac{656\text{ keV}}{511\text{ keV}}\right)^2}}$$

$$= 0{,}899 \cdot c = 2{,}70 \cdot 10^8\text{ m/s}$$

A4: Die verwendeten Gleichungen werden in der Vertiefung (Lehrbuch Seite 367) hergeleitet. Für die gesuchte Geschwindigkeit gilt:

$$v = c \cdot \sqrt{1 - \frac{1}{\left(1 + \frac{W_{\text{kin}}}{W_0}\right)^2}} = c \cdot \sqrt{1 - \frac{1}{\left(1 + \frac{0{,}766\ \text{MeV}}{0{,}511\ \text{MeV}}\right)^2}}$$

$$= 0{,}916 \cdot c = 2{,}75 \cdot 10^8\ \text{m/s}$$

Der gesuchte $(B \cdot r)$-Wert folgt aus der Gleichung für W_{kin}:

$W_{\text{kin}} = \sqrt{W_0^2 + e^2 \cdot c^2 \cdot (B \cdot r)^2} - W_0$ zu:

$$(B \cdot r) = \frac{1}{e \cdot c} \sqrt{(W_{\text{kin}} + W_0)^2 - W_0^2} = 3{,}9 \cdot 10^{-3}\ \text{T} \cdot \text{m}.$$

Seite 369

A1: Die Wellenlänge einer γ-Strahlung mit der Energie 200 keV ist:

$$\lambda = \frac{c \cdot h}{W} = \frac{3 \cdot 10^8\ \text{m s}^{-1} \cdot 6{,}63 \cdot 10^{-34}\ \text{J s}^{-1}}{2 \cdot 10^5 \cdot 1{,}6 \cdot 10^{-19}\ \text{J}} = 6{,}2 \cdot 10^{-12}\ \text{m}.$$

Für die Glanzwinkel, unter denen Interferenzmaxima auftreten, gilt:

$$\sin \varphi_k = k \cdot \frac{\lambda}{2 \cdot d} = k \frac{6{,}2 \cdot 10^{-12}\ \text{m}}{2 \cdot 2{,}82 \cdot 10^{-10}} = k \cdot 1{,}1 \cdot 10^{-2}.$$

Für $k = 1$ findet man $\varphi_1 = 0{,}63°$; für $k = 2$ ergibt sich $\varphi_2 = 1{,}26°$. Mit speziellen Geräten lassen sich diese Winkel gerade noch ausmessen.

A2: In dem Bild erkennt man zwei Fotolinien bei $W_1 = 1270$ keV und $W_2 = 511$ keV zusammen mit den dazu gehörenden Comptonuntergründen. Das γ-Spektrum von Na-22 scheint also γ-Strahlung mit zwei unterschiedlichen Energien auszusenden.
Na-22 ist auch ein Positronenstrahler (Lehrbuch Seite 366, Punkt 2). Wenn man noch die Information hat, dass die Linie bei 511 keV im γ-Spektrum aller Positronenstrahler auftritt, muss man annehmen, dass diese Linie etwas mit den Positronen zu tun hat. In der Tat wird man bald lernen, dass die Positronen nachdem sie auf ihrem Wege durch Materie abgebremst wurden und zur Ruhe kamen, zusammen mit einem immer vorhandenen Elektron oft in zwei Photonen der Energie $W = 511$ keV zerstrahlen. (Lehrbuch Seite 373, Punkt 3). Na-22 sendet also γ-Strahlung einer einzigen Energie $W_1 = 1270$ keV und Positronen aus.

A3: Co-60 sendet zwei γ-Linien mit $W_1 = 1{,}33$ MeV und $W_2 = 1{,}17$ MeV aus.

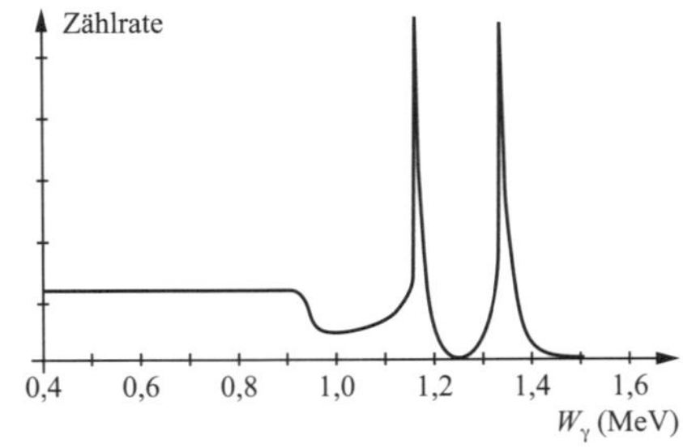

A4: Alle 14 angegebenen Linien sind zu sehen, die Linie von Sr-85 (514 keV) hat die geringste, die von Cs-137 (662 keV) die größte Intensität. Die Energieachse ist richtig geeicht.
Hinweis 1: Bei ca. 32 keV ist eine weitere Linie zu erkennen. Es könnte sich dabei um die K Röntgenlinie von Ba-137 handeln. Sie kommt wie folgt zustande: Cs-137 zerfällt zunächst durch einen β^--Zerfall in einen angeregten Zustand Ba-137m (Lehrbuch Seite 396, B2a). Dieser Zustand zerfällt nicht immer durch einen γ-Zerfall in den Grundzustand von Ba-137, sondern überträgt seine Energie (662 keV) auf ein Elektron in der K-Schale des Atoms. Dieses Elektron wird dadurch aus der K-Schale herausgeschleudert mit der Energie von 662 keV minus der Bindungsenergie des Elektrons in der K-Schale von 38 keV, also 624 keV. Das Loch in der K-Schale wird rasch gefüllt, etwa durch Elektronen aus der L-Schale. Dabei wird die erwähnte Röntgenstrahlung frei gesetzt. Ihre Energie entspricht der Differenz der Bindungsenergien der K- und L-Schale.
Hinweis 2: Das Gammaspektrum stammt aus dem Forschungszentrum Jülich:
www.fz-juelich.de/gs/gammaspek

A5: a) Für die Wellenlängenänderung $\Delta\lambda$ gilt beim Comptoneffekt (Lehrbuch Seite 273) mit der Elektronenruhemasse m_0:

$$\Delta\lambda = \lambda' - \lambda = \lambda_C\,(1 - \cos\beta) \text{ mit } \lambda_C = \frac{h}{m_0 \cdot c}.$$

Die Energie eines Photons beträgt $W = h \cdot v = h \cdot c/\lambda$. Daraus folgt $\lambda = h \cdot c/W$. Setzt man diese Beziehung in die obige Gleichung ein und dividiert anschließend durch $h \cdot c$, folgt:

$$\frac{1}{W'} - \frac{1}{W} = \frac{1}{m_0 \cdot c^2}(1 - \cos\beta) = \frac{1}{W_0}(1 - \cos\beta)$$

b) Löst man die letzte Gleichung nach W' auf, findet man:

$$W' = \frac{W_0 \cdot W}{(1 - \cos\beta) \cdot W + W_0}$$

Damit wird:

$$\Delta W = W - W'$$

$$= \frac{W_0 \cdot W + (1 - \cos\beta) \cdot W^2 - W_0 \cdot W}{(1 - \cos\beta) \cdot W + W_0}$$

$$= \frac{(1 - \cos\beta) \cdot W^2}{(1 - \cos\beta) \cdot W + W_0}$$

Dieser Term wird maximal, wenn $(1 - \cos\beta)$ maximal wird, d.h. 2 für $\beta = 180°$. Bei diesem Winkel wird ΔW:

$$\Delta W_{max} = \frac{2\,W^2}{2\,W + W_0}$$

c) Die Photonen, die Cs-137 aussendet, haben eine Energie von $W = 662$ keV. Die Comptonkante liegt deshalb bei:

$$\Delta W_{max} = \frac{2 \cdot (662 \text{ keV})^2}{2 \cdot 662 \text{ keV} + 511 \text{ keV}} = 478 \text{ keV}.$$

Seite 371

A1: a) Aus B2 (Lehrbuch Seite 370) liest man für $W_\gamma = 1{,}27$ MeV ab: Wasser $d_{1/2} = 10{,}2$ cm; Eisen $d_{1/2} = 1{,}6$ cm; Blei $d_{1/2} = 1{,}0$ cm.
Hinweis: Im Internet findet man Werte über den Schwächungskoeffizienten μ, z.B. unter: http://www.nist.gov/pml/data/xraycoef/index.cfm.
Die Halbwertsdicke $d_{1/2}$ hängt mit μ wie folgt zusammen: $d_{1/2} = \ln 2/\mu$.
b) Die Halbwertsdicken für γ-Strahlung der Energie $W = 1$ MeV sind (Lehrbuch Seite 370, B2):
Wasser $d_{1/2} = 9{,}8$ cm; Eisen $d_{1/2} = 1{,}5$ cm;
Blei $d_{1/2} = 0{,}9$ cm.
Damit findet man mit Gleichung (1) (Lehrbuch Seite 370) den gesuchten Prozentsatz an Strahlung, die eine bestimmte Dicke d an Materie noch durchdringen kann.

Materie **Materialdicke *d***	**Wasser**	**Eisen**	**Blei**
1 cm	93 %	63 %	46 %
10 cm	49 %	0,9 %	0,05 %

A2: a) Die γ-Strahlung durchsetzt im Abstand r von dem punktförmigen Präparat gleichmäßig eine Kugeloberfläche der Größe $4 \cdot \pi \cdot r^2$. D.h., dass jeder Quadratzentimeter der Kugel in derselben Zeiteinheit, z.B. einer Sekunde, von gleich viel γ-Teilchen durchsetzt wird. Im doppelten Abstand r von der punktförmigen Quelle verteilen sich die γ-Teilchen auf eine viermal so große Fläche als im Abstand r, im dreifachen Abstand r auf die neunfache Fläche etc. Die Zahl der γ-Teilchen, die einen Quadratzentimeter der Kugeloberfläche in der Zeiteinheit durchsetzen, wird deshalb im doppelten Abstand viermal so klein wie im Abstand r, im dreifachen Abstand r neunmal so klein etc. Die Intensität der Strahlung, d.h. die Zahl der γ-Teilchen, die einen Quadratzentimeter pro Zeiteinheit durchsetzt, nimmt deshalb mit $1/r^2$ ab. Entsprechend nimmt die Zahl der γ-Teilchen, die die Fläche des Zählrohrfensters in der Zeiteinheit durchsetzen, und damit die Zählrate, mit $1/r^2$ ab.

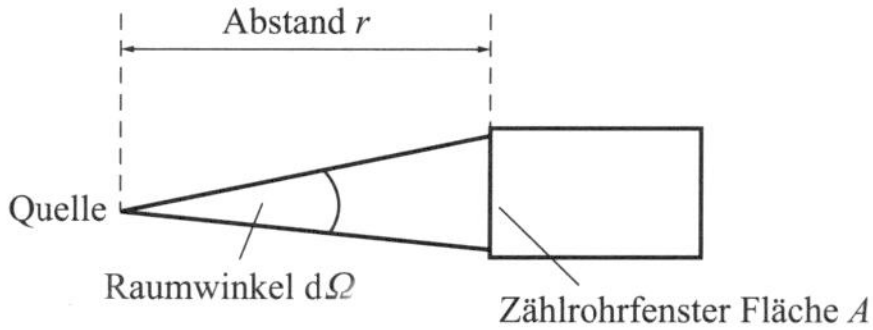

Hat man den Begriff des Raumwinkels, lässt sich wie folgt argumentieren: Der Raumwinkel $d\Omega$ ist definiert als $d\Omega = A/r^2$. Der gesamte Raumwinkel ist $4\,\pi$. Hat die Quelle die Intensität I_0 und sendet sie ihre Strahlung isotrop aus, so gilt für die Intensität I im Raumwinkel $d\Omega$:

$$\frac{I_0}{4\,\pi} = \frac{1}{d\Omega} \quad \text{oder} \quad \frac{I_0}{4\,\pi} = \frac{1}{A} \cdot r^2.$$

Daraus folgt: $I = I_0 \cdot \frac{A}{4\,\pi} \cdot \frac{1}{r^2}$. Es ist also $I \sim \frac{1}{r^2}$.

b) Nimmt die Zählrate n mit $1/r^2$ ab, gilt mit der Konstanten k: $n = k \cdot 1/r^2$. Logarithmiert man beide Seiten dieser Gleichung, erhält man: $\lg n = \lg k - 2 \cdot \lg r$. Dies ist die Gleichung einer Geraden, wenn man z.B. $\lg n = y$ und $\lg r = x$ setzt.
c) β-Strahlung eines radioaktiven Nuklids wird in Luft viel stärker absorbiert als γ-Strahlung. Außerdem ist die β-Strahlung nicht monoenergetisch, sondern enthält β-Teilchen der Energie $0 < W < W_{max}$, die in Luft eine unterschiedliche Reichweite haben. Deshalb findet man bei der Verwendung eines β-Strahlers im beschriebenen Versuch im Allgemeinen keine $1/r^2$-Abhängigkeit. Im Vakuum allerdings findet keine Absorption statt; deshalb gilt dort auch für β-Strahler eine $1/r^2$-Abhängigkeit.

A3: a) Zunächst wird von beiden Zählraten der Nulleffekt 16 Impulse/min abgezogen, man erhält: 2121 Impulse/min bzw. 1261 Impulse/min. In einer 3 cm dicken Schicht des gesuchten Materials nimmt also die Zählrate von 2121 Impulsen/min auf 1261 Impulsen/min ab. Die Halbwertsdicke des gesuchten Materials ergibt sich deshalb durch Auflösen der Gleichung

$k(d) = k_0 \cdot e^{-\frac{\ln 2}{d_{1/2}} \cdot d}$ nach $d_{1/2}$ mit:

$k_0 = 2121$, $d = 3$ cm und $k(d) = k(3 \text{ cm}) = 1261$.

Man findet: $d_{1/2} = -\frac{\ln 2}{\ln\left(\frac{k(d)}{k_0}\right)} \cdot d$.

Setzt man die Zahlenwerte ein, ergibt sich $d_{1/2} = 4{,}0$ cm. Mit der Energie der γ-Strahlung von 662 keV und B2 (Lehrbuch Seite 370) findet man, dass das gesuchte Material Aluminium ist.

b) Die Zählrate ohne Absorptionsmaterial lässt sich mit der Gleichung

$k(d) = k_0 \cdot e^{-\frac{\ln 2}{d_{1/2}} \cdot d}$

ermitteln, z. B. mit $d = 2$ cm; $k(d) = k(2\text{ cm}) = 2121$ und $d_{1/2} = 4{,}0$ cm. Man findet $k_0 = 3000$ Impulse/min. Unter Berücksichtigung des Nulleffekts ist die gesuchte Zählrate also 3016 Impulse/min.

c) Laut Aufgabe soll die Zählrate $k(d) = 0{,}05 \cdot k_0$ sein. Setzt man diesen Wert in die Gleichung für $k(d)$ ein und löst die Gleichung nach d auf, so findet man mit $d_{1/2} = 4{,}0$ cm die gesuchte Dicke d des Materials zu $d = 17{,}3$ cm.

A4: a) Zählt man gleich viele Impulse, hat jeder Messwert denselben relativen Fehler.

b) Die Aufgabe löst man am besten mit einem Tabellenkalkulationsprogramm wie z. B. Excel.

Der Nulleffekt beträgt 1000 Impulse/(53 · 60) s = 0,314 Impulse/s. Damit bestimmt man den Nulleffekt k_0 in der Messzeit t für jeden Messwert und anschließend die Zahl k der Impulse, die wirklich von der γ-Strahlung verursacht wurden, als Differenz der 1000 Impulse und k_0. Die Zählrate ist dann schließlich $n = k/t$.

Dicke *d* in mm	**Messzeit *t* für 1000 Impulse** in s	**k_0: Nulleffekt in der Messzeit** *t* Zahl der Impulse
4	45	14
8	61	19
12	71	22
16	85	27
20	110	35
25	158	50
30	199	62
35	265	83
40	335	105
50	542	170

Dicke *d* in mm	**$k = 1000$ Impulse − k_0** Zahl der Impulse	**Zählrate $n = k/t$** in Impulse/s
4	986	21,91
8	981	16,08
12	978	13,77
16	973	11,45
20	965	8,78
25	950	6,02
30	938	4,71
35	917	3,46
40	895	2,67
50	830	1,53

Mithilfe des Tabellenkalkulationsprogramms lässt sich das Diagramm $n(d)$ in logarithmischer Darstellung anfertigen. Das Programm Excel liefert auch die Gleichung der Messkurve. Sie lautet

$n(d) = 27{,}16 \cdot e^{-\frac{0{,}058}{\text{mm}} \cdot d}$.

Daraus folgt $\ln 2/d_{1/2} = 0{,}058$/mm oder $d_{1/2} = 12$ mm.

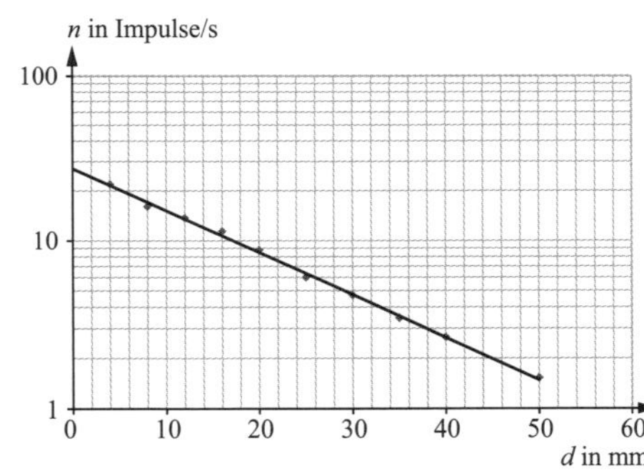

c) Aus der gefundenen Gleichung der Messkurve in Teilaufgabe b) findet man $n_0 = 27{,}16$ Impulse/s und mit dem Nulleffekt von 0,314 Impulsen/s ergibt sich ohne Blei somit die Zählrate von 27,47 Impulse/s. 1000 Impulse hätte man also ohne Blei in 36 s gezählt.

d) Mit $d_{1/2} = 1{,}2$ cm folgt aus dem B2 (Lehrbuch Seite 370) für die Energie W der γ-Strahlung von Co-60: $W \approx 1{,}4$ MeV.

Hinweis: Nach B2 (Lehrbuch Seite 370) hat auch eine γ-Strahlung von ca. 9 MeV eine Halbwertsdicke von 1,2 cm. γ-Strahlung dieser hohen Energie tritt aber bei radioaktiven Nukliden praktisch nicht auf.

Der gefundene Wert von 1,4 MeV für die γ-Strahlung von Co-60 ist zu groß. Energiebestimmungen über Absorptionsversuche sind nicht sehr genau. Man kann in diesem Versuch auch die beiden Linien von Co-60 nicht trennen. Die genauen Literaturwerte sind:

$W = 1{,}17$ MeV: $\mu = 0{,}73$ cm und $d_{1/2} = 0{,}95$ cm;

$W = 1{,}33$ MeV: $\mu = 0{,}66$ cm und $d_{1/2} = 1{,}05$ cm.

Bei der Messung, die der Aufgabe zugrunde lag, war also die Geometrie der Anordnung nicht optimal. Vermutlich wurde $d_{1/2}$ infolge von Streueffekten zu groß.

A5: a) Die drei Effekte sind Fotoeffekt, Comptoneffekt und Paarbildung.
b) Die Gerade kann durch die Gleichung
$\ln k(d) = \ln k_0 - c \cdot d$
mit der Konstanten c (Einheit 1/cm) dargestellt werden. Daraus ergibt sich $k(d) = k_0 \cdot e^{-c \cdot d}$ also ein exponentielles Absorptionsgesetz.
c) Die Versuchsanordnung ist im V1a (Lehrbuch Seite 370) skizziert.
d) Aus der Messkurve liest man ab: $d_{1/2} = 0{,}8$ cm.
e) Aus B2 (Lehrbuch Seite 370) findet man mit $d_{1/2} = 0{,}8$ cm die Energie der γ-Strahlung zu $W = 900$ keV. Man muss also ein radioaktives Nuklid suchen, das monoenergetisch γ-Strahlung mit etwa $W = 900$ keV aussendet. Da die Energiebestimmung mittels einer Absorptionsmessung ungenau ist (siehe Aufgabe 4) und man mindestens von einem Fehler von ± 10 % ausgehen kann, sollte man nach einem Nuklid suchen, das monoenergetische Strahlung der Energie W in dem Bereich 800 keV < W_γ < 1000 keV aussendet. In Frage kommt z. B. Mn-54, das monoenergetische Strahlung der Energie W = 835 keV abstrahlt (Lehrbuch Seite 369, Aufgabe 4).
Hinweis: Unter http://atom.kaeri.re.kr/gamrays.html findet man ein Suchprogramm nach Gammastrahlern. Wenn man hier für die Energie der γ-Strahlung 800 keV ≤ W_γ ≤ 1000 keV eingibt und eine lange Halbwertszeit, etwa größer als ein Jahr, annimmt (nicht in der Aufgabe angegeben, aber naheliegend, da die beschriebene Messung Zeit braucht), und beachtet, dass das radioaktive Nuklid γ-Strahlung einer einzigen Energie ausstrahlt, kann man auch auf Mn-54 als gesuchtes Nuklid kommen.

Seite 373

A1: Die Ruhemasse eines Elektrons bzw. eines Positrons beträgt $m_e = 511$ keV/c^2. Die Energiesumme der Ruhemassen von Elektron und Positron ist also
$2 \cdot W_0 = 2 \cdot m_e \cdot c^2 = 1{,}022$ MeV.
Da Elektron und Positron laut Aufgabe gleiche Geschwindigkeit haben, ist die kinetische Energie W_{kin} von Elektron und Positron

$$W_{kin} = (W_{ges} - 2\,W_0)/2 = (1{,}040\text{ MeV} - 1{,}022\text{ MeV})/2 = 0{,}009\text{ MeV} = 9\text{ keV}.$$

Die Energie W eines Teilchens ist dann:
$W = W_0 + W_{kin} = 520$ keV.
Die gesamte Energie des Quants geht nämlich auf Elektron und Positron über (siehe Hinweis am Ende der Lösung).
Impuls von Elektron und Positron:
1. Klassisch gerechnet findet man für den Impuls eines Teilchens

$$p = \sqrt{2 \cdot m_e \cdot W_{kin}} = \sqrt{2 \cdot 9{,}11 \cdot 10^{-31} \cdot 9 \cdot 1{,}6 \cdot 10^{-16}}\text{ N s} = 5{,}122 \cdot 10^{-23}\text{ N s}$$

und die Summe der Beträge der Impulse von Elektron und Positron $p_S = 1{,}024 \cdot 10^{-22}$ N s.
2. Relativistisch gerechnet gilt zwischen der Ruheenergie W_0, der Energie W und dem Impuls p eines Elektrons bzw. eines Positrons (Lehrbuch Seite 367, Vertiefung): $W^2 = W_0^2 + (c \cdot p)^2$. Daraus folgt für den Impuls p eines Teilchens:

$$p = \frac{1}{c}\sqrt{W^2 - W_0^2} = \frac{1}{3 \cdot 10^8\,\frac{\text{m}}{\text{s}}}\sqrt{(520\text{ keV})^2 - (511\text{ keV})^2} = \frac{96{,}33\text{ keV}}{3 \cdot 10^8\,\frac{\text{m}}{\text{s}}} = \frac{96{,}33 \cdot 1{,}6 \cdot 10^{-16}\text{ J} \cdot \text{s}}{3 \cdot 10^8 \cdot \text{m}} = 5{,}137 \cdot 10^{-23}\text{ N s}.$$

Addiert man die Beträge der Impulse von Elektron und Positron, erhält man $p_S = 1{,}027 \cdot 10^{-22}$ N s.
Bis zu einer kinetischen Energie von $W_{kin} = 10$ keV eines Elektrons oder eines Positrons kann man also ohne einen allzu großen Fehler zu machen, klassisch rechnen.
Impuls, den der Bleikern aufnimmt:
Der Bleikern nimmt die Impulsdifferenz auf: $p_{Blei} = p_{Quant} - p_S$.
Es ist:

$$p_{Quant} = \frac{W}{c} = \frac{1{,}04\text{ MeV}}{3 \cdot 10^8\,\frac{\text{m}}{\text{s}}} = 5{,}547 \cdot 10^{-22}\text{ N s}.$$

Somit wird $p_{Blei} = 4{,}52 \cdot 10^{-22}$ N s.
Hinweis: Die kinetische Energie, die das Bleiatom bei der Paarerzeugung erhält, ist gegenüber der kinetischen Energie von Proton und Elektron von je 9 keV zu vernachlässigen. Sie ist nämlich bei einem Pb-208 Kern (u = 1,66 · 10^{-27} kg):

$$W_{kin,Blei} = \frac{p_{Blei}^2}{2 \cdot m_{Blei}} = \frac{(4{,}52 \cdot 10^{-22}\text{ N s})^2}{2 \cdot 208\text{ u}} \approx 3 \cdot 10^{-19}\text{ J} \approx 2\text{ eV}.$$

A2: Die drei γ-Quanten haben die Energien W_1, W_2 und W_3 sowie die Impulse $\vec{p}_1, \vec{p}_2$ und $\vec{p}_3$.

Dann muss gelten:
$2 \cdot m_e \cdot c^2 = W_1 + W_2 + W_3$ und $\vec{p}_1 + \vec{p}_2 + \vec{p}_3 = 0$,
da Elektron und Positron vor der Zerstrahlung keinen Impuls und keine kinetische Energie hatten. Diese Bedingungen sind erfüllbar. Die Ladungserhaltung gilt ebenfalls, da die Gesamtladung vor und nach der Zerstrahlung Null ist. Also erlauben die drei angesprochenen Erhaltungssätze den Zerfall von Elektron und Positron in drei Quanten.
Hinweis: Bei jedem Zerfall muss auch der Drehimpulserhaltungssatz erfüllt werden. Der Dreiquantenzerfall tritt ein, wenn die Spins von Elektron und Positron vor dem Zerfall parallel stehen (seltener Fall), der Zweiquantenzerfall wenn die Spins vor dem Zerfall antiparallel stehen.

A3: Die Positronen des β^+-Strahlers kommen teilweise bereits in der Quelle zur Ruhe und zerstrahlen dort mit einem Elektron in zwei γ-Quanten der Energie 511 keV.

A4: a) Laut Skizze beschreiben Elektron und Positron einen in der Tafelebene liegenden Kreis. Folglich muss das Magnetfeld senkrecht zur Tafelebene stehen. Mit der Dreifingerregel findet man: Weist das Magnetfeld in die Tafelebene hinein, ist Bahn 1 die Bahn des Positrons, weist das Magnetfeld aus der Tafelebene heraus, ist Bahn 2 die Bahn des Positrons.
b) Die beiden Kreise haben denselben Radius; folglich haben die beiden Teilchen dieselbe Geschwindigkeit, und da sie gleiche Masse haben, auch gleiche kinetische Energie.
c) Im Lehrbuch Seite 367 wurden in der Vertiefung verschiedene Beziehungen hergeleitet, die zur Beantwortung der Aufgabe hilfreich sind.
Elektron und Positron haben die Ladung e. Bewegt sich das Elektron oder das Positron mit der Geschwindigkeit v senkrecht zum Magnetfeld, so ist $p = e \cdot (B \cdot r)$. Weiter gilt: $W^2 = W_0^2 + (c \cdot p)^2$. Somit lautet die gesuchte Beziehung:
$W^2 = W_0^2 + [c \cdot e \cdot (B \cdot r)]^2$.
d) Die gesuchte Begründung wird im Lehrbuch auf Seite 372, im Punkt 2 c) dargestellt.
e) Da das Quant die Energie $h \cdot f = 2{,}614$ MeV hat, muss man relativistisch rechnen.
Das Elektron hat die Gesamtenergie $W_1 = W_0 + W_{\text{kin},1}$ und das Positron $W_2 = W_0 + W_{\text{kin},2}$. Da $W_{\text{kin},1} = W_{\text{kin},2}$ ist, gilt $h \cdot f = W_1 + W_2 = 2\,W_1$ und somit $W_1 = W_2 = 1{,}307$ MeV.
Für den Impuls p_1 des Elektrons und den Impuls p_2 des Positrons gilt (vgl. Aufgabe 1):

$$p_1 = p_2 = \frac{1}{c}\sqrt{W_1^2 - W_0^2}.$$

Die Impulssumme ist somit

$$p_S = p_1 + p_2 = \frac{2}{c}\sqrt{W_1^2 - W_0^2}.$$

In Zahlen:

$$p_S = \frac{2}{3 \cdot 10^8 \frac{\text{m}}{\text{s}}}\sqrt{(1{,}307\ \text{MeV})^2 - (0{,}511\ \text{MeV})^2}$$
$$= \frac{2 \cdot 1{,}203\ \text{MeV} \cdot \text{s}}{3 \cdot 10^8\ \text{m}} = \frac{2 \cdot 1{,}203 \cdot 1{,}6 \cdot 10^{-13}\ \text{J} \cdot \text{s}}{3 \cdot 10^8\ \text{m}}$$
$$= 1{,}28 \cdot 10^{-21}\ \text{N s}.$$

Das Bleiatom erhält damit den Impuls

$$p_{\text{Blei}} = p_{\text{Quant}} - p_S = \frac{h \cdot f}{c} - p_S$$
$$= 1{,}39 \cdot 10^{-21}\ \text{N s} - 1{,}28 \cdot 10^{-21}\ \text{N s}$$
$$= 0{,}11 \cdot 10^{-21}\ \text{N s}.$$

Die kinetische Energie des Bleiatoms ist dann bei einem Pb-208 Kern (u = $1{,}66 \cdot 10^{-27}$ kg):

$$W_{\text{kin,Blei}} = \frac{p_{\text{Blei}}^2}{2 \cdot m_{\text{Blei}}} = \frac{(0{,}11 \cdot 10^{-21}\ \text{N s})^2}{2 \cdot 208\ \text{u}}$$
$$= 1{,}75 \cdot 10^{-20}\ \text{J} = 0{,}11\ \text{eV}.$$

f) Elektron und Positron können bei der Paarbildung unterschiedliche kinetische Energien haben. Energie- und Impulssatz würden dadurch nicht verletzt.
Hat das Elektron die kinetische Energie $W_{\text{kin},1}$ und das Positron die kinetische Energie $W_{\text{kin},2}$, so lautet der Energieerhaltungssatz: $h f = 2\, m_e\, c^2 + W_{\text{kin},1} + W_{\text{kin},2}$.
Die Impulsvektoren von Elektron und Positron haben dieselbe Richtung wie der Impulsvektor des γ-Quants, haben aber unterschiedliche Beträge. Zur Erfüllung des Impulserhaltungssatzes muss das Quant wieder an ein Bleiatom Impuls abgeben.
g) Die Krümmungsradien der Spuren von Elektron und Positron in B1 (Lehrbuch Seit 372) sind unterschiedlich; deswegen haben die beiden Teilchen unterschiedliche Geschwindigkeiten und damit unterschiedliche kinetische Energien.

A5: Die Ruheenergie eines Protons oder Antiprotons ist $W_0 = m_p \cdot c^2 = 1{,}67 \cdot 10^{-27}\ \text{kg} \cdot (3 \cdot 10^8\ \text{m/s})^2 = 1{,}503 \cdot 10^{-10}\ \text{J} = 939{,}4$ MeV. Um ein Proton-Antiproton-Paar zu erzeugen, benötigt man also mindestens $2 \cdot 939{,}4$ MeV = 1,879 GeV.

Seite 377

A1: a) Da die Wahrscheinlichkeit für den Zerfall eines Teilchens für jedes radioaktive Teilchen gleich ist, ist die Zahl der radioaktiven Zerfälle pro Sekunde proportional zur Anzahl $N(t)$ der radioaktiven Teilchen. Da andererseits die Stromstärke proportional zur Anzahl der radioaktiven Zerfälle pro Sekunde ist, ist auch diese der Teilchenzahl proportional.

b) Die Auswertung der Daten erfolgt am besten mit einem Tabellenkalkulationsprogramm, z. B. Excel. Trägt man den Strom logarithmisch gegen die Zeit auf, erhält man eine Gerade. Excel liefert die Zerfallskonstante zu $\lambda = 0{,}0183/\text{s}$.

Daraus folgt $T_{1/2} = \ln 2/\lambda = 37{,}9$ s.

A2: Es gilt $N(t) = N_0 \cdot e^{-\lambda t}$ mit $\lambda = \ln 2/T_{1/2}$. Löst man diese Gleichung nach t auf, findet man

$$\frac{t}{T_{1/2}} = -\frac{\ln\left(\frac{N(t)}{N_0}\right)}{\ln 2}.$$

Für $N(t)/N_0 = 0{,}9$; $0{,}5$; $0{,}01$ und $0{,}001$ findet man $t = 0{,}15\ T_{1/2}$; $T_{1/2}$; $6{,}6\ T_{1/2}$ und $10\ T_{1/2}$.

A3: Es ist

$$A_0 = \lambda \cdot N_0 = \frac{\ln 2}{T_{1/2}} \cdot N_0 \text{ und}$$

$$N_0 = \frac{6{,}022 \cdot 10^{23} \cdot 10^{-7}}{210} = 2{,}87 \cdot 10^{14}.$$

Somit wird die Aktivität:

$$A_0 = \frac{\ln 2 \cdot 2{,}87 \cdot 10^{14}}{138 \cdot 24 \cdot 3600\ \text{s}} = 1{,}7 \cdot 10^7\ \text{Bq} = 17\ \text{MBq}$$

(vgl. Lehrbuch Seite 385, Beispiel 2).

A4: In 1 g Ra-226 sind

$$N_0 = \frac{6{,}022 \cdot 10^{23} \cdot 1}{226} = 2{,}66 \cdot 10^{21}\ \text{Kerne}.$$

Damit ist

$$T_{1/2} = \frac{\ln 2 \cdot N_0}{A_0} = 4{,}98 \cdot 10^{10}\ \text{s} = 1580\ \text{a}.$$

Die Aktivität einer radioaktiven Substanz wurde früher in der Einheit 1 Curie angegeben. 1 Curie war definiert als: 1 Curie = 1 Ci = $3{,}70 \cdot 10^{10}$ Zerfälle/s.

Ursprünglich war ein Curie definiert als die Aktivität einer Substanz, die mit 1 g Radium im radioaktiven Gleichgewicht steht (Lehrbuch Seite 377, Aufgabe 7). Der festgelegte Zahlenfaktor 3,70 entspricht dem näherungsweise.

A5: Zu Beginn der 20 Tage betrug die Aktivität

$$A_0 = A(t)\, e^{+\frac{\ln 2}{T_{1/2}} \cdot t} = 4{,}77 \cdot 10^{12}\ 1/\text{s}.$$

Damit ist $N_0 = A_0\, T_{1/2}/\ln 2 = 3{,}15 \cdot 10^{17}$ und die Masse des Cu-64-Anteils des Präparats ist:

$m = N_0 \cdot 64\ \text{u} = 3{,}3 \cdot 10^{-5}\ \text{g} = 33\ \mu\text{g}$.

A6: Die Aufgabe lässt sich mit einem Tabellenkalkulationsprogramm, etwa Excel, lösen. Zunächst liest man aus der Messkurve der Aufgabe die Messwerte ab und findet die folgenden Werte:

***t* [s]**	40	85	115	160	200	240	280	320
***k* [5 s]**	71	59	48	40	34	29	23	20

a) Mit Excel lässt sich die Messkurve darstellen und den gesuchten Zusammenhang angeben. Man findet:

$$n(t) = 16{,}8\ \frac{1}{\text{s}} \cdot e^{-0{,}0045 \cdot \frac{1}{\text{s}} \cdot t}.$$

b) $T_{1/2} = \dfrac{\ln 2 \cdot \text{s}}{0{,}0045} = 154$ s.

Der Literaturwert ist im Lehrbuch auf Seite 377 in T2 angegeben (2,55 min = 153 s).

c) Die Lösung hat die halbe Aktivität wie in Teilaufgabe a); also ist zur Zeit $t = 0$ die Zählrate 8,4/s und die Impulsrate k in 5 s ist 42. Da die Lösung dieselbe Halbwertszeit hat wie die Lösung in a), ist zu allen Zeiten ihre Aktivität halb so groß.

d) Die Lösung hat zur Zeit $t = 0$ dieselbe Aktivität wie die erste Lösung, also ist zu diesem Zeitpunkt die Zählrate 16,8/s. Die Lösung hat die doppelte Halbwertszeit, also gilt

$$n(t) = 16{,}8\ \frac{1}{\text{s}} \cdot e^{-0{,}00225\ \frac{1}{\text{s}} \cdot t}$$

und für k in 5 s: $k(t) = 84 \cdot e^{-0{,}00225 \cdot \frac{1}{\text{s}} \cdot t}$.

Damit lässt sich die gesuchte Messkurve skizzieren. Im folgenden Diagramm sind alle Messkurven der Aufgabe gezeichnet.

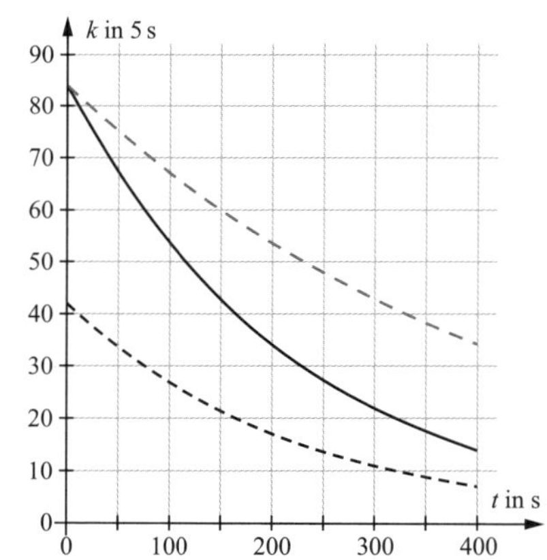

—— Messkurve aus der Aufgabe
- - - halbe Aktivität zur Zeit $t = 0$, gleiche Halbwertszeit
– – gleiche Aktivität zur Zeit $t = 0$, doppelte Halbwertszeit

A7: Nach der Aufgabe existieren die Nuklide in dem Präparat lange nebeneinander. Man betrachtet also die Situation für Zeiten t, die größer sind als mehrere Halbwertszeiten $T_{1/2}\,(2)$. Nimmt man zunächst noch an, dass für diese Zeiten t auch gilt: $t \ll T_{1/2}\,(1)$, so ist in diesen Zeiten die Aktivität der Muttersubstanz (1) praktisch

konstant. Damit ist auch die Nachbildungsrate der Tochtersubstanz konstant. Wäre die Aktivität der Tochtersubstanz (2) nun größer als die der Muttersubstanz (1), müssten mehr Tochterkerne pro Sekunde zerfallen als nachgebildet werden. Die Tochtersubstanz würde also rasch verschwinden, was aber nicht der Fall ist, da durch den Zerfall der Muttersubstanz immer neue Tochterkerne nachgebildet werden. Umgekehrt kann aber die Aktivität der Tochtersubstanz wegen deren sehr viel kleineren Halbwertszeit auch nicht kleiner sein. Tochter und Muttersubstanz haben dieselbe Aktivität. Für größere Zeiten t sinkt diese Aktivität dann mit der größeren Halbwertszeit $T_{1/2}(1)$ ab.
Die Verhältnisse werden nicht mehr so einfach, wenn $T_{1/2}(1) > T_{1/2}(2)$ ist, aber die Zeit t, in der man die Vorgänge betrachtet, in die Größenordnung von $T_{1/2}(1)$ kommt. Eine ausführliche Behandlung dieses Problems findet man z. B. in „Mayer-Kuckuk: Kernphysik, Teubner-Verlag 1984, Seite 73 ff" oder in „Stolz: Radioaktivität, Teubner-Verlag, 5.Auflage, 2005, Seite 23 ff".

A8:

***t* in s**	***n*(*t*) in 1/s**	**$n(t)_{lang}$ in 1/s**	**$n(t)_{kurz} = n(t) - n(t)_{lang}$ in 1/s**
0	151	55	96
15	112	51	61
30	85	47	38
45	67	44	23
60	55	40	15
90	40	34	6
120	31	29	2
150	26	25	1
180	22	22	0
240	15	16	−1
300	11	12	−1
360	9	8	1

a) Das Diagramm erstellt man mit einem Tabellenkalkulationsprogramm, z. B. Excel. In der untenstehenden halblogarithmischen Darstellung sieht man, dass für kleine Zeiten ($t < 40$ s) und für größere Zeiten ($t > 120$ s) die Messpunkte jeweils auf einer Geraden liegen, insgesamt aber auf einer gekrümmten Kurve (im Diagramm nicht eingezeichnet). Dies legt die Vermutung nahe, dass in der radioaktiven Substanz zwei radioaktive Nuklide mit einer kleineren und einer größeren Halbwertszeit vorhanden sind.

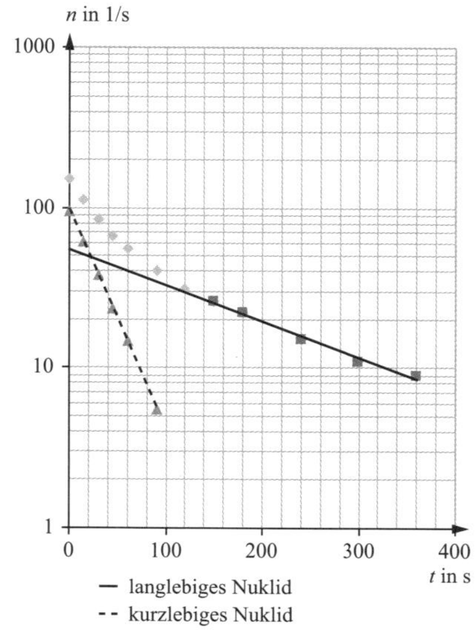

b) Die letzten fünf Messpunkte liegen in der halblogarithmischen Darstellung auf einer Geraden. Mit Excel lässt sich die Gleichung ermitteln. Man findet:

$$n(t)_{lang} = 55\,\frac{1}{s} \cdot e^{-0{,}0052\,\frac{1}{s}\cdot t}$$

und damit die Halbwertszeit des langlebigeren Nuklids zu $T_{1/2\,lang} = \ln 2 \cdot s/0{,}0052 = 133$ s.
Mit dem Tabellenkalkulationsprogramm lässt sich die Zählrate $n(t)_{kurz}$ des kurzlebigen Nuklids als Differenz der gemessen Zählrate $n(t)$ und der Zählrate $n(t)_{lang}$ des langlebigen Nuklids berechnen (vgl. Tabelle oben). Die Werte $n(t)_{kurz}$ liegen in der halblogarithmischen Darstellung auf einer Geraden. Mit Excel findet man:

$$n(t)_{kurz} = 97{,}5\,\frac{1}{s} \cdot e^{-0{,}0334\,\frac{1}{s}\cdot t}$$

und damit die Halbwertszeit des kurzlebigen Nuklids zu $T_{1/2\,kurz} = 21$ s.

A9: a) Die Anzahl der C-14-Kerne beträgt heute

$$N = A \cdot \frac{T_{1/2}}{\ln 2} = 1{,}04 \cdot 10^{12} \text{ Kerne.}$$

b) Das Alter des Holzstückes berechnet sich wie folgt:

$$t = -\frac{T_{1/2}}{\ln 2} \cdot \ln\left(\frac{A(t)}{A_0}\right) = -\frac{5730\text{ a}}{\ln 2} \cdot \ln\left(\frac{240 \cdot \text{min}^{-1}}{13{,}56\text{ min}^{-1} \cdot 25}\right)$$
$$= 2855 \text{ a.}$$

A10: a) Zur Zeit $t = 0$ erstarrt das Gestein. Die Zahl der Ar-40-Kerne ist zu diesem Zeitpunkt Null, die Zahl der K-40-Kerne $N_{K,0}$.
Zur Zeit t sind noch

$N_K = N_{K,0} \cdot e^{-\frac{\ln 2}{T_{1/2}} \cdot t}$

K-40-Kerne vorhanden und in Ar-40 zerfallen. Die Zahl der Argonatome ist dann

$N_{Ar} = 0{,}11 \cdot N_{K,0} \cdot (1 - e^{-\frac{\ln 2}{T_{1/2}} \cdot t})$.

Löst man die erste Gleichung nach $N_{K,0}$ auf und setzt den sich ergebenen Ausdruck in die zweite Gleichung ein, erhält man:

$N_{Ar} = 0{,}11 \cdot N_K (e^{+\frac{\ln 2}{T_{1/2}} \cdot t} - 1)$ oder

$1 + \frac{N_{Ar}}{0{,}11 \cdot N_K} = e^{+\frac{\ln 2}{T_{1/2}} \cdot t}$.

Logarithmiert man hier beide Seiten und löst die entstehende Gleichung nach t auf, findet man die gesuchte Beziehung.

b) Die Zahl der Ar-40-Atome und damit die Zahl der Ar-40-Kerne ist:

$$N_{Ar} = \frac{6{,}02 \cdot 10^{23} \cdot 2{,}8 \cdot 10^{-5}\ \text{g}}{40\ \text{g}} = 4{,}2 \cdot 10^{17}.$$

Die Zahl der K-40-Kerne ist:

$$N_K = A_K \cdot \frac{T_{1/2}}{\ln 2} = 7{,}7 \cdot 10^3\ \frac{1}{\text{s}} \cdot \frac{1{,}28 \cdot 10^9 \cdot 365 \cdot 24 \cdot 3600\ \text{s}}{\ln 2}$$
$$= 4{,}48 \cdot 10^{20}.$$

c) $t = \frac{1{,}28 \cdot 10^9\ \text{a}}{\ln 2} \cdot \ln\left(1 + \frac{4{,}2 \cdot 10^{17}}{0{,}11 \cdot 4{,}48 \cdot 10^{20}}\right)$
$= 1{,}6 \cdot 10^7$ a.

Seite 385

A1: Bei einer Energiedosis $D = 4$ Gy $= 4$ J/kg absorbiert ein Mensch mit einer Masse von 75 kg eine Energiemenge von $W = m \cdot D = 75$ kg $\cdot$ 4 J/kg $= 300$ J.
Da der Mensch im Wesentlichen aus Wasser ($c_{Wasser} = 4{,}2$ J/g $\cdot$ K) besteht, ist die Temperaturerhöhung:

$$\Delta\delta = W/(c_{Wasser} \cdot m) = [300/(4{,}2 \cdot 75\,000)]\ \text{K}$$
$$= 0{,}95 \cdot 10^{-3}\ \text{K}.$$

Es gilt $W = m \cdot g \cdot h$. Somit wird

$$h = \frac{300\ \text{J}}{75\ \text{kg} \cdot 9{,}81\ \frac{\text{m}}{\text{s}^2}} = 0{,}41\ \text{m}.$$

A2: a) Im Merksatz (Lehrbuch Seite 379) sind alle drei Begriffe definiert und erläutert.
b) Mit *Dosis* erfasst man die Menge an Energie (je nach Dosis noch gewichtet mit Wichtungsfaktoren), die auf ein Organ bzw. den Körper bei einer Strahlenexposition übertragen wird, unabhängig von der Zeit. Die *Dosisleistung* ist die Dosis pro Zeiteinheit, die ein Organ bzw. den Körper trifft.

A3: a) Hinweis: Die Zahl der β-Zerfälle pro kg Körpergewebe ist 57/s und nicht wie in der Aufgabe angegeben 54/s. Hier hat sich im Lehrbuch leider ein Druckfehler eingeschlichen.
1. Berechnung der Dosis aufgrund der β-Strahlung:
Die Energiedosisleistung ist:

$$\dot{D} = \frac{\Delta W}{\Delta m} = \frac{57\ \frac{1}{\text{s}} \cdot 450 \cdot \text{keV}}{1\ \text{kg}} = 4{,}1 \cdot 10^{-12}\ \text{J/s} \cdot \text{kg}$$
$$= 4{,}1 \cdot 10^{-12}\ \text{Gy/s}$$

Da der Strahlungs-Wichtungsfaktor für β-Strahlung $w_R = 1$ ist, wird die Organdosisleistung $\dot{H}_T = 1 \cdot 4{,}1 \cdot 10^{-12}$ Sv/s und mit dem Gewebe-Wichtungsfaktor $w_T = 1$ (es wird homogen das gesamte Gewebe bestrahlt) wird die effektive Dosisleistung $\dot{E} = 1 \cdot 4{,}1 \cdot 10^{-12}$ Sv/s.
Die effektive Dosis in einem Jahr, welche ein Mensch infolge der β-Strahlung des körperinneren K-40 erhält, ist somit:
$E = 4{,}1 \cdot 10^{-12} \cdot 3600 \cdot 24 \cdot 365$ Sv $= 0{,}129$ mSv.
2. Berechnung der Dosis aufgrund der γ-Strahlung:
Die Energiedosisleistung ist:

$$\dot{D} = \frac{\Delta W}{\Delta m} = \frac{7\ \frac{1}{\text{s}} \cdot 0{,}5 \cdot 1{,}46 \cdot \text{MeV}}{1\ \text{kg}}$$
$$= 0{,}82 \cdot 10^{-12}\ \text{J/s} \cdot \text{kg}$$
$$= 0{,}82 \cdot 10^{-12}\ \text{Gy/s}.$$

Da wieder $w_R = 1$ und $w_T = 1$ ist, ist die effektive Dosis in einem Jahr, die ein Mensch infolge der γ.-Strahlung des körperinneren K-40 erhält:
$E = 0{,}82 \cdot 10^{-12} \cdot 3600 \cdot 24 \cdot 365$ Sv $= 0{,}026$ mSv.
3. Gesamte Dosis:
Die so abgeschätzte gesamte jährliche effektive Dosis infolge des körperinneren K-40 ist also:
$E = (0{,}129 + 0{,}026)$ mSv $= 0{,}155$ mSv.
Exaktere Berechnungen für die effektive Dosis, die das körperinnere K-40 bewirkt, sind 0,165 mSv/a für Erwachsene und 0,185 mSv/a für Kinder (Krieger, H. Grundlagen der Strahlungsphysik und des Strahlenschutzes, 2. Auflage 2007, B.G.Teubner Verlag, Seite 489).
b) Der Mensch isst im Jahr 2,5 kg Wildfleisch. Die erhaltene Dosis infolge des Cs-137-Gehaltes ist:

$$E = g_{g,E} \cdot A = 1{,}3 \cdot 10^{-8}\ \frac{\text{Sv}}{\text{Bq}} \cdot 600 \cdot 2{,}5\ \text{Bq}$$
$$= 0{,}020 \cdot \text{mSv}.$$

Diese Strahlenexposition ist deutlich kleiner als die Exposition durch das körperinnere K-40.

A4: a) Die gesamte Tc-99m-Menge zerfällt in der Leber. Die Aktivität nimmt dabei ab nach $A(t) = A_0 \cdot e^{-\lambda t}$ mit $\lambda = \ln 2/T_{1/2}$. Die Aktivität ist definiert als $A(t) = \Delta N/\Delta t$. In der Zeit Δt finden also $\Delta N = A(t) \cdot \Delta t$ Zerfälle statt. Die Gesamtzahl der Zerfälle ist

$$N = \int_0^\infty A(t)\,\mathrm{d}t = A_0/\lambda = A_0 \cdot \frac{T_{1/2}}{\ln 2}.$$

Alle N Zerfälle deponieren damit die Energie $\Delta W = N \cdot W_\gamma \cdot 0{,}5$ in der Leber. Für die Energiedosis folgt

$$D = \frac{\Delta W}{\Delta m} = \frac{N \cdot W_\gamma \cdot 0{,}5}{\Delta m}$$

$$= \frac{A_0 \cdot T_{1/2} \cdot W_\gamma \cdot 0{,}5}{\ln 2 \cdot \Delta m}$$

$$= 11{,}6 \text{ mJ/kg} = 11{,}6 \text{ mGy}.$$

Δm ist dabei 1,5 kg.

b) Die effektive Dosis für die Leber beträgt:
$E = w_R \cdot w_T \cdot D = 1 \cdot 0{,}05 \cdot 11{,}6 \text{ mJ/kg} = 0{,}58 \text{ mSv}.$

A5: Die Ortsdosis ist

$$H = \Gamma_\gamma \cdot \frac{A}{r^2} \cdot t$$

$$= 354 \frac{\mu\text{Sv m}^2}{\text{h GBq}} \cdot \frac{74 \cdot 10^3 \text{ Bq}}{(0{,}5 \text{ m})^2} \cdot 1{,}5 \text{ h} = 0{,}16 \text{ µSv}.$$

A6: a) Es ist

$$\frac{1}{T_{1/2\,\text{eff}}} = \frac{1}{T_{1/2\,\text{p}}} + \frac{1}{T_{1/2\,\text{b}}} = \frac{1}{8{,}02 \text{ d}} + \frac{1}{80 \text{ d}}.$$

Daraus folgt $T_{1/2\,\text{eff}} = 7{,}3$ d.

b) Die Ortsdosisleistung ist

$$\dot{H} = \Gamma_\gamma \cdot \frac{A(t)}{r^2} = \Gamma_\gamma \cdot \frac{A_0^{-\lambda t}}{r^2}.$$

Daraus folgt:

$$t = -\frac{1}{\lambda} \cdot \ln\left(\frac{\dot{H} \cdot r^2}{\Gamma_\gamma \cdot A_0}\right)$$

und mit $\lambda = \ln 2/T_{1/2}$ sowie $T_{1/2} = 8{,}02$ d, $\dot{H} = 3{,}5$ µSv/h, $r = 2$ m, $\Gamma_\gamma = 65{,}9$ µSv m^2 h^{-1} GBq^{-1} und $A_0 = 350$ MBq die gesuchte Zeit $t = 5{,}8$ d.

c) Die gesamte I-131-Menge zerfällt in der Schilddrüse. Die Gesamtzahl der Zerfälle (siehe Aufgabe 4a) ist $N = A_0 \cdot T_{1/2}/\ln 2$. Alle N-Zerfälle deponieren damit die Energie $\Delta W = N \cdot 190$ keV in der Leber ab. Die gesuchte Energiedosis ist somit:

$$D = \frac{\Delta W}{\Delta m} = \frac{A_0 \cdot T_{1/2}}{\ln 2 \cdot \Delta m} \cdot 190 \cdot 10^3 \cdot 1{,}6 \cdot 10^{-19} \text{ J}$$

$$= 266 \text{ J/kg} = 266 \text{ Gy}.$$

Hinweis: Diese hohe Dosis erhält ausschließlich die Schilddrüse. Der Restkörper wird mit der γ-Strahlung von I-131 bestrahlt. Die effektive Dosis, die der Körper dabei erhält, liegt in der Größenordnung einer ausführlichen Computertomographie von Brustkorb und Brustraum.

A7: a) Ziel des Strahlenschutzes ist es, dass die Dosis, die ein Mensch bei einer unvermeidlichen Strahlenexposition erhält, so gering wie möglich ist. Dazu dienen die vier Grundregeln des Strahlenschutzes bei einer externen Strahlenexposition. Grundsätzlich gilt: Trifft den menschlichen Körper weniger Strahlung radioaktiver Stoffe (oder weniger Röntgenstrahlung oder weniger Neutronenstrahlung etc.), so ist die Energie, die die Strahlung an den Körper abgibt, und damit die Energiedosis sowie die effektive Dosis, die die Person erhält, geringer. Die vier Grundregeln sorgen dafür, dass den Menschen möglichst wenig Strahlung trifft.

1. **Aktivität:** Je geringer die Aktivität der radioaktiven Quelle ist, umso weniger Strahlung trifft in einem festen Abstand eine Person in einer bestimmten Zeit.
2. **Aufenthaltsdauer:** Je kürzer sich eine Person in einem festen Abstand von einer radioaktiven Quelle aufhält, umso weniger Strahlung trifft sie in einer bestimmten Zeit.
3. **Abstand:** Je größer der Abstand r von einer radioaktiven Quelle ist, umso weniger Strahlung trifft die Person in einer bestimmten Zeit. Die Intensität einer Strahlung nimmt mit $1/r^2$ ab (Lehrbuch Seite 371, Aufgabe 2).
4. **Abschirmung:** Je mehr die Strahlung abgeschirmt wird, umso weniger Strahlung trifft den Menschen in einem festen Abstand und in einer bestimmten Zeit.

b) Die Dosisleistungen $\dot{H}_1$ und $\dot{H}_2$ im Abstand r_1 und r_2 verhalten sich wie $\dot{H}_1/\dot{H}_2 = r_2^2/r_1^2$. Mit $r_1 = 10$ cm, $\dot{H}_1 = 150$ mSv/h und $\dot{H}_2 = 1$ mSv folgt $r_2 = 1{,}23$ m.

A8: Die Strahlenwirkung erfolgt zunächst über die physikalischen Wechselwirkungsprozesse mit den Atomen, insbesondere Ionisierung und Anregung. Diese Prozesse können direkt einen Defekt der Moleküle verursachen oder indirekt über die Bildung von Radikalen (Lehrbuch Seite 378, Exkurs, Punkt A).
Defekte Moleküle können Zelldefekte hervorrufen, die zum Zelltod oder zu Strahlenschäden führen. Möglich ist aber auch eine Reparatur der geschädigten Zelle (Lehrbuch Seite 378, Exkurs, Punkt B).
Wird eine Keimzelle geschädigt, spricht man von genetischen, wird eine Körperzelle geschädigt, von einem somatischen Strahlenschaden. Somatische Schäden betreffen das bestrahlte Individuum, genetische Schäden seine Nachkommen.
Es wird weiter unterschieden zwischen deterministischen und stochastischen Strahlenschäden. Zu den

stochastischen Schäden gehören auch die genetischen Schäden. Die Eintrittswahrscheinlichkeit für stochastische Schäden (z. B. Leukämie, bösartige solide Tumore und Schäden bei der Nachkommenschaft) hängt von der Energiedosis ab, nicht dagegen die Schwere der Erkrankungen. Für stochastische Schäden gibt es keine Schwellendosis. Deterministische Strahlenschäden (z. B. Hautrötungen, Trübung der Augenlinse) sind solche, bei denen der Schweregrad eine Funktion der Energiedosis ist. Für diese Strahlenschäden gibt es eine Schwellendosis.

Seite 387

A1: a) Für die Ortsdosisleistung gilt

$$\dot{H} = \Gamma_\gamma \cdot \frac{A(t)}{r^2}$$

Bis das gesamte I-131 in der Schilddrüse zerfallen ist, erhält der Körper die Ortsdosis

$$\int_0^\infty \dot{H}(t)\,\mathrm{d}t = \frac{\Gamma_\gamma}{r^2} \cdot \int_0^\infty A(t)\,\mathrm{d}t.$$

Mit $H(0) = 0$ und $A(t) = A_0 \cdot e^{-\lambda t}$ folgt

$$H = \frac{\Gamma_\gamma \cdot A_0}{r^2 \cdot \lambda}.$$

Mit $\Gamma_\gamma = 65{,}9 \cdot \mu\text{Sv m}^2\,\text{h}^{-1}\,\text{GBq}^{-1}$, $A_0 = 300$ MBq, $T_{1/2} = 8{,}02$ d und $r = 0{,}4$ m wird $H = 34$ mSv. Da die Ortsdosis in etwa die effektive Dosis angibt, ist diese ebenfalls in der Größenordnung von ca. 34 mSv.

b) Bei der Radiotherapie der Schilddrüse ist einerseits die Energiedosis zu betrachten, die die Schilddrüse durch die β-Strahlung erhält, und zum anderen die effektive Dosis, mit der der Körper insbesondere durch die γ-Strahlung von I-131 exponiert wird. Die Energiedosis beträgt (Lehrbuch Seite 385, Aufgabe 6c):

$$D = \frac{\Delta W}{\Delta m} = \frac{A_0 \cdot T_{1/2}}{\ln 2 \cdot \Delta m} \cdot 190 \cdot 10^3 \cdot 1{,}6 \cdot 10^{-19}\ \text{J}$$

$$= 228\ \text{J/kg} = 228\ \text{Gy}.$$

Diese Dosis ist so hoch, damit die β-Strahlung die notwendige therapeutische Wirkung erzielt. Das umliegende Gewebe und die anderen Organe des Körpers erfahren durch die γ-Strahlung eine Strahlenexposition, deren effektive Dosis (siehe Teilaufgabe a) in der Größenordnung mancher Computertomographieuntersuchungen ist (Lehrbuch Seite 381, Tabelle T 2).

Hinweis: Informationen zur Radiojodtherapie findet man u. a. auf den Homepages der nuklearmedizinischen Kliniken deutscher Universitäten, z. B. der Universität Würzburg:
http://nuklearmedizin.uk-wuerzburg.de/fachinformationen/nuklearmed-therapien.html.

A2: a) Bei der skizzierten berührungslosen Dickenmessung (Lehrbuch Seite 386, Bild B1) durchsetzt die Strahlung einer radioaktiven Quelle die zu messende Materialschicht und trifft auf ein Nachweisgerät, z. B. ein Zählrohr. Je nach Material und je nach Dicke des Materials wird es β- oder γ-Strahlung sein, die zur Untersuchung verwendet wird. Die Strahlung wird beim Durchdringen der Materieschicht je nach Dicke des Materials unterschiedlich absorbiert. Folglich hängt die Zählrate von der Dicke des Materials ab. Mit ihr lässt sich also z. B. das Walzwerk steuern, das die Dicke des im Bild B1 skizzierten Metallbleches festlegt. Das Material wird durch diese Messung nicht beeinträchtigt und auch nicht radioaktiv, da die verwendete β- und γ-Strahlung keine Kernreaktionen hervorrufen können.

b) Gammaradiografie: Zwischen einer γ-Strahlenquelle und einem Film befindet sich das Prüfgut. Enthält es einen Materialfehler, z. B. einen Lufteinschluss, so wird an dieser Stelle die Strahlung weniger geschwächt und der Film somit stärker „belichtet" und damit stärker geschwärzt. Auch hier wird das Material durch die Messung nicht beeinträchtigt und auch nicht radioaktiv, da die verwendete γ-Strahlung keine Kernreaktionen hervorrufen kann.

c)

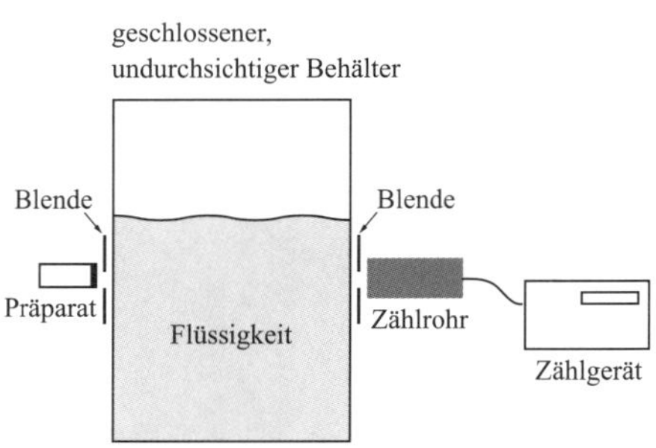

Auf der einen Seite des Behälters stellt man ein Gammapräparat auf und ihm gegenüber ein Zählrohr mit angeschlossenem Zählgerät. Blenden auf beiden Seiten helfen die Strahlrichtung Präparat–Zählrohr exakt festzulegen. Befestigt man Präparat und Zählrohr an einem Gestänge, das entlang des Behälters auf und ab bewegt werden kann, lässt sich der Füllstand in dem Behälter ermitteln. Bewegt man z. B. die Anordnung von oben nach unten und nimmt plötzlich die Zählrate ab, hat man die Höhe erreicht, bis zu der der Behälter mit Flüssigkeit gefüllt ist. Die Gammastrahlung wird nämlich in der Flüssigkeit stärker absorbiert als in der darüber liegenden Luft.

Seite 391

A1: Ein α-Teilchen mit der Energie $W_\alpha = 5{,}5$ MeV kann sich einem Bleikern mit $Z = 82$ nähern bis auf

$$r_1 = \frac{1}{4 \cdot \pi \cdot \varepsilon_0} \cdot \frac{82\, e \cdot 2\, e}{W_\alpha} = 4{,}29 \cdot 10^{-14}\ \text{m}.$$

Der Radius eines Bleikerns ($A = 208$) beträgt dagegen $R_K = 1{,}3 \cdot 10^{-15}\ \text{m} \cdot 208^{1/3} = 0{,}77 \cdot 10^{-14}$ m. Das sind etwa 18 % von r_1.

A2: a) Die Goldfolie hat eine Masse von

$m = \rho \cdot V$
$= 19{,}3\ \text{g/cm}^3 \cdot 0{,}7\ \text{cm}^2 \cdot 6{,}5 \cdot 10^{-5}$ cm
$= 0{,}878$ mg.

Bei einem Atomgewicht von 197 u folgt daraus $N = 2{,}68 \cdot 10^{18}$.

b) Die Querschnittsfläche eines Goldatomkerns beträgt $A_{Au} = \pi \cdot R_K^2$ mit $R_K = 1{,}3 \cdot 10^{-15}\ \text{m} \cdot 197^{1/3}$ $= 7{,}6 \cdot 10^{-15}$ m. Die Querschnittsfläche aller Goldatomkerne in der Folie ist somit $A_{gesamt} = A_{Au} \cdot N$ $= 4{,}8 \cdot 10^{-6}\ \text{m}^2$.

c) Die Gesamtfläche A_{gesamt} aller Goldatomkerne ist $6{,}8 \cdot 10^{-4}$ % der Folienfläche von 0,7 cm². Die Wahrscheinlichkeit, dass ein α-Teilchen an einem Atomkern gestreut wird, ist also sehr klein und die Wahrscheinlichkeit für zwei Streuprozesse hintereinander in der Folie praktisch Null. Dies gilt auch dann, wenn man berücksichtigt, dass die „wirksame Fläche" infolge der Coulombwechselwirkung etwas größer als A_{gesamt} ist.

A3: a) Um aus den Atommassen von H-2 und He-4 (Lehrbuch im Anhang) die Kernmassen des Deuterons und des α-Teilchens zu bekommen, muss man die Masse eines bzw. von zwei Elektronen abziehen. So erhält man $m_d = 2{,}013\,55$ u und $m_\alpha = 4{,}001\,51$ u.

b) H-2: Nach Gleichung (1) (Lehrbuch Seite 391) wird $\Delta m = m_A - (1\, m_H + 1\, m_n) = -0{,}002\,388\,1$ u.
Mit 1 u = 931,494 MeV/c^2 wird somit
$W = \Delta m \cdot c^2 = -2{,}2245$ MeV und
$W/A = -1{,}112$ MeV/Nukleon.

O-16: $\Delta m = m_A - (8\, m_H + 8\, m_n) = -0{,}137\,004\,2$ u.
$W = -127{,}6$ MeV und $W/A = -7{,}976$ MeV/Nukleon.

Ni-60: $\Delta m = m_A - (28\, m_H + 32\, m_n) = -0{,}565\,580\,8$ u.
$W = -526{,}84$ MeV und $W/A = -8{,}781$ MeV/Nukleon.

U-235:
$\Delta m = m_A - (92\, m_H + 143\, m_n) = -1{,}915\,050\,7$ u.
$W = -1783{,}9$ MeV und $W/A = -7{,}591$ MeV/Nukleon.

A4: Der Grund für das leichte Ansteigen der Kurve ist die abstoßende Coulombkraft zwischen den Protonen eines Kerns. Je mehr Protonen ein Kern hat, umso stärker macht sie sich bemerkbar und umso betragsmäßig kleiner wird deshalb die Bindungsenergie pro Nukleon W/A. Bei sehr hohen Protonenzahlen Z ist die Coulomb-Abstoßung bereits so stark, dass man für $Z > 83$ keine stabilen Kerne mehr findet (siehe Lehrbuch im Anhang, Nuklidkarte). Durch Ausschleudern von α-Teilchen oder gar durch spontane Kernspaltung erniedrigen schwere Kerne ihre Protonenzahl.

Seite 393

A1: a) Die Kernspaltung lautet

$${}^{235}_{92}\text{U} + {}^{1}_{0}\text{n} \rightarrow {}^{140}_{53}\text{I} + {}^{94}_{39}\text{Y} + 2\,{}^{1}_{0}\text{n}.$$

Massenbilanz (siehe Lehrbuch Seite 474, Atommassen):
Linke Seite:
$m_{U\text{-}235}$ (= 235,043 930 u) + m_n (= 1,008 665 u)
= 236,052 595 u
Rechte Seite:
$m_{I\text{-}140}$ (= 139,931 000 u) + $m_{Y\text{-}94}$ (= 93,911 595 u)
+ 2 n (= 2,017 330 u) = 235,859 925 u
Die Differenz ist −0,192 670 u.
Bei dieser Kernspaltung wird also die Energie von 0,192 670 · 931,494 MeV = −179,5 MeV frei.

b) Die Kernfusion lautet

$${}^{2}_{1}\text{H} + {}^{2}_{1}\text{H} \rightarrow {}^{3}_{2}\text{He} + {}^{1}_{1}\text{He}.$$

Massenbilanz:
Linke Seite:
$m_{H\text{-}2}$ (= 2,014 108 1 u) + $m_{H\text{-}2}$ (= 2,014 108 1 u)
= 4,028 216 2 u
Rechte Seite:
$m_{He\text{-}3}$ (= 3,016 029 3 u) + $m_{H\text{-}1}$ (= 1,007 825 0 u)
= 4,023 854 3 u
Die Differenz ist −0,004 361 9 u.
Bei dieser Kernfusion wird also die Energie von −0,004 361 9 · 931,494 MeV = −4,063 MeV frei.

A2: In 1 kg U-235 sind $N = 1/(235{,}043\,930\ \text{u})$ $= 2{,}562 \cdot 10^{24}$ Urankerne. Werden alle N Kerne nach der Reaktion

$${}^{235}_{92}\text{U} + {}^{1}_{0}\text{n} \rightarrow {}^{89}_{36}\text{Kr} + {}^{144}_{56}\text{Ba} + 3\,{}^{1}_{0}\text{n}$$

gespalten (Lehrbuch Seite 392, Beispiel a), so wird die Energie $W = -173\ \text{MeV} \cdot N = 7{,}092 \cdot 10^{13}$ J $= 19{,}7 \cdot 10^6$ kWh frei.
Die Spaltprodukte sind radioaktiv und zerfallen durch radioaktive Zerfälle weiter, wobei weitere Energie freigesetzt wird. Insgesamt lassen sich so ca. 190 MeV/Spaltung nutzen (nicht nutzen lässt sich die Energie der bei β-Zerfällen entstehenden Neutrinos von

etwa 11 MeV). Man rechnet deshalb, dass bei der Spaltung von 1 kg U-235 die Energie $W = -190\ \text{MeV} \cdot N \approx 22 \cdot 10^6\ \text{kWh}$ frei wird.

Die Masse von einem H-2- und einem H-3-Atom zusammen ist 5,030 151 1 u (Lehrbuch Seite 392, Beispiel b). 1 kg des Gemisches aus Deuterium und Tritium, das vollständig fusionieren soll, hat also $N_1 = 1/(5{,}030\,151\,1\ \text{u})$ H-2/H-3-Paare. Bei der vollständigen Fusion eines 1-kg-Gemisches wird damit die Energie von $W = -17{,}6\ \text{MeV} \cdot N_1 = 93{,}6 \cdot 10^6\ \text{kWh}$ frei.

Die Energiemengen, die bei der Verbrennung von 1 kg Steinkohle bzw. der Kernspaltung von 1 kg U-235 bzw. bei der Fusion eines 1-kg-Gemisches H-2/H-3 freigesetzt werden, verhalten sich also wie $1 : 2{,}7 \cdot 10^6 : 11{,}4 \cdot 10^6$.

A3: Stabile Kerne sind solche, die nicht durch einen radioaktiven Zerfall in einen energetisch tiefer gelegenen Zustand übergehen. Da 60 % aller stabilen Kerne g-g-Kerne sind, scheint ein Kern also besonders dann stabil zu sein, wenn sowohl im Neutronen- als auch im Protonentopf auf allen Niveaus je zwei Neutronen bzw. zwei Protonen sitzen. Offenbar erreichen also Neutronen bzw. Protonen einen energetisch besonders günstigen Zustand, wenn sie paarweise ein Niveau besetzen.

Seite 395

A1: α-Zerfall: Po-210 → Pb-206 + He-4.
$m_{\text{Po210}} = 209{,}982\,874\ \text{u}$.
$m_{\text{Pb206}} + m_{\text{He4}} = 209{,}977\,068\ \text{u}$;
α-Zerfall möglich, da $m_{\text{Pb206}} + m_{\text{He4}} < m_{\text{Po210}}$.

Denkbare Ausendung eines Protons:
Po-210 → Bi-209 + H-1.
$m_{\text{Bi209}} + m_{\text{H1}} = 209{,}988\,124\ \text{u}$.
Protonen-Zerfall nicht möglich, da
$m_{\text{Bi209}} + m_{\text{H1}} > m_{\text{Po210}}$.

Denkbare Aussendung eines Neutrons:
Po-210 → Po-209 + n.
$m_{\text{Po209}} + m_{\text{n}} = 209{,}991\,095\ \text{u}$.
Neutronen-Zerfall nicht möglich, da
$m_{\text{Po209}} + m_{\text{n}} > m_{\text{Po210}}$.

Denkbare Aussendung eines Deuterons:
Po-210 → Bi-208 + H-2.
$m_{\text{Bi208}} + m_{\text{H2}} = 209{,}993\,844\ \text{u}$.
Deuteronen-Zerfall nicht möglich, da
$m_{\text{Bi208}} + m_{\text{H2}} > m_{\text{Po210}}$.

Denkbare Aussendung eines Li-7-Kerns:
Po-210 → Tl-203 + Li-7
$m_{\text{Tl203}} + m_{\text{Li7}} = 209{,}988\,349\ \text{u}$;
Li-7-Zerfall nicht möglich, da
$m_{\text{Tl203}} + m_{\text{Li7}} > m_{\text{Po210}}$.

A2: Die Berechnung erfolgt entsprechend dem Beispiel im Lehrbuch auf Seite 395.
Der α-Zerfall lautet:

$^{212}_{84}\text{Po} \rightarrow {}^{208}_{82}\text{Pb} + {}^{4}_{2}\alpha.$

Die Massendifferenz Δm beträgt:
$\Delta m = m(\text{Po-212}) - m(\text{Pb-208}) - m(\text{He-4})$
$= 0{,}009\,613\ \text{u}$.
Somit ist $W_{\text{ges}} = 8{,}95\ \text{MeV}$. W_α ist dann 98 % von W_{ges} (siehe Aufgabe 4), also $W_\alpha = 8{,}78\ \text{MeV}$.

A3: a)

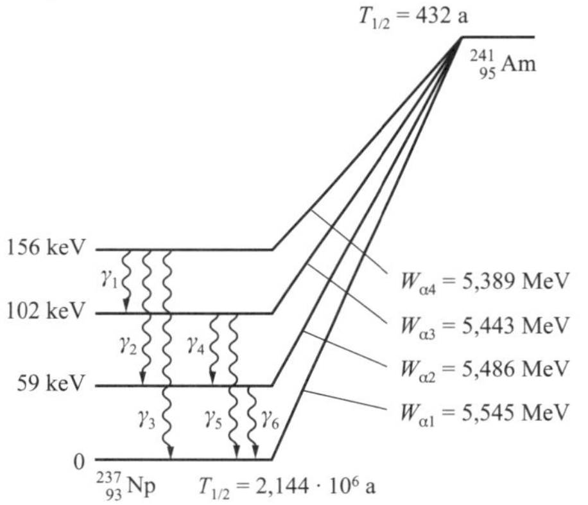

b) $W_{\gamma1} = 54\ \text{keV}$; $W_{\gamma2} = 97\ \text{keV}$; $W_{\gamma3} = 156\ \text{keV}$; $W_{\gamma4} = 43\ \text{keV}$; $W_{\gamma5} = 102\ \text{keV}$; $W_{\gamma6} = 59\ \text{keV}$.
In der Realität tritt die Linie mit $W_{\gamma3}$ nicht auf; $W_{\gamma6}$ ist die intensivste Linie und charakteristisch für Am-241.
c) Die gesamte frei werdende Energie ergibt sich aus der Massenbilanz:
$\Delta m = m(\text{Am-241}) - m(\text{Np-237}) - m(\text{He-4})$
$= 0{,}006\,053\ \text{u}$.
Somit ist $W_{\text{ges}} = 5{,}64\ \text{MeV}$. W_{ges} ist größer als $W_{\alpha1}$, da der Kern beim α-Zerfall einen Rückstoß erhält. Er nimmt ca. 2 % der frei gewordenen Energie mit (siehe Aufgabe 4).
d) Der Radius des α-Teilchens beträgt
$r_\alpha = 2{,}1 \cdot 10^{-15}\ \text{m}$
und der des Am-241-Kerns
$R_K = 1{,}3 \cdot 10^{-15}\ \text{m} \cdot 241^{1/3} = 8{,}1 \cdot 10^{-15}\ \text{m}$.
Die Kernkräfte greifen, wenn das α-Teilchen im Abstand $r = r_\alpha + R_K = 10{,}2 \cdot 10^{-15}\ \text{m}$ vom Kernmittelpunkt ist. Der Coulombwall hat also die Höhe

$$W = \frac{1}{4 \cdot \pi \cdot \varepsilon_0} \cdot \frac{95\,e \cdot 2\,e}{r} = 26{,}8\ \text{MeV}.$$

A4: Im Beispiel rechts (Lehrbuch Seite 395) ist vorgerechnet, dass die Energie des α-Teilchens auf Grund des Rückstoßes, den der Kern erhält, den Wert hat:

$$W_\alpha = \frac{m_K}{m_\alpha + m_K} \cdot W_{ges} = \frac{1}{1 + \frac{m_\alpha}{m_K}} \cdot W_{ges}.$$

In dem im Lehrbuch auf den Seiten 486 und 487 abgedruckten Ausschnitt der Nuklidkarte erkennt man, dass dort alle α-Strahler eine Massenzahl $A > 200$ haben. Für diese Strahler ist $m_\alpha/m_K \approx 4/200 \approx 0{,}02$. Der Faktor $1/(1 + m_\alpha/m_K)$ hat daher für diese α-Strahler einen Wert von etwa 0,98 und damit wird $W_\alpha = 0{,}98 \cdot W_{ges}$.
Hinweis: Betrachtet man die gesamte Nuklidkarte, so findet man ab $A = 144$ einige α-Strahler, z. B. Sm-146 mit $T_{1/2} = 1{,}03 \cdot 10^8$ a. Es sind aber relativ wenige α-Strahler mit $144 < A < 200$. Für diese Strahler wird der Faktor $1/(1 + m_\alpha/m_K)$ etwas kleiner als 0,98 sein.

Seite 397

A1: a) Im Beispiel (Lehrbuch Seite 397) wird gezeigt, wie man W_{max} aus der Differenz der Atommassen bestimmt. Es ist also $\Delta m = m(\text{Cs-137}) - m(\text{Ba-137}) = 0{,}001\,262$ u und $W_{max} = 0{,}001\,262 \cdot 931{,}494$ MeV $= 1{,}18$ MeV (vgl. Lehrbuch Seite 396, Bild 2a).
Hinweis: Man erhält mit der beschriebenen Erklärung W_{max} für einen β-Übergang vom Grundzustand eines Kerns in den Grundzustand des anderen Kerns. Erfolgt der β-Übergang in ein angeregtes Niveau des Tochterkerns, der durch einen γ-Zerfall (oder mehrere) in seinen Grundzustand übergeht, muss man bei der Bestimmung von W_{max} die auftretenden γ-Energien berücksichtigen.
b) Der Zerfall von Co-60 ist in Bild 2b (Lehrbuch Seite 396) dargestellt. Die Gesamtenergie, die dabei frei wird, ist $W = 0{,}32$ MeV $+ 1{,}17$ MeV $+ 1{,}33$ MeV $= 2{,}82$ MeV. Diese Energie entspricht einer Masse von $(2{,}82/931{,}494)$ u $= 0{,}003\,027\,4$ u. Somit wird $m(\text{Co-60}) = m(\text{Ni-60}) + 0{,}003\,027\,4$ u $= 59{,}933\,823$ u. Angegeben ist die Atommasse im Anhang des Lehrbuches auf Seite 474 mit 59,933 817 u. In Anbetracht der Rechengenauigkeit eine gute Übereinstimmung.
c) Auch für den β-Zerfall gelten Impuls- und Energieerhaltungssatz. Betrachtet man einen β-Zerfall, bei dem das β-Teilchen die Maximalenergie W_{max} und das Neutrino keine Energie erhält, gilt: $p_e = p_{K1}$ und $W_{K1} + W_{max} = W_{ges}$ (W_{K1} = Rückstoßenergie des Tochterkerns K_1; W_{ges} = gesamte frei werdende Energie). Elektron und Kern haben also betragsmäßig den gleichen Impuls. Da aber der Kern eine sehr viel höhere Masse m_{K1} als das Elektron hat, wird nach

$$W_{K1} = \frac{p_{K1}^2}{2 \cdot m_{K1}}$$

die kinetische Energie des Kerns viel kleiner als die des Elektrons und ist zu vernachlässigen.
Will man wie beim α-Zerfall einen Zusammenhang zwischen W_{max} und W_{K1} aus Impuls- und Energieerhaltungssatz herleiten, muss man für das Elektron relativistisch rechnen. Es gilt für ein Elektron mit der kinetischen Energie W_{max} und dem Impuls p_e (Lehrbuch Seite 367, Vertiefung):

$$W_{max} = \sqrt{W_0^2 + p_e^2 \cdot c^2} - W_0$$

oder nach p_e^2 aufgelöst:

$$p_e^2 = \frac{1}{c^2} \cdot W_{max}^2 + 2 \cdot W_{max} \cdot m_0$$

(m_0: Elektronenruhemasse).
Für den Impuls des Tochterkernes K_1 gilt:
$p_{K1}^2 = 2 \cdot m_{K1} \cdot W_{K1}$.
Nach dem Impulserhaltungssatz gilt im betrachteten β-Zerfall: $p_e = p_{K1}$ und damit:

$$2 \cdot m_{K1} \cdot W_{K1} = \frac{1}{c^2} \cdot W_{max}^2 + 2 \cdot W_{max} \cdot m_0, \text{ oder:}$$

$$W_{K1} = \frac{W_{max}^2}{2 \cdot m_{K1} \cdot c^2} + \frac{m_0 \cdot W_{max}}{m_{K1}}.$$

Setzt man hier z. B. die Werte für den β-Zerfall von Tl-204 (Lehrbuch Seite 397, Beispiel) ein ($W_{max} = 764$ keV; $m_{K1} = 203{,}97$ u), so findet man $W_{K1} = 3{,}6$ eV. Ein Wert, der gegenüber W_{max} völlig zu vernachlässigen ist.
In anderen β-Zerfällen desselben Nuklids ist noch das Antineutrino zu berücksichtigen, so dass die Rückstoßenergie des Tochterkerns noch kleiner wird.

A2: a) β^+-Zerfall:

$${}^A_Z\text{K} \rightarrow {}^{\;\;A}_{Z-1}\text{K}_1 + e^+ + \upsilon + W_{max}.$$

Es ist

$$W = \Delta m \cdot c^2 \text{ mit } \Delta m = m_K({}^A_Z\text{K}) - m_{K1}({}^{\;\;A}_{Z-1}\text{K}_1) - m_e.$$

Addiert und subtrahiert man hier wieder Z Elektronenmassen, findet man:

$$\Delta m = m_K({}^A_Z\text{K}) + Z \cdot m_e - m_{K1}({}^{\;\;A}_{Z-1}\text{K}_1) - Z \cdot m_e - m_e$$

und in Atommassen geschrieben:

$$\Delta m = m({}^A_Z\text{K}) - m({}^{\;\;A}_{Z-1}\text{K}_1) - 2\, m_e.$$

b) β^+-Zerfall von P-30:

$${}^{30}_{15}\text{P} \rightarrow {}^{30}_{14}\text{Si} + e^+ + \upsilon + W_{max}$$

Also wird
$\Delta m = m(\text{P-30}) - m(\text{Si-30}) - 2 \cdot m_e = 0{,}003\,447$ u
und somit $W_{max} = 3{,}21$ MeV.

A3: a) Ein freies Neutron kann durch einen β^--Zerfall in ein Proton, ein Elektron und ein Antineutrino zerfallen, da $m_n > m_p$ ist. Aus demselben Grund kann kein freies Proton in ein Neutron zerfallen.
b) Es ist $\Delta m = m(n) - m(p) = 0{,}000\,839\,9$ u und damit $W_{max} = 0{,}782$ MeV.

A4: Man vergleiche z. B.:
http://www.leifiphysik.de/web_ph09_g8/umwelt_technik/09zerfallsreih/zerfallsreih.htm.
Die im Lehrbuch auf Seite 397 abgebildete Zerfallsreihe von **Th-232** wird auch die $4n$-Serie genannt, da alle auftretenden Massenzahlen A ein n-faches von 4 sind.

Zerfallsreihe von **Np-237** ($4n + 1$-Serie):

$${}^{237}_{93}\text{Np} \xrightarrow{\alpha} {}^{233}_{91}\text{Pa} \xrightarrow{\beta} {}^{233}_{92}\text{U} \xrightarrow{\alpha} {}^{229}_{90}\text{Th} \xrightarrow{\alpha}$$
$${}^{225}_{88}\text{Ra} \xrightarrow{\beta} {}^{225}_{89}\text{Ac} \xrightarrow{\alpha} {}^{221}_{87}\text{Fr} \xrightarrow{\alpha} {}^{217}_{85}\text{At} \xrightarrow{\alpha}$$
$${}^{213}_{83}\text{Bi} \xrightarrow{\beta} {}^{213}_{84}\text{Po} \xrightarrow{\alpha} {}^{209}_{82}\text{Pb} \xrightarrow{\beta} {}^{209}_{83}\text{Bi}$$

Eine feine Verzweigung bei Bi-213 wurde weggelassen.
Die Np-237-Reihe tritt in der Natur nicht mehr auf, da die längste Halbwertszeit die von Np-237 mit $T_{1/2} = 2{,}144 \cdot 10^6$ a ist.

Zerfallsreihe von **U-238** ($4n + 2$-Serie):

$${}^{238}_{92}\text{U} \xrightarrow{\alpha} {}^{234}_{90}\text{Th} \xrightarrow{\beta} {}^{234}_{91}\text{Pa} \xrightarrow{\beta} {}^{234}_{92}\text{U} \xrightarrow{\alpha}$$
$${}^{230}_{90}\text{Th} \xrightarrow{\alpha} {}^{226}_{88}\text{Ra} \xrightarrow{\alpha} {}^{222}_{86}\text{Rn} \xrightarrow{\alpha} {}^{218}_{84}\text{Po} \xrightarrow{\alpha}$$
$${}^{214}_{82}\text{Pb} \xrightarrow{\beta} {}^{214}_{83}\text{Bi} \xrightarrow{\beta} {}^{214}_{84}\text{Po} \xrightarrow{\alpha} {}^{210}_{82}\text{Pb} \xrightarrow{\beta}$$
$${}^{210}_{83}\text{Bi} \xrightarrow{\beta} {}^{210}_{84}\text{Po} \xrightarrow{\alpha} {}^{206}_{86}\text{Pb}$$

Feine Verzweigungen bei Po-218, Bi-214 und Bi-210 wurden weggelassen.

Zerfallsreihe von **U-235** ($4n + 3$-Serie):

$${}^{235}_{92}\text{U} \xrightarrow{\alpha} {}^{231}_{90}\text{Th} \xrightarrow{\beta} {}^{231}_{91}\text{Pa} \xrightarrow{\alpha} {}^{227}_{89}\text{Ac} \xrightarrow{\beta}$$
$${}^{227}_{90}\text{Th} \xrightarrow{\alpha} {}^{223}_{88}\text{Ra} \xrightarrow{\alpha} {}^{219}_{86}\text{Rn} \xrightarrow{\alpha} {}^{215}_{84}\text{Po} \xrightarrow{\alpha}$$
$${}^{211}_{82}\text{Pb} \xrightarrow{\beta} {}^{211}_{83}\text{Bi} \xrightarrow{\alpha} {}^{207}_{81}\text{Tl} \xrightarrow{\beta} {}^{207}_{82}\text{Pb}$$

Feine Verzweigungen bei Ac-227, Po-215 und Bi-211 wurden weggelassen.

A5: Die Massendifferenz der Atommassen Δm beträgt
$$\begin{aligned}\Delta m &= m(\text{K-40}) - m(\text{Ar-40})\\ &= 39{,}963\,998\ \text{u} - 39{,}962\,383\ \text{u}\\ &= 0{,}001\,616\ \text{u}.\end{aligned}$$
Sie entspricht einer Energiedifferenz von $\Delta W = \Delta m \cdot c^2 = 1{,}505$ MeV. Damit ein β^+-Zerfall in den angeregten Zustand von 1,46 MeV möglich ist, muss ΔW aber größer sein als $2 \cdot m_e \cdot c^2 + 1{,}46$ MeV $= 1{,}022$ MeV $+ 1{,}46$ MeV $= 2{,}482$ MeV. Folglich kann K-40 nicht durch einen β^+-Zerfall in den angeregten Zustand von 1,46 MeV von Ar-40 zerfallen. Dies geht nur durch einen Elektroneneinfang (EC).

Seite 399

A1: a) ${}^{18}_{8}\text{O}(p,d)\,{}^{17}_{8}\text{O}$; ${}^{14}_{7}\text{N}(n,p)\,{}^{14}_{6}\text{C}$; ${}^{27}_{12}\text{Mg}(p,\alpha)\,{}^{24}_{11}\text{Na}$
b) Die vollständige Reaktion lautet:

$${}^{11}_{5}\text{Ba}(a,p)\,{}^{14}_{6}\text{C};\ {}^{14}_{6}\text{C} \rightarrow {}^{14}_{7}\text{N} + e^- + \overline{\upsilon}$$

A2: a) Die Höhe des Coulombwalls ist
$$W = \frac{1}{4 \cdot \pi \cdot \varepsilon_0} \cdot \frac{(Z_1 \cdot e) \cdot (Z_2 \cdot e)}{r}$$
mit $Z_1 = 7$ und $Z_2 = 2$. Der Abstand r ist die Summe der Kernradien $r = r_1 + r_2$ mit $r_1 = r_0 \cdot (14)^{1/3}$, $r_2 = r_0 \cdot (4)^{1/3}$ und $r_0 = 1{,}3 \cdot 10^{-15}$ m, also $r = 5{,}2 \cdot 10^{-15}$ m. Daraus folgt: $W = 3{,}87$ MeV.
b) Die Reaktion lautet:

$${}^{10}_{5}\text{B}(n,\alpha)\,{}^{7}_{3}\text{Li}.$$

Damit ist
$$\begin{aligned}Q &= [m(\text{B-10}) + m(\text{n})] - [m(\text{Li-7}) + m(\text{He-4})] \cdot c^2\\ &= 0{,}002\,994\ \text{u} \cdot c^2\\ &= 2{,}79\ \text{MeV}.\end{aligned}$$
Ist das Neutron thermisch, ist das System aus Neutron und B-10-Kern vor der Reaktion praktisch in „Ruhe“, d. h. die kinetische Energie beider Teilchen kann vernachlässigt werden. Es liegt dann nach der Reaktion dieselbe Situation wie bei einem α-Zerfall vor (Lehrbuch Seite 395, Beispiel). Aus Impuls- und Energieerhaltungssatz folgt (man kann nicht-relativistisch rechnen):
$$W_\alpha = \frac{m_{\text{Li7}}}{m_\alpha + m_{\text{Li7}}} \cdot Q = 1{,}78\ \text{MeV}.$$

A3: Die Reaktion lautet

$${}^{64}_{30}\text{Zn}(n,p)\,{}^{64}_{29}\text{Cu}.$$

Der Q-Wert dieser Reaktion ist:
$$\begin{aligned}Q &= [m(\text{Zn-64}) + m(\text{n})] - [m(\text{Cu-64}) + m(\text{H-1})] \cdot c^2\\ &= +\,0{,}000\,218\ \text{u} \cdot c^2 = 203\ \text{keV}.\end{aligned}$$
Da Q positiv ist, kann die Reaktion durch thermische Neutronen ausgelöst werden.

A4: Die Reaktion lautet

${}^{9}_{4}\text{Be}(\alpha, n)\,{}^{12}_{6}\text{C}.$

Der Q-Wert der Reaktion ist:

$Q = [m(\text{Be-9}) + m(\text{He-4})] \cdot c^2 - [m(\text{C-6}) + m(\text{n})] \cdot c^2$
$= +\,0{,}006\,120\ \text{u} \cdot c^2 = 5{,}7\ \text{MeV}.$

Es ist dann $Q + W_\alpha = 13{,}4$ MeV.

Da die α-Teilchen eine Energie von 7,7 MeV haben, muss man zur Berechnung der Energie der Neutronen den Impulssatz vektoriell ansetzen. Es liegt folgende Situation vor (der Kern Be-9 ist in „Ruhe"):

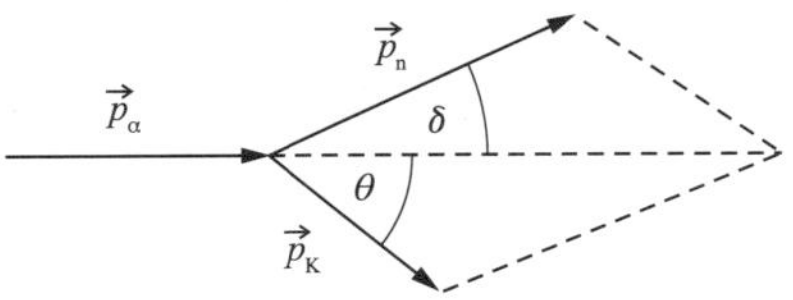

Es seien W_α, W_n, W_K die kinetischen Energien und $\vec{p}_\alpha$, $\vec{p}_n$, $\vec{p}_K$ die Impulse des α-Teilchens, des Neutrons und des Kerns C-12. Dann gilt:

Energieerhaltungssatz:

$W_\alpha + Q = W_n + W_K$ (1)

Impulserhaltungssatz:

$\vec{p}_\alpha = \vec{p}_n + \vec{p}_K$ (2)

Mithilfe des *Kosinussatzes:*

$p_K^2 = p_n^2 + p_\alpha^2 - 2 \cdot p_n \cdot p_\alpha \cdot \cos\delta$ (3)

Da man klassisch rechnen kann (die kinetischen Energien sind deutlich kleiner als die Ruheenergien der beteiligten Teilchen), gilt $p^2 = 2 \cdot m \cdot W$.

Somit folgt aus (3):

$$m_K \cdot W_K = m_n \cdot W_n + m_\alpha \cdot W_\alpha - 2 \cdot \sqrt{m_n \cdot m_\alpha \cdot W_n \cdot W_\alpha}$$

Setzt man hier aus (1) $W_K = W_\alpha + Q - W_n$ ein und löst die Gleichung nach Q auf, erhält man:

$$Q = \left(1 + \frac{m_n}{m_K}\right) \cdot W_n - \left(1 - \frac{m_\alpha}{m_K}\right) \cdot W_\alpha - 2 \cdot \cos\delta \cdot \sqrt{\frac{m_n \cdot m_\alpha \cdot W_n \cdot W_\alpha}{m_K}} \qquad (4)$$

Bei der vorliegenden Kernreaktion ist $Q = 5{,}7$ MeV; $W_\alpha = 7{,}7$ MeV, $m_\alpha = 4$ u, $m_n = 1$ u und $m_K = 12$ u (es genügt hier einfach mit den Massenzahlen anstatt mit den genauen Atommassen zu rechnen). Die größte Energie erhält das Neutron, wenn es unter $\delta = 0°$ ausgesandt wird, die kleinste unter $\delta = 180°$. Setzt man die angegebenen Zahlenwerte und $\delta = 0°$ in (4) ein und löst die entstehende Gleichung nach W_n auf, erhält man $W_n = 13{,}08$ MeV und $W_n = 7{,}64$ MeV (es werden also zwei Gruppen von Neutronen mit diskreten Energien in dieser Richtung beobachtet). Setzt man in (4) $\delta = 90°$, so findet man nur eine Energie $W_n = 10$ MeV. Bei der Kernreaktion haben die auftretenden Neutronen die Energie: $7{,}64\ \text{MeV} \le W_n \le 13{,}08$ MeV. Den Rest der Energie $W_K = W_\alpha + Q - W_n = 13{,}4\ \text{MeV} - W_n$ erhält jeweils der Kern C-12.

Hinweis: Mehr zur Kinematik der Kernreaktionen findet man z. B. in „Mayer-Kuckuk, T., Kernphysik, 7.Auflage 2002, Seite 235 ff".

A5: Die Kernreaktion lautet

${}^{232}_{90}\text{Th}(n, \gamma)\,{}^{233}_{90}\text{Th}.$

Th-233 zerfällt durch einen β-Zerfall in Pa-233 (siehe Nuklidkarte im Anhang des Lehrbuches) und dieser Kern zerfällt wieder durch einen β-Zerfall in U-233:

$${}^{233}_{90}\text{Th} \xrightarrow{\beta} {}^{233}_{91}\text{Pa} \xrightarrow{\beta} {}^{233}_{92}\text{U}.$$

A6: Die Kernreaktion lautet

${}^{16}_{8}\text{O}\,(\gamma, n)\,{}^{15}_{8}\text{O}.$

Der Q-Wert dieser Reaktion ist

$Q = m(\text{O-16}) - [m(\text{O-15}) + m(\text{n})] \cdot c^2 = 15{,}7$ MeV.

Da neben dem Energieerhaltungssatz auch der Impulserhaltungssatz gilt, muss die Energie der γ-Quanten größer als 15,7 MeV sein.

A7: Thermische Neutronen werden von den Kernen eingefangen, wobei durch eine (n, γ)-Reaktion γ-Strahlung auftritt. Die entstehenden Nuklide haben einen Neutronenüberschuss und zerfallen durch β^--Zerfälle. Konkret laufen folgende Reaktionen ab:

$${}^{109}_{47}\text{Ag}(n, \gamma)\,{}^{110}_{47}\text{Ag} \xrightarrow{\beta^-} {}^{110}_{48}\text{Cd} \text{ und}$$

$${}^{107}_{47}\text{Ag}(n, \gamma)\,{}^{108}_{47}\text{Ag} \xrightarrow{\beta^-} {}^{110}_{48}\text{Cd}.$$

Hinweis: Eine vollständige Nuklidkarte kann man aus dem Internet herunterladen, z. B.: http://www.marcoschwarz-online.de/physik/nuklid-daten.htm.

Mögliche Zusatzaufgaben

Z1: In der Anordnung (Bild) gelangen α-Teilchen vom Präparat P in das Zählrohr. Die Blenden legen im Kondensator ($d = 5{,}00$ mm) eine geradlinige Bahn fest. Hinter dem Kondensator beschreiben die α- Teilchen eine Kreisbahn (Radius r). Die gesamte Anordnung wird von einem hinreichend starken Magnetfeld durchsetzt.

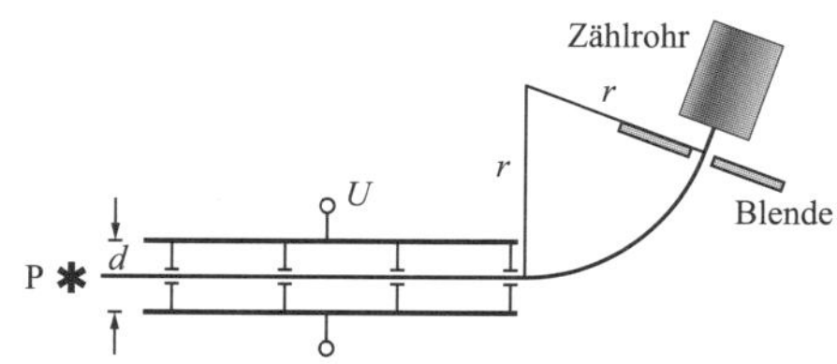

a) Geben Sie die Richtung der Feldvektoren $\vec{E}$ und $\vec{B}$ an, bei denen die α-Teilchen in den Detektor gelangen.

b) Bei $U = 30{,}0$ kV, $r = 1{,}27$ m und $B = 0{,}312$ T gelangen α-Teilchen ins Zählrohr. Bestimmen Sie $(q/m)_\alpha$. Berechnen Sie die Geschwindigkeit und die Energie (in MeV) der α-Teilchen.

c) Die Quelle ist jetzt ein Po-210-Präparat ($W_\alpha = 5{,}30$ MeV). Es ist $B = 0{,}312$ T. Bestimmen Sie die Spannung U, damit die α- Teilchen durch den Kondensator gelangen, und den Radius r der Kreisbahn.

Lösung:

a) Für α-Teilchen (positive Ladung) gilt die Rechte-Hand-Regel, d. h. zeigt das Magnetfeld in die Tafelebene hinein, so wirkt auf die α-Teilchen die Lorentzkraft nach oben. Das elektrische Feld muss diese Kraft kompensieren, d. h. die obere Platte muss positiv, die untere negativ aufgeladen sein.

b) Im elektrischen Feld erfahren die Teilchen die Kraft $F = q \cdot U/d$, die hier gleich der Lorentzkraft im Magnetfeld ist. $F = q\,v\,B$. Somit ist $v = U/(d \cdot B)$ $= 30\text{ kV}/(5\text{ mm} \cdot 0{,}312\text{ T}) = 1{,}92 \cdot 10^7$ m/s. (Da dieser Wert immer noch klein gegenüber der Lichtgeschwindigkeit ist, darf hier klassisch gerechnet werden!)

Die Energie der α-Teilchen beträgt damit:

$W = (1/2) \cdot m \cdot v^2 = 7{,}68$ MeV.

Im Magnetfeld gilt:

$(q/m)_\alpha = v/(B \cdot r)$

$= (1{,}92 \cdot 10^7\text{ m/s})/(0{,}312\text{ T} \cdot 1{,}27\text{ m})$

$= 4{,}85 \cdot 10^7$ C/kg.

c) Die Geschwindigkeit beträgt

$$v = \sqrt{\frac{2\,W}{m}} = \sqrt{\frac{2 \cdot 5{,}3\text{ MeV}}{4{,}002\,60\text{ u}}} = 1{,}60 \cdot 10^7\text{ m/s}.$$

Bei Kräftegleichgewicht im Kondensator gilt:

$U = d \cdot v \cdot B = 24{,}9$ keV.

Damit wird im Magnetfeld der Radius

$$r = \frac{v \cdot m}{q \cdot B} = 1{,}06\text{ m}.$$

Z2: Das Bild zeigt eine Nebelkammeraufnahme des ß⁻-Zerfalls von He-6 unter dem Einfluss eines Magnetfeldes, dessen Feldlinien senkrecht aus der Tafelebene heraus weisen.

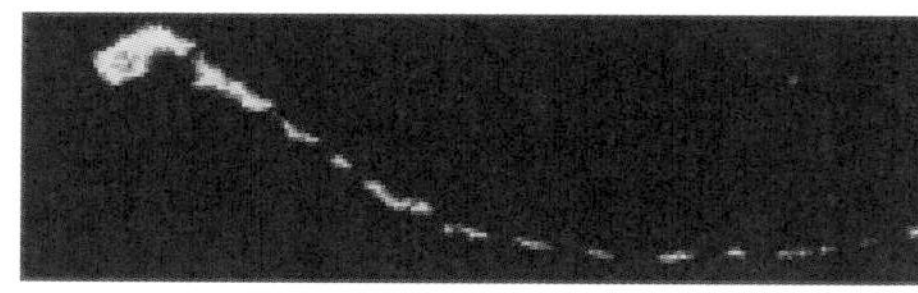

a) Geben Sie die Zerfallsgleichung des Zerfalls von He-6 an.

b) Erläutern Sie, warum bei He-6 ein β^--Zerfall zu erwarten ist.

c) Der β^--Zerfall von He-6 geht direkt in den Grundzustand des Tochterkerns über. Bestimmen Sie W_{max} der β^--Teilchen.

d) Interpretieren Sie das Nebelkammerbild.

Lösung:

a) ${}^{6}_{2}\text{He} \rightarrow {}^{6}_{3}\text{Li} + \beta + \bar{\nu}$

b) He-6 hat gegenüber dem stabilen He-4 einen Neutronenüberschuss. Bei Nukliden mit einem Neutronenüberschuss ist es möglich, dass ein Neutron im Neutronentopf (Lehrbuch Seite 397, Potenzialtopfmodell) ein höheres Energieniveau als die Protonen in ihrem Topf besetzt. Dadurch kann es sich in ein Proton umwandeln und in den Protonentopf übergehen. Es wird Energie abgegeben, der neue Kern hat weniger Energie und ist stabiler. Im Beispiel ist Li-6 ein stabiler Kern.

c) Es ist $\Delta m = m(\text{He-6}) - m(\text{Li-6}) = 0{,}003\,766$ u und somit $W_{max} = 3{,}5$ MeV.

d) Im Bild beobachtet man die Spur von zwei Teilchen. Beide Spuren haben denselben Ausgangspunkt. Dort muss ein He-6-Kern zerfallen sein. Die gekrümmte kreisförmige Spur ist die Spur des β^--Teilchens. Zwei Gründe sprechen dafür:

1) Die Ladung des Teilchens, das diese Spur erzeugt hat, muss infolge der rechten-Hand-Regel negativ sein.

2) Die Spur ist nicht sehr „dick“, wie z. B. die eines α-Teilchen.

Die Spur, die fast unter 90° gegenüber der Spur des β^--Teilchens an deren Beginn nach links unten zeigt, muss die Spur des Tochterkernes Li-6 sein. Die Dicke der Spur ist ein Indiz für die Spur eines schweren Teilchens.

Das Bild bestätigt, dass beim β^--Zerfall neben dem β^--Teilchen noch ein weiteres – in der Nebelkammer nicht nachweisbares – Teilchen entstehen muss. Würde nämlich nur das β^--Teilchen entstehen, müssten aufgrund des Impulserhaltungssatzes Rückstoßkern Li-6 und β^--Teilchen unter 180° auseinander fliegen. Dass dies nicht der Fall ist, zeigt eindeutig das Nebelkammerbild.

Z3: Radioaktives K-40 ist im natürlichen Kalium zu 0,0117 % enthalten. Der Zerfall erfolgt mit einer Wahrscheinlichkeit von 89,3 % durch ß⁻-Zerfall in den Grundzustand von Ca-40 und mit 10,7 % durch Elektroneneinfang in einen angeregten Zustand von Ar-40. Letzterer zerfällt unter Aussendung eines γ-Quants ($W_\gamma = 1{,}46$ MeV) in den Grundzustand.

a) Stellen Sie ein Zerfallsschema von K-40 auf.

b) Geben Sie für den ß⁻-Zerfall die Zerfallsgleichung an und berechnen Sie W_{max}.

c) Bestimmen Sie die Energie, die das beim ß⁻-Zerfall freiwerdende Antineutrino erhalten kann.

d) Stellen Sie für den EC-Einfang die Zerfallsgleichung auf. Bestimmen Sie die Energie, die das Neutrino erhält (Bindungsenergie eines Elektrons in der K-Schale $B_e = 3{,}6$ keV).

e) Der EC-Einfang wird mit Röntgenstrahlung im keV-Bereich begleitet. Erklären Sie dies.

Lösung:

a)

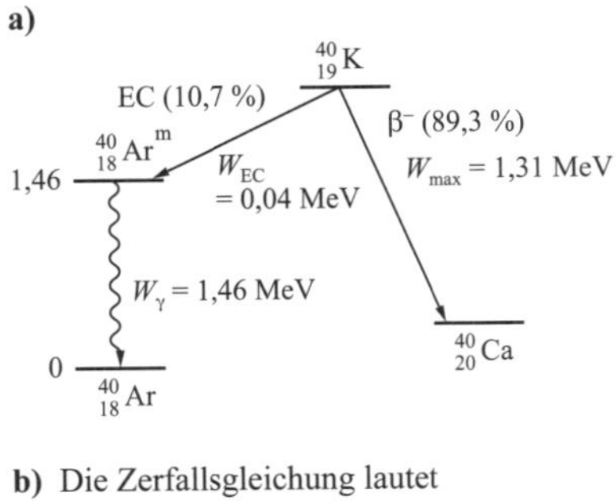

b) Die Zerfallsgleichung lautet

$$^{40}_{19}\text{K} \rightarrow {}^{40}_{20}\text{Ca} + e^- + \bar{\upsilon}.$$

Es ist $\Delta m = m(\text{K-40}) - m(\text{Ca-40}) = 0{,}001\,407$ u und damit $W_{max} = 1{,}31$ MeV.

c) Die Maximalenergie der freiwerdenden Neutrinos ist $W_{max} = 1{,}31$ MeV. Sie ist so groß wie die maximale Energie der β^--Teilchen.

d) $^{40}_{19}\text{K} \rightarrow {}^{40}_{18}\text{Ar} + \upsilon.$

Ein EC-Einfang eines Kernes $^{A}_{Z}$K verläuft wie folgt: $^{A}_{Z}\text{K} \rightarrow {}_{Z-1}^{A}\text{K} + \upsilon$. Das Elektron mit der Masse m_e wird meist aus der K-Schale eingefangen. Bei der Bestimmung der Energiebilanz muss man deshalb die Bindungsenergie B_e des Elektrons in der K-Schale berücksichtigen. Somit wird (mit Kernmassen m_K): $\Delta m = [m_K(^{A}_{Z}\text{K}) + m_e] - [m_K(_{Z-1}^{A}\text{K}) + B_e/c^2)]$. Addiert und subtrahiert man in dieser Gleichung rechts $(Z-1)$ Elektronen, erhält man mit Atommassen m:

$$\Delta m = m(^{A}_{Z}\text{K}) - [m_K(_{Z-1}^{A}\text{K}) + B_e/c^2)].$$

Für den Elektroneneinfang von K-40 ergibt sich ($B_e = 3{,}6$ keV für ein Elektron in der K-Schale):

$\Delta m = m(\text{K-40}) - [m(\text{Ar-40}) + B_e/c^2]$
$\quad = 0{,}001\,615\text{ u} - 3{,}6\text{ keV}/c^2$

und somit

$\Delta W = \Delta m \cdot c^2$
$\quad = 1{,}504\text{ MeV} - 0{,}0036\text{ MeV} = 1{,}501\text{ MeV}.$

Dies ist die Energiedifferenz zwischen den beiden Grundzuständen; da der Übergang in den mit 1,46 MeV angeregten Zustand von Ar-40 übergeht, bleibt als Energiedifferenz der beim Elektroneneinfang beteiligten Niveaus $\Delta W = 0{,}04$ MeV. Diese Energie nimmt das Neutrino mit; es hat also die Energie von $W = 0{,}04$ MeV.

Hinweis: Elektronenbindungsenergien findet man im Internet z. B. bei http://xdb.lbl.gov/Section1/Sec_1-1.html.

e) Beim Elektroneneinfang entsteht in der K-Schale ein Loch. Dieses Loch wird durch Elektronen aus den darüber liegenden Schalen gefüllt. Fällt z. B. ein Elektron aus der L-Schale in die K-Schale verliert es die Differenz der Bindungsenergien der beiden Schalen, die als Röntgenstrahlung abgestrahlt wird. Es tritt also als Begleitung des Elektroneneinfangs eines Kerns (im Beispiel K-40) die charakteristische Röntgenstrahlung des Folgeatoms (im Beispiel Ar-40) auf.

Z4: Schätzen Sie die jährliche effektive Dosis ab, die ein Mensch infolge des im Körper gleich verteilten C-14-Gehaltes erhält. Pro kg Körpergewebe finden 52 Zerfälle/s von C-14 statt. (Mittlere Energie eines ß-Teilchens von C-14 $W_{max}/3 \approx 50$ keV)

Lösung:

Die Reichweite der β-Teilchen von C-14 im Körpergewebe ist nach (Bild B2, Lehrbuch Seite 367) kleiner als 0,5 mm. Man kann deshalb in guter Näherung annehmen, dass die gesamte β-Energie im Gewebe absorbiert wird. Dies bedeutet pro Zerfallsakt eine Energiemenge von $50\text{ keV} = 8 \cdot 10^{-15}$ J. Die Dosisleistung beträgt also:

$\dot{D} = 52\text{ Bq/kg} \cdot 8 \cdot 10^{-15}\text{ J}$
$\quad = 4{,}2 \cdot 10^{-13}\text{ J/(kg} \cdot \text{s)} = 4{,}2 \cdot 10^{-13}\text{ Gy/s}.$

In einem Jahr ergibt dies somit eine jährliche Dosis von $D = 4{,}2 \cdot 10^{-13}\text{ (Gy/s)} \cdot 3{,}15 \cdot 10^7\text{ s} = 13{,}2\ \mu\text{Gy}$. Nimmt man eine weitgehende Gleichverteilung von

C-14 im Körper an, wird mit dem Strahlungswichtungsfaktor $w_R = 1$ für β-Teilchen die effektive Dosis infolge des C-14-Gehaltes $E \approx 13$ µSv/a. Nach Berechnungen der Vereinten Nationen verursacht C-14 im menschlichen Körper dort im Mittel eine effektive Dosis von $E = 12$ µSv/a. Der abgeschätzte Wert von 13 µSv/a stimmt also gut damit überein.

Hinweis: Mehr zur internen Strahlenexposition findet man z. B. in Krieger, H., Grundlagen der Strahlungsphysik und des Strahlenschutzes, 2.Auflage, Teubner 2007, Seite 487 ff.

Z5: Das für die Nuklearmedizin wichtige Nuklid Tc-99m gewinnt man aus einem *Molybdän-Technetium-Generator*. In ihm ist Mo-99 chemisch an eine Anionenaustauschersäule gebunden. Es zerfällt durch einen β-Zerfall in Tc-99m, das mit einer Kochsalzlösung ausgewaschen werden kann. Tc-99m zerfällt durch Aussendung eines γ-Quants ($W_\gamma = 140$ keV) in Tc-99, das mit $T_{1/2} = 2{,}1 \cdot 10^5$ a weiter zerfällt.

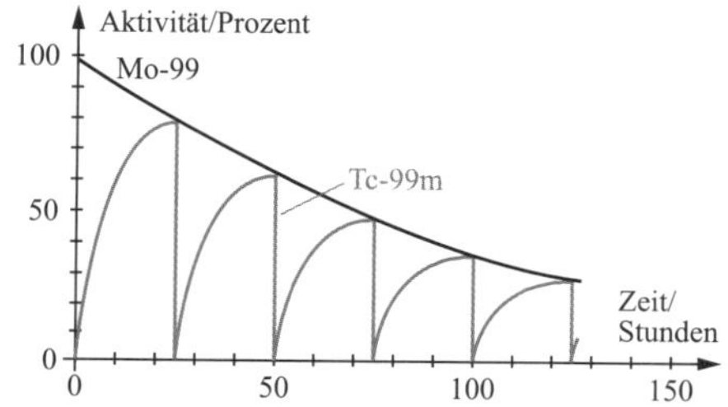

a) Skizzieren Sie das Zerfallsschema von Mo-99 und vergleichen Sie es mit dem von Cs-137.

b) Einem Mo-99/Tc-99m-Generator entnimmt man täglich einmal Tc-99m. Das Bild zeigt den Aktivitätsverlauf von Mo-99 und Tc-99m im Generator. Erläutern Sie die Kurvenverläufe.

Lösung:

a)

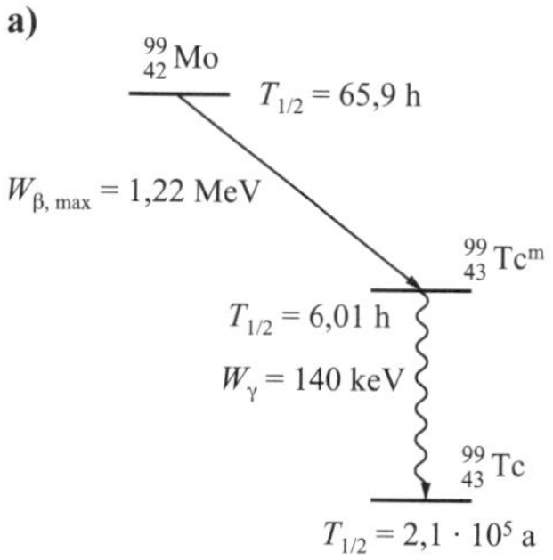

Hinweis: Der β-Zerfall von Mo-99 erfolgt genauer in ein angeregtes Niveau von 143 keV von Tc-99, das im Wesentlichen durch einen nicht im Lehrbuch beschriebenen Prozess, der inneren Konversion, in das Niveau bei 140 keV übergeht. Dieser Zwischenübergang ist im obigen Zerfallsschema weggelassen worden.

Der Zerfall von Mo-99 verläuft ähnlich dem Zerfall von Cs-137, nur dass der „Zwischenkern" Tc-99m mit 6,01 h Halbwertszeit viel länger „lebt" als der Zwischenkern Ba-137m ($T_{1/2} = 2{,}55$ min). Einen β-Übergang vom Grundzustand Mo-99 in den Grundzustand Tc-99 gibt es allerdings nicht, im Gegensatz zum β-Übergang vom Grundzustand Cs-137 in den Grundzustand B1-137.

b) Die Aktivität von Mo-99 nimmt mit der Halbwertszeit von 65,9 h ab (einhüllende Kurve). Diese ist deutlich größer als die Halbwertszeit von Tc-99m mit 6,01 h. Die Aktivität von Tc-99m (Kurve unter der Einhüllenden) steigt deshalb zu Beginn an, bis sich Produktion und Zerfall von Tc-99m das Gleichgewicht halten. Würde jetzt Tc-99m nicht aus dem Generator ausgewaschen, würde die Aktivität von Tc-99m mit der Halbwertszeit von Mo-99 abnehmen (radioaktives Gleichgewicht, Lehrbuch Seite 377, Aufgabe 7). Entsprechend dem Diagramm der Aufgabe wird aber nach ca. 25 Stunden (also ca. 1 Tag, das sind etwa 4 Halbwertszeiten von Tc-99m) dem Generator wieder Tc-99m entnommen. Seine Aktivität im Generator sinkt auf null und der Aktivitätsverlauf der ersten 25 Stunden wiederholt sich bis nach 50 Stunden dem Generator die nächste Menge Tc-99m entnommen wird usw. Infolge des Aktivitätsabfalls von Mo-99 sinkt allerdings die maximale Aktivität der entnommenen Tc-99m-Lösung von Entnahme zu Entnahme. Im Bild sind dem Generator fünf Lösungen von Tc-99m in 125 Stunden entnommen worden.

Z6: a) Bestimmen Sie jeweils den *Q*-Wert der Kernreaktionen ?(*p*, *α*) Li-6 und Al-27(*n*, *?*) Mg-27.

b) Bestimmen Sie die notwendige γ-Energie für die Reaktion $^2_1$D (*γ*, *n*) *?*.

Lösung:

a) Die erste Kernreaktion lautet:

$^9_4$Be(*p*, *α*) $^6_3$Li.

Damit wird:

$$Q = ([m(\text{Be-9}) + m(\text{H-1})] - [m(\text{Li-6}) + m(\text{He-4})]) \cdot c^2$$
$$= 0{,}002\,281 \text{ u} \cdot c^2 = 2{,}13 \text{ MeV}.$$

Die zweite Kernreaktion lautet:

$^{27}_{13}$Al(*n*, *p*) $^{27}_{12}$Mg.

Damit wird:

$$Q = [m(\text{Al-27}) + m(\text{n})] \cdot c^2 - [m(\text{Mg-27}) + m(\text{H-1})] \cdot c^2$$
$$= -0{,}001\,962 \text{ u} \cdot c^2 = -1{,}83 \text{ MeV}.$$

Hinweis: $|Q| = 1{,}83$ MeV reicht bei der zweiten Kernreaktion als kinetische Energie des Neutrons nicht aus um die Kernreaktion auszulösen, da bei der Reaktion auch der Impulserhaltungssatz erfüllt werden muss.

b) Die Kernreaktion lautet:

$${}^{2}_{1}\text{D}(\gamma, n)\,{}^{1}_{1}\text{H}.$$

Damit wird:

$Q = m(\text{H-2}) \cdot c^2 - [m(\text{H-1}) + m(\text{n})] \cdot c^2$
$= 0{,}002\,388\ \text{u} \cdot c^2 = -2{,}224$ MeV.

Damit die Reaktion ausgelöst werden kann, müssen die γ-Quanten aufgrund des Impulserhaltungssatzes etwas mehr als $W = 2{,}224$ MeV mitbringen.

Z7: Schätzen Sie die prozentuale Zusammensetzung des Uranerzes aus U-235 und U-238 vor $2 \cdot 10^9$ Jahren ab.

Lösung:

In 1 kg Uran sind heute 0,993 kg U-238 und 0,007 kg U-235 enthalten. Vor $t = 2 \cdot 10^9$ a hatten diese eine Masse an U-238 bzw. U-235 von

$$0{,}993\ \text{kg} \cdot e^{+\frac{\ln 2}{T_{1/2}} \cdot t} = 1{,}35\ \text{kg}$$

(mit $T_{1/2} = 4{,}47 \cdot 10^9$ a für U-238) bzw.

$$0{,}007\ \text{kg} \cdot e^{+\frac{\ln 2}{T_{1/2}} \cdot t} = 0{,}05\ \text{kg}$$

(mit $T_{1/2} = 7{,}04 \cdot 10^8$ a für U-235).

Prozentual bestand Uran vor $2 \cdot 10^9$ Jahren also zu 96,4 % aus U-238 und zu 3,6 % aus U-235. Uran hatte also ähnliche Zusammensetzung, wie sie heute in einem Kernreaktor verwendet wird.

Hinweis: In Oklo im afrikanischen Gabun kam vor zwei Milliarden Jahren in einem Uranerzlager ein Naturreaktor in Gang, der über einige 100 000 Jahre brannte. Zugeflossenes Grund- und Regenwasser besorgte dabei die Moderation der Neutronen (Lehrbuch Seite 402, Interessantes).

Z8: Trifft ein Neutron auf einen Kern, so kann es mit ihm einen Zwischenkern bilden.

Kern	Zwischenkern	W_B in MeV	W_A in MeV
Th-232	Th-233	4,8	6,5
U-233	U-234	6,8	6,2
U-235	U-236	6,5	5,7
U-238	U-239	4,8	6,5
Pu-239	Pu-240	6,5	5,8
Pu-240	Pu-241	5,2	6,2
Pu-241	Pu242	6,3	5,6

Die Tabelle zeigt bei einigen Kernen, welche Bindungsenergie W_B dabei frei wird und welche Anregungsenergie W_A nötig ist, damit sich der Zwischenkern spaltet.

a) Bestätigen Sie die Bindungsenergien für Th-232, U-235, U-238 und Pu-239.

b) Interpretieren Sie die Tabelle im Hinblick auf die Verwendung der einzelnen Nuklide als spaltbares Material.

c) Nennen und begründen Sie die Bedingung, unter der man Th-232 und U-238 mit Neutronen spalten kann.

d) Bei der Spaltung von U-235 werden im Mittel 200 MeV/Spaltung frei. Im Kernkraftwerk wird diese Energie zu 34 % in elektrische Energie umgesetzt. Berechnen Sie die Masse an U-235, die in 11 Monaten in einem Kernreaktor im Dauerbetrieb gespalten wird, wenn die elektrische Leistung des Kernkraftwerkes 1 GW beträgt.

e) Fangen Th-232 bzw. U-238 Neutronen ein und es tritt keine Spaltung auf, können spaltbare Nuklide entstehen. Geben Sie an, wie diese entstehen.

Lösung:

a) Neutroneneinfang durch **Th-232**:

$${}^{232}_{90}\text{Th}(n, \gamma)\,{}^{233}_{90}\text{Th}$$

Es ist:

$Q = m(\text{Th-232}) \cdot c^2 - [m(\text{Th-233}) + m(\text{n})] \cdot c^2$
$= 0{,}005\,138\ \text{u} \cdot c^2 = 4{,}8$ MeV.

Neutroneneinfang durch **U-235**:

$${}^{235}_{92}\text{U}(n, \gamma)\,{}^{236}_{92}\text{U}$$

Es ist:

$Q = m(\text{U-235}) \cdot c^2 - [m(\text{U-236}) + m(\text{n})] \cdot c^2$
$= 0{,}007\,027\ \text{u} \cdot c^2 = 6{,}5$ MeV.

Neutroneneinfang durch **U-238**:

$${}^{238}_{92}\text{U}(n, \gamma)\,{}^{239}_{92}\text{U}$$

Es ist:

$Q = m(\text{U-238}) \cdot c^2 - [m(\text{U-239}) + m(\text{n})] \cdot c^2$
$= 0{,}005\,160\ \text{u} \cdot c^2 = 4{,}8$ MeV.

Neutroneneinfang durch **Pu-239**:

$${}^{239}_{94}\text{Pu}(n, \gamma)\,{}^{240}_{94}\text{Pu}$$

Es ist:

$Q = m(\text{Pu-239}) \cdot c^2 - [m(\text{Pu-240}) + m(\text{n})] \cdot c^2$
$= 0{,}007\,015\ \text{u} \cdot c^2 = 6{,}5$ MeV.

b) Es ist $W_B > W_A$ für U-233, U-235, Pu-239 und Pu-241. Diese Nuklide sind spaltbares Material; sie lassen sich mit thermischen Neutronen spalten.

c) Aus der Tabelle in der Aufgabe liest man ab, dass Neutronen, die einen Th-232 bzw. einen U-238-Kern spalten sollen, schnelle Neutronen sein müssen. Bei

Th-232 und U-238 müssen sie jeweils mindestens die Energie $W = W_A - W_B = 1{,}7$ MeV mitbringen, damit eine Kernspaltung eintritt. In Konkurrenz zu einer Spaltung stehen dabei andere Kernreaktionen, z. B. (n, γ)-Prozesse (Neutroneneinfang).

d) Bei einer konstanten Leistung von 1 GW = 10^9 W über $t = 11$ Monate wird die Energie

$$W = P \cdot t$$
$$= 10^9 \text{ (J/s)} \cdot 11 \cdot 30 \cdot 24 \cdot 3600 \text{ s}$$
$$= 2{,}85 \cdot 10^{16} \text{ J}$$

in elektrische Energie umgesetzt. Bei einem Wirkungsgrad von 34 % muss dann im Kernreaktor die thermische Energie $W_{th} = 8{,}39 \cdot 10^{16}$ J umgesetzt werden.
Wird ein U-235-Kern gespalten, wird die Energie
$W = 200 \cdot 10^6 \cdot 1{,}6 \cdot 10^{-19} \text{ J} = 3{,}2 \cdot 10^{-11} \text{ J}$
freigesetzt. Man benötigt also
$N = (8{,}39 \cdot 10^{16}/3{,}2 \cdot 10^{-11}) = 2{,}62 \cdot 10^{27}$ Spaltungen von U-235-Kernen, um die notwendige Energie zur Verfügung zu stellen.
$2{,}62 \cdot 10^{27}$ U-235-Atome haben die Masse von
$2{,}62 \cdot 10^{27} \cdot 235{,}04$ u
$= 2{,}62 \cdot 10^{27} \cdot 235{,}04 \cdot 1{,}661 \cdot 10^{-27}$ kg
$= 1023 \text{ kg} \approx 1$t.
Da ein Reaktor ca. einen Monat im Jahr gewartet wird oder aus anderen Gründen stillsteht, benötigt er in einem Jahr bei einer Leistung von 1 GW ca. 1 Tonne U-235.

e) Es treten Neutroneneinfang-Reaktionen auf.

1. $^{232}_{90}\text{Th}(n, \gamma)\,^{233}_{90}\text{Th}$

Th-233 zerfällt durch einen β-Zerfall in Pa-233 und dieser Kern wieder durch einen β-Zerfall in U-233:

$$^{233}_{90}\text{Th} \xrightarrow{\beta} {}^{233}_{91}\text{Pa} \xrightarrow{\beta} {}^{233}_{92}\text{U}.$$

U-233 wird durch thermische Neutronen gespalten.

2. $^{238}_{92}\text{U}(n, \gamma)\,^{239}_{92}\text{U}$.

U-239 zerfällt durch einen β-Zerfall in Np-239 und dieser Kern wieder durch einen β-Zerfall in Pu-239:

$$^{239}_{92}\text{U} \xrightarrow{\beta} {}^{239}_{93}\text{Np} \xrightarrow{\beta} {}^{239}_{94}\text{Pu}.$$

Auch Pu-239 lässt sich durch thermische Neutronen spalten.

WEITERFÜHRENDE THEMEN

Seite 429

A1: Für die Solarkonstante S_P eines Planeten gilt:

$$S_P = \frac{L}{4\pi R^2}$$

mit L Leuchtkraft der Sonne und R mittlerer Abstand Planet–Sonne. Daraus ergibt sich
für Merkur: $S_P = 9{,}14\ \text{kW/m}^2$,
für Pluto: $S_P = 0{,}88\ \text{W/m}^2$.
Der Mond hat die gleiche mittlere Entfernung von der Sonne wie die Erde, also auch die gleiche Solarkonstante: $S_P = 1{,}37\ \text{kW/m}^2$.
Alternativlösung: Löse die obige Gleichung nach L auf. Dann ergibt sich nach Gleichsetzen für zwei verschiedene Planeten:

$$S_{P1} \cdot 4\pi R_1^2 = S_{P2} \cdot 4\pi R_2^2, \text{ also } \frac{S_{P1}}{S_{P2}} = \frac{R_2^2}{R_1^2}.$$

Setzt man z. B. für P_2 die Werte für die Erde ein, so ergibt sich die Solarkonstante der Planeten ohne Kenntnis der Leuchtkraft der Sonne.

A2: Für den Masseverlust m gilt: $\Delta m = W/c^2$. Pro Sekunde ist $W = 3{,}85 \cdot 10^{26}$ J, also $\Delta m = 4{,}3 \cdot 10^9$ kg $= 4{,}3 \cdot 10^6$ t. Pro Jahr ist also $\Delta m = 1{,}36 \cdot 10^{14}$ t.
Der Masseverlust in 3 Mrd. Jahren ist also $4{,}1 \cdot 10^{23}$ t, dies entspricht 0,02 % der heutigen Sonnenmasse. Damit hatte die Sonne vor 3 Mrd. Jahren eine Masse von $1{,}9895 \cdot 10^{30}$ kg im Vergleich zum heutigen Wert $1{,}9891 \cdot 10^{30}$ kg (vgl. Lehrbuch Seite 475, Astronomische Tabellen).

A3: Für die Solarkonstante für den Planeten Mars gilt (vgl. Rechnung A1): $S_P = 590\ \text{W/m}^2$. Bei einem angenommenen Wirkungsgrad von 25 % bedeutet dies, dass pro Quadratmeter eine Leistung von 147,5 W genutzt werden kann.
Das heißt: es ist eine Fläche mit dem Inhalt 33,9 cm² (etwa ein Quadrat mit der Seitenlänge 5,8 cm) notwendig, um eine elektrische Leistung von 0,5 W zu erzielen.

Seite 431

A1: Es gilt: $\lambda_{max} \cdot T = 2{,}9 \cdot 10^{-3}$ m K.
Also ist $T = 9500$ K.
Mit $P = \sigma \cdot 4\pi R^2 \cdot T^4$ folgt:

$$R = \sqrt{\frac{P}{T^4 \sigma 4\pi}} = 1{,}81 \cdot 10^9 \text{ m} = 2{,}6 \text{ Sonnenradien.}$$

Seite 435

A1: a) Das Koordinatensystem mit logarithmischer Skaleneinteilung (das doppelt logarithmische Papier kann man sich z. B. aus dem Internet kostenlos herunterladen, bearbeiten und ausdrucken) siehe nächste Seite.
b) Mithilfe des Diagramms aus a) und dem Diagramm aus dem Lehrbuch erkennt man, dass folgende Sterne keine Hauptreihensterne sind:
Arctur, Capella, Pollux, Canopus, Rigel, Deneb, Aldeberan, Beteigeuze, Antares, Polarstern.

Seite 437

A1: Es gilt $T_F = 10^{10}\ \text{a} \cdot m^{-2,5}$, dabei muss m in m_s gemessen werden.
Also für Spica: $T_F = 2{,}5 \cdot 10^7$ a, für Wega: $T_F = 10^9$ a.

A2: Logarithmiert ergibt sich log y = log a + x · log b. Rechts steht ein linearer Term. x gibt in dieser Darstellung die Steigung der Geraden an.

A3: Es gelten die beiden Gleichungen:
$D - d = (t_3 - t_2) \cdot v$ und $D + \text{d} = (t_4 - t_1) \cdot v$.
Durch Addition dieser Gleichungen ergibt sich
$2\,D = (t_3 - t_2 + t_4 - t_1) \cdot v$.
Daraus folgt für $D = 7{,}02 \cdot 10^6$ km. Einsetzen in die erste Gleichung liefert für $d = 2{,}3 \cdot 10^6$ km. (vgl. Sonnendurchmesser $1{,}39 \cdot 10^6$ km)

A4: a) Für die Zentripetalkraft gilt: $F_Z = m\,v^2/r = m\,r\,\omega^2$. Aufgebracht wird die Zentripetalkraft durch die Gravitationskraft, mit der sich beide Sterne gegenseitig anziehen. Damit wirken auf beide Körper betragsgleiche Kräfte. Es gilt also: $M\,A\,\omega^2 = m\,a\,\omega^2$.
Daraus ergibt sich $M/m = a/A$.
b) Für die Gravitationskraft F_G gilt: $F_G = \gamma\,m\,M/r^2$, mit $r = a + A$ Abstand der beiden Körper.
$F_G = F_Z$ also $\gamma\,m\,M/r^2 = m\,a\,\omega^2$. Umstellen nach M liefert: $M = \frac{a\,\omega^2\,r^2}{\gamma}$.

c) Druckfehler! *Für den Druck A[1] gilt:*
Es ist: $a = 2{,}3\,A$. Damit ist $r = a + A = 3{,}3 = 24$ AE $= 3{,}59 \cdot 10^{12}$ m. Also $A = 24\ \text{AE}/3{,}3 = 1{,}088 \cdot 10^{12}$ m und $a = 2{,}50 \cdot 10^{12}$ m.
Für ω ergibt sich: $\omega = 2\pi/T = 3{,}98 \cdot 10^{-9}$ 1/s.
Zusammen mit dem Ergebnis aus b) folgt somit:
$M = 7{,}65 \cdot 10^{30}$ kg.
Mithilfe von Ergebnis a) erhält man schließlich noch:
$m = 3{,}32 \cdot 10^{30}$ kg.

Ab dem Druck A^2 gilt: Mit $\boldsymbol{r} = \mathbf{20\ AE} = 2{,}99 \cdot 10^{12}$ m ergibt sich: $A = 9{,}07 \cdot 10^{11}$ m, $a = 2{,}08 \cdot 10^{11}$ m.

Und damit: $M = 4{,}42 \cdot 10^{30}$ kg $= 2{,}2\ m_S$, $m = 1{,}92 \cdot 10^{30}$ kg $= 0{,}97\ m_S$.

zu Aufgabe 1 a), Seite 435:

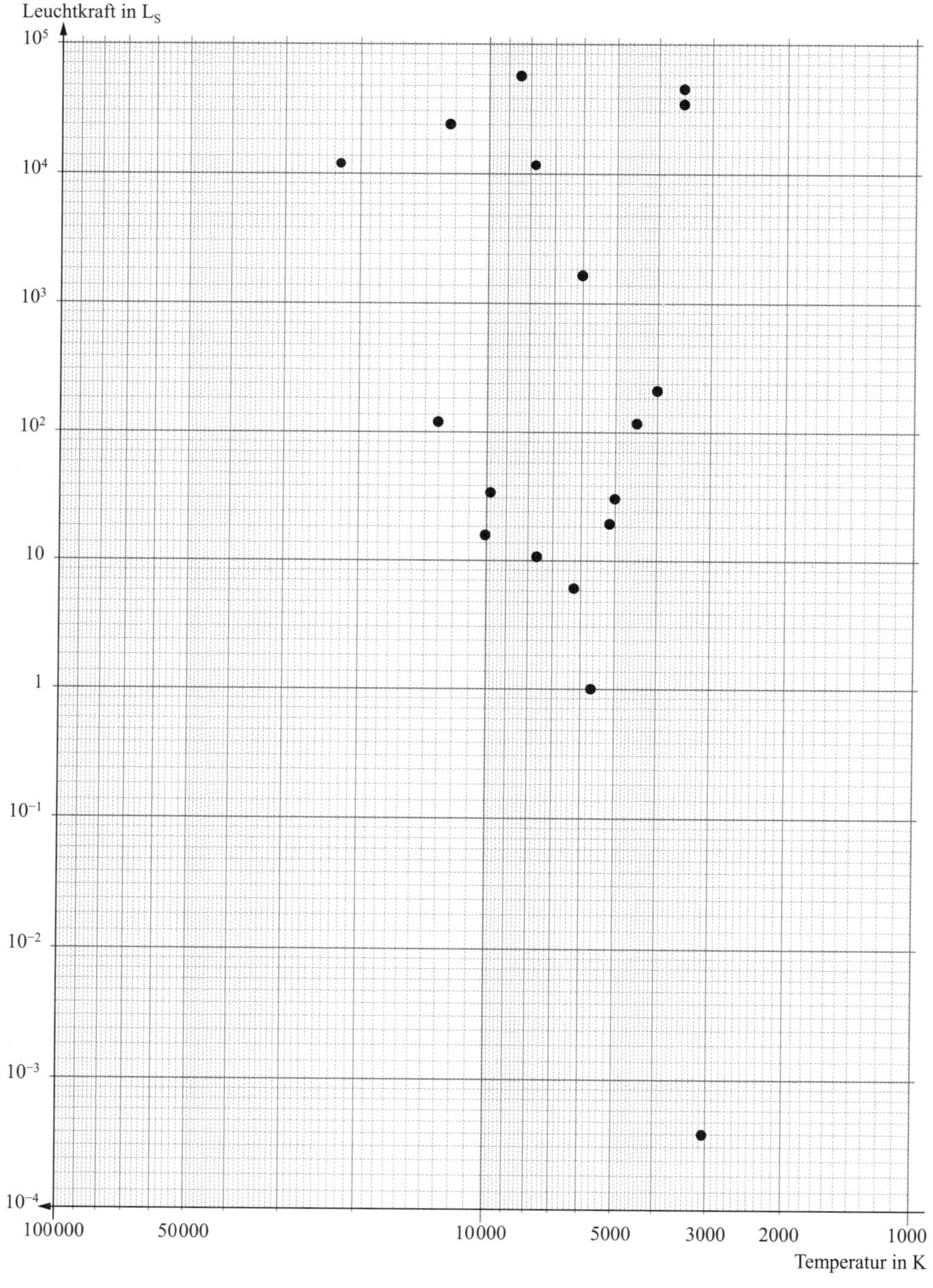